国家教材建设重点研究基地（高等学校人工智能教材研究
浙江大学"新一代人工智能通识系列教材"

U0560223

人工智能
通识基础（人文艺术）

General Education
of Artificial
Intelligence

许端清　陈静远　唐　谈　李　爽●编著

ZHEJIANG UNIVERSITY PRESS
浙江大学出版社
·杭州·

图书在版编目（CIP）数据

人工智能通识基础.人文艺术 / 许端清等编著.
杭州：浙江大学出版社，2025.2（2025.7重印）.
ISBN 978-7-308-25943-9

Ⅰ.TP18

中国国家版本馆 CIP 数据核字第 2025P62P38 号

人工智能通识基础(人文艺术)

许端清　陈静远　唐　谈　李　爽　编著

策　　划	黄娟琴　柯华杰
责任编辑	王元新　沈巧华　朱　辉
责任校对	李　晨
封面设计	林智设计
出版发行	浙江大学出版社
	（杭州市天目山路 148 号　邮政编码 310007）
	（网址：http://www.zjupress.com）
排　　版	杭州晨特广告有限公司
印　　刷	杭州捷派印务有限公司
开　　本	787mm×1092mm　1/16
印　　张	16.5
字　　数	342 千
版 印 次	2025 年 2 月第 1 版　　2025 年 7 月第 4 次印刷
书　　号	ISBN 978-7-308-25943-9
定　　价	49.00 元

序

　　2017年，国务院印发的《新一代人工智能发展规划》指出：人工智能的迅速发展将深刻改变人类社会生活、改变世界。新一代人工智能是引领这一轮科技革命、产业变革和社会发展的战略性技术，具有溢出带动性很强的头雁效应。

　　作为类似于内燃机或电力的一种通用目的技术，人工智能天然具备"至小有内，至大无外"推动学科交叉的潜力，无论是从人工智能角度解决科学挑战和工程难题（AI for Science，如利用人工智能预测蛋白质氨基酸序列的三维空间结构），还是从科学的角度优化人工智能（Science for AI，如从统计物理规律角度优化神经网络模型），未来的重大突破大多会源自这种交叉领域的工作。

　　为了更好地了解学科交叉碰撞相融而呈现的复杂现象，需要构建宽广且成体系的世界观，以便帮助我们应对全新甚至奇怪的情况。具备这种能力，需要个人在教育过程中通过有心和偶然的方式积累各种知识，并将它们整合起来实现的。通过这个过程，每个人所获得的信念体系，比直接从个人经验中建立的体系更加丰富和深刻，这正是教育的魅力所在。

　　著名物理学家、量子论的创始人马克斯·普朗克曾言："科学是内在的整体，它被分解为单独的单元不是取决于事物的本身，而是取决于人类认识能力的局限性。实际上存在着由物理学到化学、通过生物学和人类学再到社会科学的链条，这是一个任何一处都不能被打断的链条。"人工智能正是促成学科之间链条形成的催化剂，推动形成整体性知识。

　　人工智能，教育先行，人才为本。浙江大学具有人工智能教育教学的优良传统。1978年，何志均先生创建计算机系时将人工智能列为主攻方向并亲自授课；2018年，潘云鹤院士担任国家新一代人工智能战略咨询委员会和高等教育出版社成立的"新一代人工智能系列教材"编委会主任委员；2024年，学校获批国家教材建设重点研究基地（高等学校人工智能教材研究）。

2024年6月，浙江大学发布《大学生人工智能素养红皮书》，指出智能时代的大学生应该了解人工智能、使用人工智能、创新人工智能、恪守人与人造物关系，这样的人工智能素养由体系化知识、构建式能力、创造性价值和人本型伦理有机构成，其中知识为基、能力为重、价值为先、伦理为本。

2024年9月，浙江大学将人工智能列为本科生通识教育必修课程，在潘云鹤院士和吴健副校长等领导下，来自本科生院、计算机科学与技术学院、信息技术中心、出版社、人工智能教育教学研究中心的江全元、孙凌云、陈文智、黄娟琴、杨旸、姚立敏、陈建海、吴超、许端清、朱朝阳、陈静远、陈立萌、沈睿、祁玉、蒋卓人、张子柯、唐谈、李爽等开展了包括课程设置、教材编写、师资培训、实训平台（智海-Mo）建设等工作，全校相关院系教师面向全校理工农医、社会科学和人文艺术类别的学生讲授人工智能通识必修课程，本系列教材正是浙江大学人工智能通识教育教学的最新成果。

衷心感谢教材作者、出版社编辑和教务部门老师等为浙江大学通识系列教材出版所付出的时间和精力。

浙江大学本科生院院长
浙江大学人工智能教育教学研究中心主任
国家教材建设重点研究基地（高等学校人工智能教材研究）执行主任

前　言

　　当今世界，人工智能（AI）正以惊人的速度席卷全球，成为推动科技革新、社会进步和文化转型的核心引擎。从智能语音助手的日常陪伴到自动驾驶汽车的顺利上路，从艺术创作中生成令人惊叹的图像到医疗领域中辅助诊断的精准分析，AI已渗透到人类生活的每一个角落。它不仅是一种技术工具，更是一种重新定义世界、激发无限可能的思维方式。在这一波AI大爆发的时代潮流中，掌握人工智能的基本知识与应用能力，已成为新时代大学生的必备素养。

　　在此背景下，浙江大学专门成立人工智能教育教学研究中心，推进面向全校学生的人工智能通识教育和课程建设工作。本教材是浙江大学"新一代人工智能通识系列教材"之一，主要面向人文艺术类本科生，旨在为不需要深入学习代码开发的人文艺术类学生提供一本通俗易懂、实用性强、兼具人文关怀的AI入门读物，帮助他们在智能时代中找到自己的位置，拥抱技术与人文交融的未来。

　　人工智能的迅猛发展不仅改变了技术格局，还对教育提出了全新的挑战。传统的学科界限逐渐模糊，跨学科的综合能力成为新时代人才的标配。对于人文艺术类学生而言，AI不再是冰冷的"科技专属"，而是可以融入文学、艺术、设计等领域的灵感源泉。通过学习AI，他们不仅能够理解技术的基本原理，还能将其应用于创作实践，甚至在技术与人文的交叉处探索新的价值与意义。为此，我们希望本教材能够帮助学生在以下四个关键方面提升人工智能素养，全面适应智能时代的需求。

　　一是体系化知识。AI并非单一的技术，而是一个由数据、算法、算力和知识共同支撑的复杂体系。通过学习本教材内容，学生将系统了解AI的起源、发展历程、核心要素以及AI在各行业中的应用。这种体系化的知识不仅能帮助学生建立对AI的全面认知，还能让他们在面对技术浪潮时更加从容自信。

二是构建式能力。AI的价值不仅在于理解，更在于使用。本教材通过丰富的实训内容，例如，图像生成中的节日海报设计，文本生成中的文学鉴赏，以及智能体构建中的建筑设计趋势分析，指导学生动手操作AI工具，完成具体任务。这种"做中学"的方式能够快速提升他们的实践能力，让AI成为他们得心应手的助手。

三是创造性价值。AI的生成能力为艺术和人文领域开辟了广阔天地。例如，大语言模型可以辅助创作诗歌，图像生成模型可以设计独特的视觉作品。本教材鼓励学生将AI作为创意伙伴，探索其在艺术表达、文化创新中的潜力，从而实现技术的个性化价值，赋予创作新的生命力。

四是人本型伦理。AI的发展固然带来了便利，但也伴随着隐私保护、偏见放大、责任归属等伦理挑战。作为人文艺术类学生，理解技术与人类的关系、恪守人与人造物之间的伦理底线尤为重要。本教材不仅介绍AI的技术原理，还深入探讨其社会影响，引导学生用批判性思维看待技术进步，确保其发展始终服务于人类福祉。

这四个方面相辅相成，共同构成了人文艺术类学生在AI时代的核心竞争力。我们的目标不是培养技术专家，而是帮助学生成为能够了解AI、使用AI、反思AI的跨界人才，让他们在未来的职业与生活中游刃有余。

本教材在内容设计上注重特色与创新，力求贴近人文艺术类学生的学习需求和兴趣特点。首先，本教材摒弃了复杂的数学推导和编程细节，转而聚焦于AI的直观原理、应用场景及文化意义。其次，本教材强调理论与实践的深度融合。每章不仅提供知识框架，还设计了丰富的案例与实训环节。此外，本教材特别突出了AI的伦理维度。技术的发展从来都不是孤立的，它与社会、文化、伦理紧密相连。通过案例讨论与扩展思考，我们希望学生能够从人文视角审视技术，培养前瞻性思维与社会责任感。

全书共分为12章，循序渐进地带领学生走进AI的世界。第1至7章系统阐述AI基础，从历史溯源到核心要素，涵盖搜索算法、机器学习、深度学习、大语言模型及图像生成模型（GMM、GAN、DM）的原理与发展，构建 AI 知识体系。第 8 至 11 章聚焦 AI 应用，介绍图像理解、图像生成、文本生成及智能体的实践方法，展示 AI 在多领域的应用潜力。第 12 章探讨 AI 伦理，分析人机交互挑战、伦理原则应用及治理策略，提出可信赖 AI 系统的设计与责任机制，引导反思技术与伦理的平衡及未来发展方向。每一章既独立成篇，又相互呼应，形成了一个从历史溯源到技术原理、从实践操作到伦理思考的完整体系。这种结构不仅逻辑清晰，还兼顾了知识的广度与深度，适合人文艺术类学生循序渐进地学习。

本教材的编写凝聚了多位作者的智慧与心血。主要编写者包括许端清、陈静远、唐谈和李爽。毛若寒、楼东武、谢丽娟、洪鑫、胡瑞芬等参与了教材的修改、完善和审核工作。

特别感谢浙江大学何钦铭教授、南京航空航天大学陈松灿教授和复旦大学黄萱菁教授，他们认真审查了书稿，提出了宝贵的修改意见和建议。感谢浙江大学出版社的编辑们认真修改把关。

人工智能是一扇通往未来的窗户，也是一把打开创造与反思之门的钥匙。通过本教材，我们希望人文艺术类学生不仅能窥见 AI 的广阔天地，更能从中汲取灵感，将技术与艺术、人文相融合，探索属于自己的独特价值。我们期待，这本教材能成为你们走进 AI 世界的起点，陪伴你们在智能时代中自信前行，迎接技术与人文交融的无限可能。

由于时间仓促，加上作者水平有限，书中难免存在谬误之处，敬请读者指正。

浙江大学人工智能基础（C）课程组
浙江大学人工智能教育教学研究中心
国家教材建设重点研究基地（高等学校人工智能教材研究）
2025 年 2 月

目　录

第一篇　体系化知识

第1章　思维性启迪：从机器人偶到图灵机模型 ······················2

  1.1　寻找非人智能体的理想 ····························3

    1.1.1　神话与科幻中的智能体 ····················3

    1.1.2　早期自动机的历史 ························4

    1.1.3　古代机器人偶的科学与哲学启示 ············6

  1.2　人工智能的基本概念与发展史 ····················7

    1.2.1　人工智能的定义和范畴 ····················7

    1.2.2　人工智能的起源与发展 ····················9

    1.2.3　图灵测试及其意义 ·······················14

  1.3　人工智能的要素：数据、算法、算力和知识 ··········15

    1.3.1　数据 ·································15

    1.3.2　算法 ·································16

    1.3.3　算力 ·································17

    1.3.4　知识 ·································17

  1.4　人工智能的基本任务：检索、分类和生成 ············18

  1.5　人工智能的行业应用和未来展望 ·················19

    1.5.1　人工智能的行业应用 ······················20

    1.5.2　未来展望 ······························23

  思考与练习 ·····································25

第2章　从数据到知识的智变 ·····························26

  背景案例：智能农业中的数据应用 ···················26

  2.1　数据和知识 ································27

　　　　2.1.1　数据——信息的原材料 ·························· 27

　　　　2.1.2　知识——经过加工的信息 ······················ 29

　　2.2　科学研究的四类范式 ···························· 29

　　　　2.2.1　实验(经验)范式 ······························ 30

　　　　2.2.2　理论范式 ···································· 30

　　　　2.2.3　模拟仿真范式 ································ 31

　　　　2.2.4　数据挖掘范式 ································ 31

　　2.3　数据驱动的人工智能算法模型 ·················· 32

　　　　2.3.1　从数据到模型的抽象 ·························· 32

　　　　2.3.2　数据驱动方法的核心理念 ······················ 33

　　总结与展望 ···································· 33

　　思考与练习 ···································· 34

第3章　搜索算法：从穷举之蛮到启发式之巧 ·················· 35

　　背景案例：紧急情况下的救援搜寻 ···················· 35

　　3.1　搜索算法基本概念 ···························· 36

　　3.2　典型的搜索算法 ······························ 38

　　　　3.2.1　搜索树的构建 ································ 38

　　　　3.2.2　深度优先搜索和广度优先搜索 ···················· 40

　　总结与展望 ···································· 40

　　思考与练习 ···································· 41

第4章　机器学习：从监督学习到强化学习 ···················· 42

　　背景案例：个性化音乐推荐系统 ···················· 43

　　4.1　机器学习基本概念 ···························· 44

　　4.2　机器学习中的特征工程 ························ 45

　　　　4.2.1　特征的定义 ································ 45

　　　　4.2.2　特征工程的目标 ······························ 45

　　　　4.2.3　特征工程的步骤 ······························ 45

　　　　4.2.4　特征工程的重要性 ···························· 47

　　4.3　监督学习 ···································· 47

4.3.1　监督学习的基本概念 ……………………………………47

4.3.2　回归分析的基本概念 ……………………………………50

4.3.3　回归分析中的参数计算 …………………………………51

4.3.4　监督学习的优势与局限性 ………………………………52

4.4　无监督学习 ……………………………………………………53

4.4.1　无监督学习的基本概念 …………………………………53

4.4.2　K均值聚类算法 …………………………………………53

4.4.3　无监督学习的优势与局限性 ……………………………54

4.5　强化学习 ………………………………………………………55

总结与展望 ………………………………………………………………56

思考与练习 ………………………………………………………………57

第5章　深度学习：从MCP到循环神经网络 ……………………58

背景案例：自动驾驶汽车中的深度学习 …………………………………59

5.1　人脑神经机制 …………………………………………………59

5.1.1　视觉系统的分级处理 ……………………………………60

5.1.2　神经网络与人工智能 ……………………………………60

5.1.3　赫布理论与学习机制 ……………………………………61

5.1.4　通过神经机制理解数字识别 ……………………………61

5.2　深度学习的历史发展 …………………………………………62

5.3　感知机模型 ……………………………………………………64

5.4　典型深度神经网络 ……………………………………………65

5.4.1　全连接网络 ………………………………………………65

5.4.2　卷积神经网络 ……………………………………………67

5.4.3　循环神经网络 ……………………………………………69

总结与展望 ………………………………………………………………71

思考与练习 ………………………………………………………………71

第6章　大语言模型：从通用基座到垂直领域大模型 ……………73

背景案例：从通用语言模型到垂直领域专家 ……………………………73

6.1　通用基座模型的训练 …………………………………………74

6.1.1　数据准备 ···75

6.1.2　技术核心：概率预测和神经网络 ····················76

6.1.3　大语言模型建模 ·······································76

6.1.4　预训练和微调范式 ·····································78

6.1.5　提示学习与指令微调 ··································79

6.2　垂直领域大模型的定制 ··80

6.2.1　垂直领域的特殊需求 ··································80

6.2.2　垂直领域大模型的迁移训练流程 ··················81

6.3　大模型的前景与挑战 ··82

6.3.1　计算资源与能耗问题 ··································82

6.3.2　模型的可解释性与透明性 ····························83

6.3.3　数据隐私与安全问题 ··································83

6.3.4　伦理问题与社会影响 ··································83

6.3.5　未来的发展方向 ·······································84

总结与展望 ···84

思考与练习 ···85

第7章　图像生成模型：从高斯混合模型到扩散模型 ···············86

背景案例：AI艺术创作 ··86

7.1　高斯混合模型（GMM）的应用 ······························88

7.2　生成对抗网络（GAN）的突破 ·······························89

7.2.1　生成对抗网络的基本原理 ····························89

7.2.2　生成对抗网络的应用 ··································90

7.2.3　生成对抗网络的优缺点 ·······························91

7.3　扩散模型的创新 ···92

7.3.1　扩散模型的基本原理 ··································92

7.3.2　扩散模型的代表性模型 ·······························93

7.3.3　扩散模型的优缺点 ·····································94

总结与展望 ···94

思考与练习 ···95

第二篇 构建式能力

第8章 图像理解：从手工特征到深层特征 **98**

背景案例：宠物领养平台的智能分类系统 99

8.1 数字图像基本概念 99

8.2 图像理解模型与工具 101

    8.2.1 图像分类 102

    8.2.2 图像识别 104

    8.2.3 图像分割 106

    8.2.4 图像描述 108

8.3 模型训练实战：图像分类器 109

总结与展望 110

思考与练习 111

第9章 图像生成：推动AI进入"PS"时代 **112**

背景案例：节日营销中的定制海报生成 113

9.1 图像生成的基本原理 113

9.2 图像生成的应用方法 117

    9.2.1 图像提示词的概念 117

    9.2.2 图像提示词的结构 117

    9.2.3 图像提示词的综合案例 120

9.3 图像生成工具实训 121

    9.3.1 图像生成工作流的概念 121

    9.3.2 实战演练：以节日海报生成为例 122

总结与展望 127

思考与练习 128

第10章 文本生成：记忆上下文的"大模型" **129**

背景案例：AI文学鉴赏助手与《岳阳楼记》的深度解读 130

10.1 大语言模型相关概念 131

10.1.1　词元 ……………………………………………………132

10.1.2　上下文窗口 ………………………………………………133

10.1.3　预训练模型与微调 ………………………………………134

10.1.4　检索增强生成 ……………………………………………135

10.2　提示词工程 ……………………………………………………137

10.2.1　提示词工程的特征 ………………………………………137

10.2.2　提示词的构成要素 ………………………………………137

10.2.3　提示词的编写策略 ………………………………………138

10.3　工具实训：AI文学鉴赏 ……………………………………144

总结与展望 …………………………………………………………151

思考与练习 …………………………………………………………151

第三篇　创造性价值

第11章　黑白博弈：基于反馈的决策智能 ……………………………154

背景案例：建筑设计工作室的智能化转型 ………………………155

11.1　智能体基本原理 ………………………………………………155

11.1.1　基于强化学习的智能体训练 ……………………………155

11.1.2　智能体核心特征与构成 …………………………………156

11.2　智能体应用：棋与游戏 ………………………………………157

11.2.1　深蓝的突破：AI在棋类游戏中的早期尝试 ……………158

11.2.2　AlphaGo：人工智能的新里程碑 ………………………159

11.2.3　AlphaZero：自我博弈的顶点 …………………………160

11.2.4　AI游戏：超越传统棋类的应用 …………………………161

11.3　智能体构建与实训 ……………………………………………162

11.3.1　智能体工作流 ……………………………………………163

11.3.2　构建"建筑设计趋势分析Bot" …………………………168

总结与展望 …………………………………………………………180

思考与练习 …………………………………………………………180

第四篇 人本型伦理

第12章 人本型伦理：人工智能伦理与治理 ·······················**184**

背景案例：性别偏见 ···185

12.1 人机交互与AI伦理原则 ·······························186

12.1.1 人机交互的技术发展及其伦理挑战 ················186

12.1.2 AI伦理核心原则及其在HCI设计中的应用 ·········190

12.1.3 案例讨论与扩展——伦理与技术进步的平衡 ·······200

思考与练习 ··202

12.2 AI治理策略与技术 ·································206

12.2.1 AI治理策略 ···································206

12.2.2 AI治理技术 ···································209

12.2.3 案例讨论与扩展 ·······························221

思考与练习 ··222

12.3 可信赖AI系统的设计与评估 ·······················228

12.3.1 构建可信赖AI系统的原则与策略 ················228

12.3.2 责任与问责机制的设计与实施 ···················232

12.3.3 案例讨论与扩展——面向未来的伦理设计创新与建议 ····233

思考与练习 ··234

参考文献 ··236

附录A ···238

附录B ···240

第一篇
体系化知识

第 1 章　思维性启迪：从机器人偶到图灵机模型

学习目标

　　人工智能（artificial intelligence，AI）作为一门跨学科的技术学科，其发展历程可以追溯到古代神话中的智能体和现代计算理论的起源。本章将从神话与科幻中的智能体、人工智能的基本概念与发展史以及人工智能的核心要素等方面详细探讨人工智能的发展。

类型	模块	预期学习目标
知识点	神话与科幻中的智能体	能描述人类早期对于智能生命和人工创造生命的探索
知识点	早期自动机的历史	能描述自动机械的诞生标志着人类对机械和自动化的初步探索
素养点	古代机器人偶的科学与哲学启示	能阐述古代机器人偶在科学与哲学方面的启示意义
知识点	人工智能的定义和范畴	能阐述人工智能的定义和层次
知识点	人工智能的起源与发展	能描述人工智能所经历的大起大落过程
知识点	图灵测试	能描述图灵测试，分析图灵测试的意义
知识点	人工智能的要素	能阐述人工智能的数据、算法、算力与知识的内涵
知识点	人工智能的基本任务	能描述人工智能的基本任务
知识点	人工智能的行业应用	能阐述人工智能的行业应用
素养点	人工智能的未来展望	能分析阐述人工智能的未来发展

1.1 寻找非人智能体的理想

1.1.1 神话与科幻中的智能体

人类对于智能生命和人工创造生命有着长期兴趣和探索。在神话传说和科幻作品中，这些故事和概念不仅丰富了我们的文化知识和想象力，也推动了现代科学和技术的发展。

1.古希腊神话中的智能体

赫淮斯托斯（Hephaestus）的黄金机器人：赫淮斯托斯是古希腊神话中的火神和工匠之神，以精湛的工艺和创造力而闻名。他制造了许多自动机，如能够自行行动和思考的黄金三脚鼎和金制仆人。这些自动机不仅展示了古希腊人对自动化和智能体的早期构想，还反映了他们对创造智能生命的持久兴趣。

2.中世纪传说中的智能体

（1）贾比尔·伊本·哈扬（Jabir ibn Hayyan）的Takwin：贾比尔是中世纪的炼金术士和哲学家，他提出了通过炼金术创造人工生命的概念，称为Takwin。这一概念展示了中世纪对生命本质和智能体的探索。

（2）帕拉塞尔苏斯（Paracelsus）的何蒙库鲁兹：帕拉塞尔苏斯是文艺复兴时期的医生、炼金术士，他提出了何蒙库鲁兹的概念，即通过炼金术在实验室中创造小型人形生物。这一概念不仅展示了中世纪对生物学和化学的探索，而且在后来的文学作品中被广泛引用，成为人工生命和智能体的一个象征。

3.科幻作品中的智能体

（1）《弗兰肯斯坦》：英国作家玛丽·雪莱（Mary Shelley）于1818年创作的长篇小说，被认为是世界上第一部真正意义上的科幻小说。这部小说主要讲述了主角弗兰肯斯坦是一个热衷于生命起源的生物学家，他用尸体的不同部分拼凑成一个巨大的人体怪物，怪物在具有生命之后发生了一系列离奇的故事。小说中的怪物在某种意义上代表着正在发展和渗透进人类社会的科学技术，小说探讨了创造人工生命的伦理和道德问题，反映了对人工生命的恐惧和希望。

（2）《罗素姆的万能机器人》：卡雷尔·恰佩克（Kard Čapek）1921年的作品。其首次引入了"robot"（机器人）一词，这个单词源于捷克语的"robota"，意为"奴役的劳动力"。其描述了一种能思考的人造工人，探讨了人工智能可能对人类社会造成的影响。

（3）阿西莫夫的机器人系列：艾萨克·阿西莫夫（Saac Asimov）是著名的科幻作家，他在1950年出版的《我，机器人》中提出了"机器人三法则"，其中第一条法则为"机器人不得伤害人类个体，或者目睹人类个体将遭受危险而袖手不管"，旨在确保机器人的行为不会对人类造成伤害。（"机器人三法则"在许多科幻电影中被引用，影响力较大的影片有《机械公敌》等。）其作品为人工智能的伦理和安全问题提供了框架和指导。

古代机器人偶的制造，不仅标志着人类对机械和自动化的早期探索，也体现了对技术的不懈追求。这些早期的机械装置，以精巧的设计和功能，不仅在当时社会中引起了轰动，而且对现代机器人技术的发展产生了深远影响。它们的存在，不仅挑战了人类对自身地位和能力的传统认知，也引发了对通过工艺创造生命的伦理问题的深刻思考。随着技术的发展，这些古老的想象正在逐渐成为现实，在人工智能和机器人技术的快速发展中也具有重要的启示意义，如无人驾驶汽车、自动化机器和仿生机器人的发展，都与古代机器人偶的制造有着异曲同工之妙。

1.1.2　早期自动机的历史

在古代文明的辉煌篇章中，自动机械的诞生标志着人类对机械和自动化的初步探索。这些早期的自动机械不仅是技术成就的体现，更是人类智慧的结晶。

1.中国西周的偃师

《列子·汤问》记载，周穆王在巡视归来的途中遇到了名为偃师的工匠，他制造了一个能歌善舞的伶人（见图1-1），这个伶人外表看起来和真人无异，内部由皮革、木头、树脂、漆和各种颜料制成，展现了极高的工艺水平。这个故事反映了古代中国对机械和自动化的探索，偃师的伶人被认为是中国古代"机器人"技术的代表之一。

图1-1　偃师的伶人

2.古希腊的希罗

希罗（Hero）是一位杰出的工程师和发明家，他在自动机和机械装置的创造方面做出了重要贡献。希罗的工作不仅在古代世界产生了深远的影响，也为后来的科学家和工程师提供了灵感，促进了机械工程和自动化技术的发展。他的代表作品有：

（1）汽转球：希罗的汽转球被认为是最早的蒸汽动力装置，它通过加热水产生蒸汽，蒸汽推动球体旋转，运用了蒸汽动力的基本原理。这项发明比工业革命早了近两千年，标志着对动力机械的早期探索。

（2）祭祀自动门：利用火焰产生的热量使空气膨胀，从而推动门的开启。这种机制展示了空气压力的应用，是古代自动化技术的一个典范。

（3）自动售卖机：希罗设计的自动售卖机是早期自动化和商业理念的体现，它展示了古代对机械自动化的探索。

（4）其他发明：液压系统、闹钟以及用于娱乐和宗教仪式的自动装置，这些发明不仅展示了希罗对力学尤其是流体力学的理解，也体现了其在机械设计上的创新能力。

3.古埃及和古希腊的圣像

古埃及和古希腊的圣像在各自文化中具有重要的宗教和社会意义，反映了两种文明对神灵、信仰和人类存在的理解。

（1）古埃及圣像：与宗教信仰密切相关，主要用于祭祀和墓葬，如神祇圣像、生命树和圣甲虫等，它们象征着重生、保护和来世的希望。

● 神祇圣像：古埃及人崇拜众多神祇，每个神祇都有其特定的圣像。比如，荷鲁斯通常以鹰的形象出现，象征着天空和王权，而奥赛里斯则常被描绘为一个带有绿色皮肤的木乃伊，象征着复活和再生。

● 生命树：古埃及信仰中的重要象征，常见于墓葬壁画中，代表着来世的希望和复活的可能性。在新王国时期（公元前16世纪至前11世纪），生命树的形象开始拟人化，成为女神形象的代表，为死者提供来世所需的食物和保护。

● 圣甲虫：古埃及的另一重要象征，代表着重生和保护。它的形象常被用作护身符，象征着生命的循环和复活。

（2）古希腊圣像：更多地与人类的理想和哲学思想相结合，如神祇雕像、自动装置和安提基特拉机械等，体现了对美、智慧和神性的追求。

古希腊的神祇雕像通常体现了理想化的人体美。比如，雅典娜的雕像展现了智慧与战争的结合，常用于神庙的祭祀。古希腊的技术成就也体现在一些自动装置上，除了希罗发明的自动机和其他机械装置外，安提基特拉机械被认为是古希腊最早的复杂机械装置，用于预测天文事件，展示了古希腊人在科学和技术方面的先进性。这种机械的复杂性与古希腊人对知识和真理的追求密切相关。

这些早期的自动机和圣像，无论是在技术层面还是在文化层面，都对后世产生了深远的影响。它们不仅展示了古代文明在机械和自动化领域的技术成就，也反映了人类对智能和自动化的早期探索与幻想。圣像被认为具有某种智能和激情，能够与人类互动，也展示了早期人类对智能体的幻想。随着时间的推移，这些早期的探索逐渐演变为现代的机器人技术和人工智能研究。

1.1.3 古代机器人偶的科学与哲学启示

在人类文明的长河中，古代机器人偶的制造不仅展示了人类对于机械和自动化的早期探索、对技术的不懈追求，也体现了对自我、伦理和未来的深刻思考。

1.技术进步的启示

古代机器人偶，如中国春秋后期鲁班所造能在空中飞行的木鸟，以及三国时期诸葛亮发明的木牛流马，这些简易的机械装置为现代机器人技术的发展奠定了基础。它们既是技术进步的先驱，也是人类智慧的体现。这些早期的发明启示我们，技术的发展是一个逐渐积累和迭代的过程，每一代的创新都是建立在前人基础上的。

2.人工智能的哲学思考

古希腊的自动人偶，如塔罗斯（Talos），是一个由希腊的发明之神赫淮斯托斯创造的青铜巨人。这些神话故事既反映了古人对创造人工生命的想象，也引发了对通过工艺创造生命的伦理问题的深刻思考。

3.对人类自我认知的影响

古代机器人偶作为技术实现之前人类想象中的产物，它们在传说、哲学思想与文学叙事中的存在，对人类的自我认知有着深远的影响。它们挑战了人类对自身地位和能力的传统认知，引发了关于人类本质和机器之间界限的讨论。

4.对现代科技的预示

古代神话中的自动装置和机器人（如塔罗斯）预示了现代技术发明（如无人驾驶汽车、自动化机器和仿生机器人）。这些故事展示了想象力与科学之间的紧密联系，以及人类对未来科技的预见。

5.对伦理问题的探讨

古代关于人工生命的神话故事，如潘多拉的神话，探讨了创造人工生命可能带来的伦理问题，这些问题在人工智能时代依然具有相关性。随着人工智能技术的发展，我们必须审慎考虑如何确保技术的发展方向与人类的价值观和伦理标准相一致。

6.对艺术和文化的贡献

古代机器人偶的形象和故事在艺术和文化作品中得到了广泛的体现，如古希腊花瓶上的描绘对后世文艺的演变产生了影响。它们不仅丰富了人类的文化遗产，也激发了艺术家和思想家的创造力。

7. 对人类创造力的激发

古代机器人偶的设计与制造激发了人类的创造力，推动了科学、技术、艺术和哲学的交融与发展。这不仅推动了技术的进步，也促进了人类对自身潜能的探索。

通过古代机器人偶的探索，可以看到人类对于模拟、增强和超越自然生命的长期追求，以及所遇到的技术、伦理和哲学问题。这些问题在今天人工智能和机器人技术的快速发展中仍然具有重要的启示意义，促使我们不断反思如何在创新的同时确保技术的发展能够造福人类社会。

1.2 人工智能的基本概念与发展史

1.2.1 人工智能的定义和范畴

人工智能是计算机科学的一个重要分支，致力于模拟和实现与人类智能相关的认知功能，如学习、推理和解决问题。

1. 人类智能

人工智能模仿的是人类智能，下面是人类智能所具有的典型特质：

（1）感知能力：通过视觉、听觉、触觉、嗅觉等感觉器官感知外部世界。

（2）记忆与思维能力：存储由感知器官感知到的外部信息以及由思维所产生的知识；对记忆的信息进行处理。

● 逻辑思维（抽象思维）依靠逻辑进行思维；思维过程是串行的；容易形式化；思维过程具有严密性、可靠性。

● 形象思维（直感思维）依据直觉；思维过程是并行协同式的；形式化困难；在信息变形或缺少的情况下仍有可能得到比较满意的结果。

● 顿悟思维（灵感思维）具有不定期的突发性、非线性的独创性及模糊性；穿插于形象思维与逻辑思维之中。

（3）学习与适应能力：对记忆的信息进行处理，拥有可以自觉的或不自觉的、有意识的或无意识的学习能力。

（4）情感与道德：能够感受到喜、怒、哀、乐等各种情感，对他人和社会产生同情、关爱和责任感。

（5）行为能力（表达能力）：信息的输出。

人工智能模仿的是人类智能中的一项或多项的组合，用于执行通常需要人类智能才能完成的任务。在某些特定的应用场景，人工智能的完成效率会远远高于人类，如在流水线上对产品的视觉分类检测等。

2. 人工智能的定义

人工智能可以被定义为由人类创造的机器或计算机所表现出的智能，能够执行通常需要人类智能才能完成的任务，如视觉感知、自然语言处理、决策制定和创造性思维等。人工智能通常涉及如表1-1所示的三个层次。

表1-1　人工智能的三个层次

核　心	功　能
模仿人类智能（imitating human intelligence）	人工智能旨在模拟人类的思维过程，包括学习、理解、推理和决策等能力。这使得机器能够执行通常需要人类智能才能完成的任务
自我学习（self-learning）	现代人工智能系统能够从数据中学习并自动改进其性能，通常通过机器学习和深度学习等技术实现。这种能力允许系统适应新数据并提高其准确性和效率
解决认知性问题（solving cognitive problems）	人工智能的研究领域涉及解决通常与人类智能相关的各种问题，包括图像识别、自然语言处理和创造性思维等。这些任务要求系统具备高级的认知能力，以理解和处理复杂的信息

需要注意的是，人工智能是一个不断发展的领域，其定义也随着技术的进步而不断演变。我们需要记住人工智能的两大核心要素：智能行为和计算。牢记"思维"与"计算"两个基础特性，就可以把握人工智能这门学科的本质，理解其内涵与外延。

3. 人工智能的主要范畴

人工智能是一个多学科交叉的领域，涵盖了计算机科学、认知科学、心理学等多个学科，旨在通过模拟人类智能来解决复杂问题并提升人类的生活质量。人工智能按照不同的类别和特点可作如表1-2所示的分级。

表1-2　人工智能的分级

类别	定义	特点
弱人工智能（artificial narrow intelligence, ANI）	也称为狭义人工智能，是指专注于特定任务的智能系统	专注于特定任务，如下棋程序、语音识别、图像分类和推荐系统等 弱人工智能通常只能执行一种特定的任务，如果超出设定的范围，它可能无法正常工作。因此，弱人工智能并不具备广泛的通用性
强人工智能（artificial general intellligence, AGI）	也称为通用人工智能（AGI），指的是能够理解、学习和应用知识的机器。是一种能够在多个领域与人类匹敌甚至超越人类的智能。可以胜任人类所有工作的人工智能	具备与人类相似的推理和解决问题的能力。不仅具备广泛的通用性，而且能够理解和执行各种复杂的任务 目前的技术尚未完全实现强人工智能，因为创造这样的系统需要大量的计算资源和深入的算法研究

类别	定义	特点
超人工智能（artificial superintelligence, ASI）	人工智能的最高级别，它指的是机器智能在几乎所有领域都超越了人类智能	不仅具备全面的知识和能力，而且能够进行独立的推理和决策 目前关于超人工智能的研究仍处于起步阶段，其实现还需要很长时间的技术发展和突破

1.2.2　人工智能的起源与发展

1. 人工智能大厦的基石

20世纪初，弗雷格在《概念文字》一书中定义了完整的逻辑演算系统。他定义了"任何""存在"这样的量词，极大扩展了逻辑学的内容。弗雷格希望基于他的逻辑，可以通过演绎的方式证明诸如"一加一等于二"这种数学公式的正确性。后来，经过怀特黑德、罗素、希尔伯特、哥德尔等数学家的努力，数理逻辑正式确立。数理逻辑的确立为形式化描述人类的思维提供了坚实的理论基础，成为人工智能大厦的第一块基石。

1936年，年仅24岁的图灵（Alan Turing）发表了一篇划时代的论文——《论可计算数及其在判定问题上的应用》。写这篇论文的目的是证伪希尔伯特提出的一个"可判定问题"，即是否有一个通用算法可以判断某一个问题是否可解。为了说明这一问题，图灵提出了被后人称为"图灵机"的通用计算模型，为现代计算机的诞生奠定理论基础。因为这一伟大贡献，图灵被称为"计算机科学之父"。

1937年，年仅21岁的麻省理工学院研究生克劳德·艾尔伍德香农（Claude Elwood Shannon）发表了论文《继电器和开关电路中的符号分析》，提出用电子开关来实现二进制逻辑。这是二进制电子电路设计和逻辑门应用的开端，为现代电子计算机的出现打下了基础。

1943年，英国人设计了Colossus，用来破解德国人的密码。这是第一台可编程电子数字计算机。

1946年，第一台通用电子数字计算机ENIAC诞生。ENIAC包含大量电缆和开关，用来进行"编程"。计算机的诞生为人工智能提供了工具，成为人工智能大厦的第二块基石。

1948年，图灵发表了一篇题为《智能机器》的报告，提出了利用计算机来模拟人类智能的思想，为人工智能的诞生奠定了理论基础。

20世纪50年代，图灵提出了图灵测试，作为衡量机器是否具备智能的标准，这一理论推动了计算机科学和人工智能的研究。

1956年，在达特茅斯会议上，研究人员讨论了用机器来模仿人类学习以及在其他方面的智能，会议为讨论的内容起了一个名字：人工智能。"人工智能"第一次作为一门独立研究的学科登上历史舞台，确立了此后几十年研究的根本问题和基本方法。因此，1956年也就成了人工智能元年。

人工智能自1956年正式诞生以来，经历了60多年的发展历程，大致可以分为三个主要阶段。每一代人工智能都有其特定的目标、方法和局限性，反映了人类对智能本质认知的不断深入。

2. 第一代人工智能（1956年—20世纪80年代）

第一代人工智能的目标是让机器像人类一样思考。这里的思考包括推理、决策、诊断、设计、规划、创作、学习等高级认知活动。其核心思想是"基于知识与经验的推理模型"，即通过将人类专家的知识和经验编码到计算机中，使机器能够模拟人类的思维过程。

第一代人工智能的代表性成果包括定理证明、基于模板的对话机器人以及感知器模型。1959年，王浩提出高效算法，在9分钟内将《数学原理》中所有定理证明完成。1966年，德裔美国计算机科学家维森鲍姆在MIT开发了一个名为ELIZA的机器人小程序，该小程序可以以心理学家的方式和人交谈。ELIZA之后，对话机器人取得长足进展。1958年，康奈尔大学的弗兰克·罗森布拉特设计了一个被称为"感知器"的单层神经网络，并成功应用于一台被称为Mark 1的专用硬件上，被称为感知机。感知器模型的成功给机器自主学习提供了可能。

到了20世纪70年代，人们发现对人工智能的预期过于乐观，失望情绪开始蔓延，人工智能走入低谷。首先，符号主义遇到瓶颈。虽然在定理证明这类确定性问题上符号主义表现优异，但在实际问题中存在大量不确定性，不太可能完全用逻辑推理方法来解决。其次，不依赖逻辑演算的感知器模型被证明具有严重局限性，对神经网络的研究受到巨大打击。

第一代人工智能存在难以从客观世界中自主学习新知识、知识获取具有瓶颈、领域推广困难等问题。

3. 第二代人工智能（20世纪90年代—21世纪10年代）

第二代人工智能源于对第一代人工智能局限性的反思，主要基于人工神经网络和机器学习方法。其核心思想是：通过模拟人类大脑的结构和学习过程，使机器能够从大量数据中自主学习，在图像识别、语音识别、自然语言处理等领域取得了突破性进展。

第二代人工智能的代表性成果包括IBM的深蓝系统，它在1997年击败了国际象棋世界冠军卡斯帕罗夫；2011年，IBM Watson在危险边缘游戏中战胜了人类选手。

第二代人工智能存在着可解释性差、鲁棒性差、数据依赖性强、泛化能力低等问题。

4. 第三代人工智能（21世纪10年代至今）

第三代人工智能旨在克服前两代人工智能的局限性，发展更加安全、可控、可信、可靠和可扩展的人工智能技术。其核心思路是：融合知识驱动和数据驱动，同时利用知识、数据、算法和算力四个要素。随着计算能力的提升和数据量的增加，机器学习特别是深度学习技术在 21 世纪初迅速发展，算法如卷积神经网络（CNN）和循环神经网络（RNN）在图像识别、自然语言处理等领域取得了突破性进展。

第三代人工智能，其代表性成果包括 2016 年谷歌 DeepMind 开发的 AlphaGo，它击败了世界顶级围棋选手。2022 年 OpenAI 发布的 ChatGPT，引发了公众对大规模语言模型的广泛关注；2024 年 5 月发布 GPT-4o，"o" 代表 "omni"，即全能，其能够处理多种类型的数据输入和输出，包括文本、音频和图像，实现了跨模态的理解和生成能力。这意味着它不仅能理解和生成文本，还能理解音频内容（如语音）和图像信息，并能将这些不同模态的信息综合处理和输出，极大地扩展了 AI 的应用场景和交互方式。

人工智能的两落三起如图 1-2 所示。

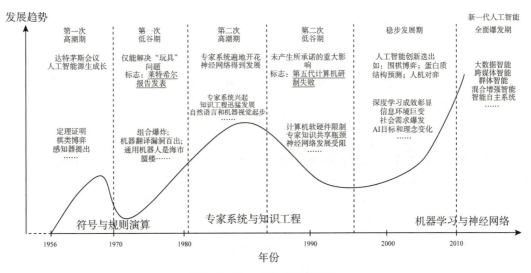

图 1-2　人工智能的两落三起

人工智能的发展历程汇总如表 1-3 所示。

表 1-3　人工智能发展历程

时　期	事　件
萌芽期 （1943—1956 年） 这个时期主要是一些关于人工智能早期构想和理论基础的建立	– 1943 年：沃伦·麦卡洛克和沃尔特·皮茨提出了人工神经元的数学模型，为神经网络的发展奠定了基础。 – 1950 年：艾伦·图灵发表论文《计算机器与智能》，提出了著名的图灵测试，为判断机器是否具有智能提供了一个标准。 – 1951 年：马文·明斯基和迪恩·埃德蒙兹建造了第一台神经网络计算机 SNARC。 – 1955 年：赫伯特·西蒙、艾伦·纽厄尔和克利夫·肖开发了"逻辑理论家"程序，被认为是第一个人工智能程序

续表

时　期	事　件
初创期 （1956—1974年） 1956年的达特茅斯会议标志着人工智能作为一个正式的研究领域的诞生。这个时期充满了乐观和高涨的热情	– 1956年：约翰·麦卡锡、马文·明斯基、纳撒尼尔·罗切斯特和克劳德·香农在达特茅斯学院组织了为期两个月的研讨会，正式提出了"人工智能"这个术语。 – 1957年：艾伦·纽厄尔和赫伯特·西蒙开发了"通用问题求解器"（GPS），这是一个旨在模仿人类问题解决过程的程序。 – 1958年：约翰·麦卡锡发明了LISP编程语言，它成为早期人工智能研究的主要编程语言。 – 1959年：马文·明斯基和约翰·麦卡锡创立了麻省理工学院人工智能实验室。 – 1961年：詹姆斯·斯莱格尔开发了"棋类程序"（checkers-playing program），它能够击败顶级的西洋跳棋选手。 – 1964年：约瑟夫·韦森鲍姆创造了ELIZA，这是一个能进行自然语言对话的程序，被认为是第一个聊天机器人。 – 1965年：赫伯特·西蒙预言，"在20年内，机器将能够完成人类能做的任何工作"。这个乐观的预测反映了当时人工智能研究者的信心。 – 1969年：马文·明斯基和西摩·帕珀特出版了《感知器》一书，指出了单层神经网络的局限性。神经网络研究在随后的年代里陷入低谷
第一次人工智能冬天 （1974—1980年） 由于早期的过度乐观预测未能实现，加上技术瓶颈的出现，人工智能研究进入了低谷期	– 1973年：英国科学研究委员会发布莱特希尔报告，严厉批评了人工智能研究的现状，导致英国政府大幅削减了对人工智能的资助。 – 1974年：美国国防部高级研究计划局（DARPA）也大幅削减了对人工智能研究的资助。 –人们认识到人工智能面临的挑战比预想的要复杂得多。研究者开始关注更加具体和限定范围的问题，而不是追求通用人工智能
专家系统的繁荣 （1980—1987年） 专家系统的成功为人工智能带来了新的生机。这种系统通过编码专家知识来解决特定领域的复杂问题	– 1980年：数字设备公司的R1专家系统开始运行，它能够配置新的计算机系统。到1986年，该系统每年为公司节省约4000万美元。 – 1981年：日本政府启动了"第五代计算机"项目，旨在开发能进行高级推理的计算机。这个项目激发了其他国家对人工智能的投资。 – 1983年：爱德华·费根鲍姆和帕梅拉·麦考杜克出版了《第五代：人工智能和日本的计算机挑战》一书，引发了公众对人工智能的广泛关注
第二次人工智能冬天 （1987—1993年） 专家系统取得了初步成功，但其局限性也显现出来了。同时，个人计算机的兴起使得专用人工智能工作站失去市场，人工智能再次进入低谷	– 1988年：苹果公司推出了Macintosh II，其图形用户界面和鼠标操作使得传统的人工智能工作站相形见绌。 – 1989年：许多人工智能公司倒闭，LISP机器公司等专门生产人工智能硬件的公司遭遇严重困境。 –这个时期，神经网络研究重新获得关注，为后来的深度学习革命埋下了伏笔

续表

时　期	事　件
稳步发展期 （1993—2011年） 人工智能逐渐走出实验室，开始在现实世界中发挥作用。同时，机器学习方法，特别是统计学习方法，开始在人工智能领域占据主导地位	– 1997年：IBM的深蓝计算机击败了国际象棋世界冠军卡斯帕罗夫，标志着在特定领域，计算机的能力已经超越了人类。 – 2000年：Cynthia Breazeal at MIT 发布了 Kismet，这是一个能够识别和模仿人类情感的机器人头部。 – 2002年：iRoBot公司推出了 Roomba，这是第一个大规模商业化的自主机器人。 – 2005年：斯坦福大学 Sebastian Thrun 领导的团队赢得了 DARPA 无人驾驶汽车挑战赛，无人驾驶技术开始受到广泛关注。 – 2006年：Geoffrey Hinton 提出了深度信念网络，为深度学习的发展奠定了基础。 – 2011年：IBM的 Watson 系统在美国知识问答节目 "Jeopardy!" 中战胜了人类冠军，展示了人工智能在自然语言处理和知识推理方面的巨大进步
深度学习革命 （2012年至今） 深度学习的突破带动了人工智能的快速发展，人工智能技术开始在各个领域被广泛应用	– 2012年：Google Brain 人工智能团队使用深度学习算法，从 YouTube 视频中自主学习识别猫。同年，Geoffrey Hinton 团队的深度神经网络在 ImageNet 图像识别挑战赛中取得突破性进展。 – 2014年：Ian Goodfellow 提出生成对抗网络（GAN），为人工智能执行创造性任务开辟了新的可能。 – 2015年：谷歌 DeepMind 开发的 AlphaGo 在围棋比赛中击败职业选手，震惊世界。 – 2016年：谷歌的神经机器翻译系统大幅提高了机器翻译的质量。 – 2018年：OpenAI 开发的 GPT（Generative Pre-trained Transformer）模型在多个自然语言处理任务中取得突破。 – 2020年：OpenAI 发布 GPT-3，这是当时最大的语言模型，具有1750亿个参数。 – 2022年：OpenAI 发布 DALL·E 2，一个能根据文本描述生成图像的人工智能系统，展示了人工智能在创造性任务中的潜力。同年，ChatGPT 的发布引发了公众对大规模语言模型的广泛关注。 – 2023年：GPT-4 的发布进一步推动了大规模语言模型的发展，人工智能技术在各个领域的应用不断深入。 2024年：OpenAI 发布 GPT-4o，它能够处理多种类型的数据输入和输出，包括文本、音频和图像，实现了跨模态的理解和生成能力

　　人工智能的发展历程展示了这个领域的起起落落。从最初的乐观预期，到两个"人工智能冬天"，再到如今的蓬勃发展，人工智能经历了长期的积累和突破。当前，人工智能正处于快速发展期，深度学习、强化学习、自然语言处理等技术不断突破，人工智能在艺术设计、图像识别、语音识别、自然语言处理、游戏、医疗诊断等领域的应用日益广泛。

从简单的规则系统，到数据驱动的学习系统，再到当前追求更加智能、可靠和通用的人工智能系统，每一代人工智能都在前一代的基础上取得了重要进展，但同时也面临着新的挑战。未来的人工智能，将继续朝着更加智能、安全、可控和普适的方向迈进。

1.2.3 图灵测试及其意义

图灵测试（Turing test）是由英国数学家和计算机科学家艾伦·图灵于1950年提出的一种评估机器是否具备智能的标准，如图1-3所示。该测试的核心思想是通过人与机器的对话，判断机器是否能够表现出与人类相似的智能行为。通过这一假想实验，图灵用一种实验的方式定义了智能，即如果我们不能将机器和人的行为区分开来，则认为机器拥有了智能。

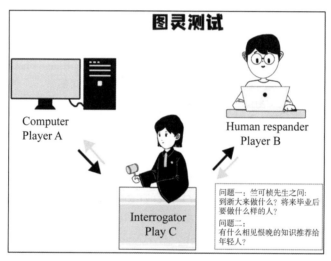

图 1-3　图灵测试

1.图灵测试的基本概念

图灵测试通常包括以下三个参与者：

（1）人类裁判：负责提问。

（2）人类参与者：回答裁判的问题。

（3）机器参与者：回答裁判的问题。

测试过程中，裁判与人类参与者和机器参与者分别进行交流，如果裁判无法一致地判断出哪个是机器，哪个是人类，那么就可以说机器通过了图灵测试，即在这次特定的交流中展现出了与人类相似的智能行为。

2.图灵测试的意义

（1）智能的定义：图灵测试挑战了传统上对智能的定义，强调行为而非内在机制。这一观点推动了对人工智能的研究，促使科学家关注如何使机器在特定任务中表现出智能行为。

（2）人机交互：图灵测试为人机交互的设计提供了理论基础，强调了自然语言处理和对话系统的重要性。现代的聊天机器人和虚拟助手（如Siri和Alexa）都受到这一思想的影响，旨在提高与用户的互动质量。

（3）哲学与伦理问题：图灵测试引发了关于机器意识和智能的哲学讨论。虽然机器可以通过测试，但这并不意味着它们具备真正的理解或意识。这一讨论促使人们思考机器与人类智能之间的本质差异，以及人工智能的伦理和社会影响。

（4）人工智能的发展方向：图灵测试成为评估人工智能进展的重要标志，推动了研究者在自然语言处理、机器学习、认知科学等领域的探索。成功通过图灵测试的机器被视为人工智能发展的里程碑，激励了更多的研究和创新。

图灵测试也存在着争议，可能过于强调模仿人类行为而忽视了机器智能的其他形式，但图灵测试让研究者摆脱了"智能"概念上的争执，设定了人工智能研究者努力的方向，是人工智能历史上的一个里程碑，在哲学、伦理、人机交互等多个层面引发了深刻的思考，影响着人工智能的研究方向和应用。

1.3 人工智能的要素：数据、算法、算力和知识

人工智能的要素主要包括数据、算法、算力和知识，这些要素共同构成了现代人工智能系统的基础。数据作为AI的燃料，提供了训练模型所需的丰富信息；算法则是将数据转化为智能行为的规则和方法；算力，尤其是随着GPU和TPU等专用硬件的发展，为处理大数据和复杂算法提供了必要的计算资源；知识则涉及如何将领域专家的经验和信息整合到AI系统中，以增强其决策和推理能力。这四者有机结合，使得AI系统能够处理日益复杂的任务，并在多个领域内实现突破。

1.3.1 数据

数据（data）是人工智能的基础。高质量的数据集能够提高算法的性能，减少偏差，对于训练有效的机器学习模型至关重要。机器学习和深度学习模型的性能在很大程度上依赖于可用的数据量和质量。数据可以分为以下几类：

（1）训练数据：用于训练模型的输入数据，模型通过这些数据来学习模式和规律。

（2）验证数据：用于评估模型性能的数据，帮助调整模型参数以提高准确性。

（3）测试数据：用于最终评估模型的泛化能力，确保模型在未见数据上的表现。

简而言之，训练数据用于训练模型，验证数据用于对模型参数微调，测试数据用于评估模型学习成果。至于为什么对模型的测试需要基于一个独立于训练集的测

试集？这是因为模型在训练集和测试集上的性能可能存在很大差异：在训练集上性能非常好的模型，在测试集上可能会差很多。这种现象称为"过拟合"。这就如同一个只会死记硬背的学生，在课堂学习时把老师讲的所有题目都背了下来，但是在考试时遇到没见过的题目就做不出来了。

1.3.2　算法

算法（algorithms）是实现人工智能的具体方法和步骤，其通过一系列定义明确的计算步骤处理数据，以生成智能行为。深度学习和神经网络算法的进步使得人工智能在许多领域取得了显著的成果，如图像识别、自然语言处理等领域。

主要的算法类型包括：

（1）机器学习算法：如线性回归、决策树、支持向量机等，这些算法通过从数据中学习来进行预测和分类。

（2）深度学习算法：如卷积神经网络（CNN）和循环神经网络（RNN），这些算法在处理复杂数据（如图像和语音）时表现出色。

（3）强化学习算法：通过与环境的交互来学习最佳策略，广泛应用于游戏和机器人控制。

机器学习、深度学习和强化学习的关系如表1-4所示。

表1-4　机器学习、深度学习和强化学习的关系

算法类型	内涵	特点
机器学习（machine learning）	机器学习是AI的一个分支，它使计算机系统能够利用数据和算法自动学习和改进。机器学习算法通过从数据中学习，让计算机能够进行预测或决策，而无需明确编程	机器学习算法是实现AI的一种方式，它使AI系统能够从数据中学习并改进其性能。机器学习算法包括监督学习、无监督学习、强化学习等多种方法，广泛应用于数据分析和模式识别
深度学习（deep learning）	深度学习是机器学习的一个子领域，它使用多层神经网络（称为深度神经网络）来模拟人脑处理数据的方式。深度学习算法能够处理复杂的数据（如图像、语音和文本）并从中提取特征	深度学习算法是实现AI的一种强有力工具，特别是在需要处理大量复杂数据的场景中。它在图像识别、语音识别、自然语言处理等领域取得了显著的成果，极大地推动了AI技术的发展
强化学习（reinforcement learning）	强化学习是一种机器学习方法，它通过与环境的交互来学习。在强化学习中，算法（称为智能体）通过执行动作并接收环境的反馈（奖励或惩罚）来学习最佳策略，以最大化累积奖励	强化学习算法为AI系统提供了一种通过试错来学习决策的方式，这对于需要连续决策和优化策略的应用（如游戏、机器人控制、自动驾驶车辆）特别有用

算法是人工智能的核心，决定了人工智能系统的性能和效率，直接影响到人工智能系统的性能和应用效果。2024年10月，诺贝尔物理学奖颁发给了美国科学家约翰·霍普菲尔德和英国裔加拿大科学家杰弗里·辛顿，表彰他们在使用人工神经网络进行机器学习领域的基础性发现和发明。瑞典皇家科学院发表公报称："两位诺贝尔物理学奖得主使用物理学工具，为强大的机器学习技术奠定了基础。约翰·霍普菲尔德创建了一种联想记忆方法，可以存储和重构图像或其他类型的数据模式。杰弗里·辛顿发明了一种可以自动发现数据中属性的方法，可用于识别图片中的特定元素等任务。"

1.3.3　算力

算力（computational power）是指计算机处理数据和执行算法的能力。随着数据量的增加和算法复杂性的提升，对算力的需求也在不断增长。主要的算力来源包括：

（1）中央处理器（CPU）：适用于一般计算任务，通用性好，但在处理大规模数据时效率较低。

（2）图形处理器（GPU）：专门设计用于并行处理大量数据，适合深度学习等计算密集型任务。

（3）张量处理单元（TPU）：Google为机器学习定制的专用芯片（ASIC），在深度学习任务中可以提供更好的性能和更高的效率。

算力的提升是推动人工智能发展的重要因素，直接影响AI模型的训练速度和性能。目前，云计算可以按需提供高性能计算资源，使得企业可以灵活扩展算力以应对不同的需求。云计算和分布式计算技术使得大规模AI模型训练成为可能，降低了算力的成本。

1.3.4　知识

知识（knowledge）是指在特定领域内积累的经验和信息。人工智能系统需要将知识与数据结合，以增强决策能力。知识的有效整合能显著提升人工智能系统的智能水平，扩大应用范围。知识的获取和表示方式包括知识图谱、规则引擎、迁移学习专家系统等，其基本的概念和特点如表1-5所示。

表1-5　知识的获取和表示方式的基本概念和特点

概　念	定　义	特　点
知识图谱	通过结构化的数据表示知识，帮助AI系统理解和推理	通过图形化的方式表示实体及其关系，帮助系统理解复杂的信息。Google的知识图谱用于提高搜索结果的准确性

续表

概　念	定　义	特　点
规则引擎	通过定义一系列规则来处理特定任务，适用于专家系统和决策支持系统	能够自动化决策过程，提高效率和准确性
迁移学习	利用在一个领域获得的知识来提高在另一个领域的学习效率，减少对大量数据的依赖	允许模型将在一个领域学到的知识应用到另一个领域，提高学习效率
专家系统	模拟人类专家的决策过程，广泛应用于医疗、金融等领域	通过规则和知识库进行推理，解决复杂问题。已应用于医疗诊断系统、金融风险评估系统

　　数据、算法、算力和知识是构建现代人工智能系统的四大要素。它们相互依赖，共同推动了人工智能技术的进步和应用。

　　(1)数据提供了学习的基础。

　　(2)算法定义了如何从数据中提取知识和做出决策。

　　(3)算力支持算法的运行和大规模数据的处理。

　　(4)知识使得系统能够理解和应用学到的信息。

　　数据科学的进步，使得系统能够处理和分析更大规模的数据；算法的创新，如深度学习的发展，使得机器能够解决更复杂的问题；算力的提升，尤其是专用硬件的发展，使得训练复杂的模型成为可能；知识工程的进步则使得系统能够更好地理解和解释数据。这些要素的结合，使得人工智能系统能够更加智能和高效。

1.4　人工智能的基本任务：检索、分类和生成

　　人工智能的基本任务主要包括检索、分类和生成，如表1-6所示。这些任务是人工智能系统处理信息时的核心功能，广泛应用于各个领域。

表1-6　人工智能的基本任务

任　务	定　义	应用示例	特　点
检索 (retrieval)	从大量数据中找到相关信息的过程	搜索引擎：根据用户查询返回相关信息，如Google、百度等	自然语言处理、机器学习排序算法、知识图谱等
		推荐系统：根据用户历史行为，通过分析用户历史行为和偏好，从大量内容中检索并推荐可能感兴趣的项目	协同过滤、内容基础过滤、深度学习等
		智能问答系统：如Siri、Alexa等智能助手，能够理解用户问题并从知识库中检索答案	自然语言理解、知识图谱、信息抽取等

续表

任 务	定 义	应用示例	特 点
分类 （classification）	将数据分配到预定义类别的过程	图像识别：识别图像中的对象。用于人脸识别、物体检测等	卷积神经网络（CNN）、迁移学习等
		文本分类：垃圾邮件过滤、情感分析、新闻分类等。用于舆情监测、客户反馈分析等	朴素贝叶斯、支持向量机（SVM）、循环神经网络（RNN）等
		语音识别：将语音信号转换为文本，并进行分类。用于语音识别、会议记录、字幕生成等	隐马尔可夫模型、深度学习等
		医疗诊断：通过分析医疗数据（如CT图像、病历）辅助疾病诊断	深度学习、决策树等
生成 （generation）	创建新内容或数据的过程，通常基于现有数据或规则	自然语言处理：生成文章或对话回复 图像生成：生成新的图像或艺术作品	依赖于创造性算法，如生成对抗网络（GANs）或变分自编码器（VAEs）。可用于数据增强或创意内容生产

这些基本任务构成了人工智能应用的基础。它们相互关联，经常在实际应用中结合使用。例如，一个智能写作助手可能需要先检索相关信息，然后对信息进行分类和筛选，最后生成新的文本内容。随着技术的发展，这些任务的边界正变得越来越模糊，产生了更多复杂和强大的人工智能应用。随着技术的不断进步，人工智能在这些任务上的性能也在不断提升，推动了各行各业的创新与发展。

1.5 人工智能的行业应用和未来展望

2024年10月9日，诺贝尔物理学奖颁给人工智能两大开拓者（见图1-4）。次日，诺贝尔化学奖再就"蛋白质设计与结构预测"中的贡献为AI加冕，授予戴维·贝克、戴米斯·哈萨比斯和约翰·江珀（见图1-5），表彰他们破解了蛋白质神奇结构的密码。其中，贝克完成了几乎不可能的壮举，构建了全新的蛋白质种类。哈萨比斯和江珀则通过人工智能模型实现了一个50年的梦想——预测蛋白质的复杂结构。蛋白质是生命的基石，通常由20种不同氨基酸组成，所表彰的两个发现在生物化学领域开辟了无限可能。诺贝尔物理学奖和化学奖同年颁发给人工智能的盛况，揭示了人工智能已经成为人类对未知探索的动力来源。

图1-4　2024年诺贝尔物理学奖得主　　　　图1-5　2024年诺贝尔化学奖得主

人工智能作为一项革命性的技术，已经深入渗透社会的各个领域。在美国，2024年特斯拉举行的全球发布会上，特斯拉的智能座驾已拿掉脚踏板和方向盘，利用视觉方案实现了多种道路的自动驾驶。在中国，百度公司的萝卜快跑已经开始在北京、武汉、重庆、深圳、上海开展全无人自动驾驶出行服务与测试。

从教育到医疗，从金融到交通，AI的应用正在重塑行业格局和日常生活。在教育领域，AI能够提供个性化学习路径和实时反馈，极大地提升学习效率和质量。在医药领域，AI辅助的诊断系统能够提高诊断的准确性和速度，同时在药物发现和基因研究中发挥重要作用。在金融领域，AI的风险评估和欺诈检测能力正在改变传统的金融服务模式。在交通领域，无人驾驶开始逐步兴起。未来，随着AI技术的不断进步，预计其将在自动化、智能决策支持、人机协作等方面实现更多创新，同时也必须面对由此带来的伦理、就业和社会结构的变化。

1.5.1　人工智能的行业应用

1.科学研究

"AI for Science"是指将人工智能技术应用于科学研究中，以促进科学发现和创新。人工智能求解高维函数、解决复杂问题的优势正在持续释放：从人工智能驱动的蛋白质功能机理探索和理性设计，到基于人工智能的药物发现和药物优化、酶改造与生物基化学品的生成，再到科学育种与气象预测——不论是微观世界的多尺度探索，还是宏观、微观尺度科学成果的应用。

过去很长一段时间，"维数灾难"是笼罩在各国科学家头顶上的乌云：1957年，贝尔曼写下控制论方程，为最优控制提出基本原理与方法，却因变量太多不知如何有效求解；1964年，哈特马尼与斯特恩斯在面对计算机"原则上可计算、实际上难计算"的一大类问题时，急于探索"计算复杂性理论"。人类处理多尺度问题（多变量函数）的能力，制约了科学发现的深度、精度和速度。

中国科学院院士鄂维南说："人工智能提供了一套新思路来理解高维对象：高

维的函数逼近、高维概率分布的处理、高维的动力系统、高维的微分方程等。从科学应用的角度说，在化学、材料、工程等领域，只要涉及理论，或者在实验中涉及数据和模型，就有人工智能一展身手之处。"AI不仅是解决具体问题的有力工具，更为重新定义科学问题提供了系统性思路。

AI的作用还体现在对科研范式的颠覆、对科研效率的提升上面。比如，AI在数据处理、预测模拟等方面潜力强大，具有传统技术手段所没有的"想象力"。它能高效、精准地理解复杂物理系统，解决大量传统计算方法无法解决的问题，还能够高效地处理海量数据，帮助科研工作者从纷繁的信息中快速提取关键线索、给出新的假设方向，加速科学发现的步伐。

2.教育行业

"AI for Education"在全球范围内的快速发展，积极推动着人工智能与教育的融合。教育部启动了人工智能赋能教育行动，推出了四项具体行动，包括上线"AI学习"专栏、推动国家智慧教育公共服务平台智能升级、实施教育系统人工智能大模型应用示范行动，将人工智能融入数字教育对外开放。2024年教育部公布了第二批32个"人工智能＋高等教育"应用场景典型案例，旨在进一步发掘在人工智能技术应用方面具有引领性、创新性，且对高等教育改革与发展具有显著推动作用的实践案例。

人工智能技术发展带来了全新教育生态，正在逐步改变传统的教学模式，尤其是个性化学习方面，带来重大变革。

在学生端，AI通过分析学生数据个性化推荐学习资源，并根据进度自动调整学习难度；利用自然语言处理和语音识别技术，可以与学生进行实时互动，让学生可以随时提问，获取即时的反馈和解答；实时跟踪学生学习情况，确保学习与个人节奏相匹配。

在教师端，AI通过数据分析和挖掘，可以提供全面、准确的个性化评估，帮助教师了解学生，提供定制化学习计划，强化基础概念，预防学习落后。随着AI技术的不断发展，个性化学习方法正在改变教育方式，提高学习效率，满足学生独特需求，有望成为未来教育的主流趋势，为每个学生创造更加公平和有效的学习机会。

3.设计行业

随着生成式人工智能技术突飞猛进，AI已经能够生成高质量的文本、图像、视频和音乐作品，在智能化创意方面，正在迅速发展并带来显著的变革。

●自动化设计：AI技术可以帮助设计师实现自动化设计，减少重复性劳动。例如，AI可以根据用户需求自动生成多种设计方案，设计师只需从中挑选最佳方案进行优化。只要设计师输入设计目标和约束条件，AI系统就能通过算法生成大量可能的设计方案，供设计师选择和优化。

●智能设计建议：AI可以分析大量设计案例，为设计师提供智能设计建议，包括设计风格、色彩搭配、排版布局等方面。在服装设计上，提供改爆款、找创意、换风格等功能，帮助设计师快速获得灵感和原创设计。

●设计交互优化：AI可以帮助设计师更好地理解用户需求，优化设计交互。AI可以分析用户在界面上的操作行为，为设计师提供改进方案。

●数据驱动设计：AI可以帮助设计师利用数据驱动设计，即通过对用户行为数据的分析，发现潜在的设计问题，优化产品设计。

●AI生成内容（AI-generated content，AIGC）：AI生成内容的趋势在视觉设计和品牌塑造中引发了巨大的变革。如Midjourney和Stable Diffusion等工具的出现，使得设计师可以用简单的描述生成高质量的插画和图像，加速创意内容的生成。艺术家可以利用AI生成的图像作为创作的起点，进一步探索和实验不同的视觉表达方式。

●AI在效果图制作中的应用：在设计过程中，AI在效果图/视频制作中的应用比例很高，AI可以从快速表达和后期增强两方面加快整个设计和决策过程。在3D设计和动画中，可以进行物体、动画及材质生成，完成3D捕捉、建模与渲染。

这些应用展示了AI在设计行业中的多样化作用。从提高设计效率、优化产品性能到创造个性化和定制化的消费者体验，AI正在成为设计领域中不可或缺的工具。随着技术的不断进步，AI有望为设计行业带来更多突破和创新。

4.生物和药品行业

AI技术在生物和药品行业的应用正在不断扩展，其创新应用正在改变行业现状，使得研发效率和成功率不断提高。

（1）药物发现和设计。

AI技术，尤其是机器学习和深度学习算法，能够分析大量的生物医学数据，识别新的药物靶点，预测化合物的生物活性，并优化药物分子结构。

●靶点识别和验证：AI能够通过分析基因组学、转录组学和蛋白质组学数据，识别与疾病相关的潜在靶点。例如，Insilico Medicine利用AI技术发现了新的肿瘤靶点。

●化合物筛选和优化：AI算法可以快速筛选大量的化合物库，预测它们与特定靶点的相互作用，并优化先导化合物的结构，以提高药效和降低毒性。Exscientia利用AI设计出药物DSP-1181就是一个例子。

●药物再利用：AI技术还可以用于药物再利用，即发现现有药物的新适应症。这可以显著减少药物开发成本、缩短药物开发的周期。

（2）蛋白质结构预测。

蛋白质结构预测是AI在生物制药领域的另一个重要应用。AlphaFold2的成功展示了AI在预测蛋白质三维结构方面的巨大潜力。

●结构预测：DeepMind的AlphaFold2能够准确预测蛋白质的三维结构，这对于理解蛋白质功能和设计新药物至关重要。

◉设计蛋白质：AI技术还可以用于设计蛋白质，这对于开发新的生物药物和疫苗具有重要意义。贝克即因在计算蛋白质设计方面的成就获得2024年诺贝尔化学奖。

从药物发现和设计到临床试验，再到药物生产和市场分析，AI技术都发挥着重要作用。随着技术的不断进步和应用的深入，AI有望为生物制药行业带来更多突破和创新。

6.医疗诊断

（1）个性化医疗和精准医学。

AI技术在个性化医疗和精准医学中的应用正在改变疾病的诊断和治疗方式。

◉基因组学分析：AI技术可以分析患者的基因组数据，预测疾病风险，为患者提供个性化的治疗方案。

◉治疗响应预测：AI技术可以根据患者的生物标志物预测患者对特定药物的响应，实现精准治疗。

（2）多模态诊断。

多模态诊断整合了来自不同数据源的信息，如不同成像方式或不同设备的医学图像（如CT、MRI、PET等）、文本和基因数据，以提供更全面和准确的诊断。以下是多模态诊断的几个关键作用：

◉提高诊断准确性：多模态融合模型能够提供更全面、更准确的医学信息，有助于医生发现单一模态图像中可能遗漏的病灶或病变。例如，在癌症诊断中，融合CT、MRI和PET图像可以显著提高癌症的检出率和诊断准确性。

◉提升临床效率：多模态融合模型能够缩短诊断时间，提高诊断效率。医生可以更快地获取全面的患者信息，从而更快地制定治疗方案。

◉促进医学科研：多模态融合模型为医学科研工作提供了更加丰富的数据资源。研究人员可以利用这些数据进行更深入的分析和研究，推动医学科学的发展。

◉疾病诊断：多模态融合模型在疾病诊断中发挥着重要作用。例如，在神经系统疾病诊断中，融合MRI和PET图像可以帮助医生更准确地识别病变区域和病变性质。

多模态融合诊断在提高诊断准确性、提升临床效率、促进医学科研、进行疾病诊断、规划手术、评估治疗效果等方面发挥着重要作用，并且随着AI技术的发展，其在医学诊断中的应用潜力将进一步被挖掘。

1.5.2　未来展望

"十年前，世界上最好的人工智能系统也无法以人类的水平对图像中的物体进行分类。人工智能在语言理解方面举步维艰，也无法解决数学问题。如今，人工智能系统在标准基准上的表现经常超过人类。"

　　"当前,人工智能已在多项基准测试中超越人类,包括在图像分类、视觉推理和英语理解方面。然而,它在竞赛级数学、视觉常识推理和规划等更复杂的任务上依然落后于人类。"

——《2024年人工智能指数报告》

　　在未来的科技研究领域中,AI的应用将呈现前所未有的活力。AI正从辅助角色转变为技术革命的引领者。人类面临的问题越来越复杂,科学和技术想要实现进步,迫切需要AI这一法宝。AI在促进科学进步、推动新材料开发以及革新传统医疗手段方面展现出了前所未有的潜力。例如,AI驱动的蛋白质结构预测将带来更高质量的生物学假设,从而进一步激发基础科学、药物研发、合成生物学设计方面的发展。蛋白质工程学正从"Discovery(发现)"迈向"Design(设计)"的阶段。

　　AI在科学研究中的应用越来越广泛,特别是在数据处理和实验设计方面。AI与量子计算等结合在一起,将开启全新的技术革命窗口,AI的数据处理能力和量子计算的强大计算能力相结合,有可能为生物工程等许多领域带来突破性的进展。AI for Science为填平理论和实践之间的鸿沟提供了可行的路径,它通过数据智能的方法,利用AI生成高通量、高质量的科学数据,把复杂的理论问题转化成数字化可解决的问题。

　　在新材料的发现上,AI能够分析复杂的化学结构并预测新材料的性能。AI技术的应用范围广泛,涵盖了理论计算、实验设计、数据分析等多个方面。通过AI技术,研究人员能够处理和分析大量复杂数据,揭示材料结构与性能之间的复杂关系,从而加速材料的发现和优化。

　　在突破传统疾病治疗方法上,AI在医疗领域的应用正在不断扩展,包括辅助诊断、个性化治疗和药物研发。例如,AI模型通过模拟和预测实验结果,可以大幅度减少科学研究中的试错成本,加快从理论到实用的转化。

　　在AI与基础科学的深度融合上,两者的深度融合将开启AI与科学"双螺旋引擎"共振驱动的科学研究新范式。这种融合不仅使AI成为科学研究与探索的最前沿,而且受科学启发的AI也将成为实现通用人工智能(artificial general intelligence,AGI)的重要支撑。使用大模型、生成式技术等来提高科学研究在提出假说、试验设计、数据分析等阶段的效率,提高研究效率和准确性。

　　在金融领域,AI通过智能风控、智能投顾等方式,提高了金融服务的智能化水平。例如,生成式AI用于客户体验、文档管理、算法交易、网络安全等领域,能提高运营效率和客户服务水平。

　　AI在制造业中的应用将更加广泛,特别是在智能制造和自动化技术的结合上。例如,通过AI技术,工厂可以实现设备预测性维护,减少停机时间。

AI 在交通领域的应用将推动自动驾驶的发展。此外，AI 还将在智能交通系统，包括智能交通管理、物流优化、配送服务、安全监控等方面发挥作用，提高交通流量分配和道路通行效率。例如，通过 AI 算法实时分析交通数据，优化路线规划，减少拥堵。

AI 已经融入我们的日常生活，并逐渐成为不可或缺的一部分，如刷脸支付、语音识别等。AI 技术的渗透不仅要从技术的角度来看待，更应该从哲学和伦理上来看待。

随着 AI 技术的快速发展，AI 在科学研究中的地位正从辅助工具演变为合作伙伴，进入了"人机合作"的阶段。随着机器学习和深度学习技术的发展，AI 将展现出与人类相似甚至超越人类的能力。特别是 AI 拥有极高的算力，在计算任务方面无可匹敌。在某些领域，如棋类、医疗诊断、数据分析等，人类不论是速度还是精度，都无法和 AI 抗衡。

当人类传统意义上的智能被 AI 所超越时，我们需要重新审视智能的本质，考虑 AI 发展的终极目标，确保 AI 符合人类的整体利益。

科学家李飞飞说："AI 的深远影响才刚刚开始。"

思考与练习

1. 人工智能就是机器人吗？

2. 未来可能会被人工智能取代的"高危"职业有哪些？

3. 为什么人工智能会在 1956 年开启进程？

4. 想象一下，实现超人工智能（ASI）后世界会有什么不同？

5. ChatGPT 可以生成非常拟人化的回答。请根据你的体验谈谈其是否可以通过图灵测试。

6. 为什么对模型的测试需要基于一个独立于训练集的测试集？

7. 了解一下 CPU 和 GPU 的不同，讨论一下各自的优势。

8. 如果 AI 发展出了意识，我们该如何界定"人"和"机器人"？

9. 在不远的将来，诺贝尔奖会颁给机器人吗？

10. 你生活中有哪些地方和人工智能息息相关？展望一下人工智能的未来（或者你觉得人工智能还有哪些不尽如人意的地方）。

第 2 章   从数据到知识的智变

在人工智能的背景下，数据与知识的转化过程是从"原始信息"到"智能决策"的重要途径。通过本章的学习，学生将深入了解海量的数据和有价值的信息之间的关系、科学研究的四类范式之间的区别与联系，以及数据驱动的人工智能研究范式。

类型	模块	预期学习目标
知识点	数据与知识	理解数据与知识的基本概念，理解数据是原始信息，而知识是经过分析、加工和理解后的有用信息
知识点	数据的类型	解释结构化、非结构化和半结构化数据的区别与特点
知识点	科学研究范式	阐述科学研究范式的演变，理解人工智能时代的数据挖掘范式
知识点	数据驱动方法	掌握数据驱动方法的核心理念

背景案例：智能农业中的数据应用

近年来，随着全球气候变化、人口增长以及农业资源的紧张，传统农业面临着前所未有的挑战。为了提高农作物的产量和质量，减少资源浪费，世界各地的农场逐渐转向智能农业。这种转变的核心在于有效地利用数据，从而实现从"经验种植"到"数据驱动决策"的转变。

在我国某个大型农场，农民们采用了最新的智能农业技术。他们在田地中安装了大量传感器，这些传感器实时收集土壤湿度、温度、气象信息、作物生长情况等大量数据。此外，无人机定期飞越农田，通过高分辨率相机拍摄作物的生长情况，生成多光谱图像，以分析作物的健康状态和营养需求。

通过对这些数据的分析，农场主可以准确地判断该何时灌溉、施肥和收割。例如，当土壤传感器检测到某一区域的湿度过低时，系统会自动发出警报，提醒他们对该区域进行灌溉。而当作物的多光谱图像显示叶片颜色异常时，系统会分析是否存在病虫害或缺乏营养问题，并提供相应的解决方案。

在这个案例中，数据是农业转型的核心。传感器、无人机和卫星图像每天收集到的大量数据，通过数据分析技术，转化为作物健康、土壤状况、天气变化等方面的信息。这些信息帮助农民做出更精确的决策，大大提高了农作物的产量，减少了资源的浪费。

这个案例展示了一个重要的过程：如何从海量数据中提取有价值的信息和知识。数据本身并不具有太多价值，只有经过有效的处理和分析，才能转化为有用的知识，最终支持决策和行动。那么，人工智能在这个过程中扮演了什么角色？它是如何帮助我们更高效地从数据中提取知识的？这正是我们接下来要探讨的内容。

2.1 数据和知识

在人工智能的世界中，数据和知识是两个核心概念，它们之间的转化过程可以被视为一种"智变"。简单来说，数据是原始的信息，而知识则是经过加工、分析和理解后形成的有用信息。

2.1.1 数据——信息的原材料

数据可以被看作信息的原材料，它们通常以数字、文字、图像或声音的形式存在。数据存在于各行各业，它们的形式与内容虽然多种多样，但本质上都是对客观世界的一种记录。通过合理的分析与解读，这些数据能够揭示隐藏在表象之下的规律和洞见，为研究和实践提供可靠的依据。

表2-1是一些在人工智能中常见的数据类型及应用实例，它们从不同的领域和角度展示了数据如何作为"原材料"，并通过分析转化为有价值的知识。

表2-1 人工智能中常见的数据类型及其应用实例

数据类型	数据示例	应用领域	说 明
时间序列数据	股票市场数据、传感器数据、气候数据	金融、制造业、气象学	按时间顺序记录的数据。通过分析趋势和周期变化，可以预测股票价格、设备故障、天气变化等
图像数据	诊断影像（如CT、X光）、卫星图像、商品图片	医学影像、地理信息系统、安防	图像数据需要通过图像处理与深度学习技术（如CNN）进行分析，常用于目标检测、分类、分割等任务

续表

数据类型	数据示例	应用领域	说　明
视频数据	安全监控视频、用户生成视频、交通流量监控视频	安防、自动驾驶、社交媒体	视频数据常包含多个帧，需要时间序列分析与图像识别结合。可用于人脸识别、行为分析、自动驾驶中的场景理解等
语音数据	语音指令、电话录音、语音搜索数据	智能助手、客服、语音识别	语音数据通过语音识别技术（如ASR）转化为文本，常用于语音命令识别、情感分析、语言翻译等任务
传感器数据	温度、湿度、压力、速度传感器数据	智能制造、自动驾驶、环境监测	来自物联网设备、智能家居或工业设备的原始数据。经过分析可提供设备状态、环境变化、健康监测等方面的重要信息
文本数据	新闻文章、博客帖子、法律文档、客户反馈	文本挖掘、情感分析、客服管理	需要通过自然语言处理（NLP）技术进行分析。文本数据的分析可以揭示情感倾向、主题结构、意见领袖等重要信息
多模态数据	图片+文字（如图像描述）	社交媒体、医学诊断、自动驾驶	结合图像和文本等不同形式的数据。可用于图像内容的描述自动生成，或者通过图像和传感器数据共同进行环境识别与分析
基因数据	DNA序列、基因突变信息	医学、基因组学	基因数据的分析有助于研究疾病的遗传基础，并可用于个性化治疗的制定。通过生物信息学方法进行分析，可以找出与疾病相关的基因特征
地理空间数据	GPS位置数据、卫星图像、地图数据	智能交通、物流、城市规划	基于地理坐标的数据，经过地理信息系统（GIS）分析，帮助优化路线规划、监控交通流量、发展城市等
传感器融合数据	视觉传感器+激光雷达数据（LiDAR）、温度传感器+湿度传感器数据	自动驾驶、环境监测、智能家居	多种传感器数据的结合，能提供更为精确的环境感知。自动驾驶车辆常使用这种融合数据来识别周围环境、预测障碍物位置等

数据可以根据不同的标准进行分类，主要包括以下几种类型：

●结构化数据：通常以表格形式存储，具有固定的格式和字段。例如，数据库中的客户信息（姓名、地址、电话）就是结构化数据。这类数据易于管理和分析。

●非结构化数据：没有固定格式，通常包括文本、图像、视频等。例如，社交媒体上的用户评论和照片都是非结构化数据。分析这类数据通常需要更复杂的技术，如自然语言处理（NLP）和图像识别。

●半结构化数据：介于结构化数据和非结构化数据之间，虽然没有严格的格式，但仍然包含一些可识别的标签或标记。例如，JSON和XML格式的数据就属于这一类。

2.1.2 知识——经过加工的信息

知识则是对数据进行分析、解释和整合后所获得的理解。与数据不同，知识不仅仅是信息的简单集合，而且是经过深思熟虑后的结论或洞察。知识在各个领域中展现了它的独特价值。例如，在社会学研究中，通过对调查问卷数据的统计分析，研究者可能会发现受教育程度与对某一社会问题的态度之间存在显著关联。这种洞察力就是知识，它帮助我们理解社会现象背后的原因，并为政策制定提供依据。在历史研究中，通过比较多个时期的人口普查记录，学者可能得出某一地区人口迁移的原因及其对社会结构的影响，这些总结出的规律就是知识。在经济学研究中，分析GDP与失业率之间的相关性可能揭示某种经济周期的运行机制，为宏观经济决策提供支持。在语言学中，知识体现在对语言变化规律的总结，例如发现某种语法结构在不同文化背景下的演变趋势。医学领域也依赖于知识的形成，例如通过对大量患者的基因序列和治疗效果数据的分析，科学家可能识别出某种基因突变与特定疾病的关系，为个性化治疗提供基础。在环境科学中，研究者可能通过分析数十年的气候数据，形成关于全球气候变暖影响范围和趋势的理论，为环境保护政策提供科学依据。同样，在教育研究中，对学生学习行为数据的分析可能发现某种教学方法对提高学习效果的显著作用，从而改进教学策略。

总的来说，知识是通过系统化、逻辑化的过程将数据转化为对现实世界的理解。它不仅仅是一种静态的结论，更是一种能动的智慧，使我们能够理解复杂的现象，做出决策，并指导未来的行动。

2.2 科学研究的四类范式

科学研究范式，是指常规科学研究所赖以运作的理论基础和实践规范，是从事研究的科学家群体所共同遵从的世界观和行为方式。科学研究范式建立的目的是帮助科学家以最有效的方式完成科学研究，提高科学研究的准确性和可靠性。科学研究范式不是一成不变的，它会随着科学的发展以及外部环境的推动不断发生变化。由于科学家对科学研究范式的信奉受到时代认知的局限，某种科学研究范式总会在科学发展到一定程度后显示出不足而无法解决一些问题，出现困难、矛盾和困惑，这推动了科学家的反思和进一步探索，进而逐渐形成新的科学研究范式。

2007年，图灵奖得主吉姆·格雷（Jim Gray）在美国加利福尼亚州的一次会议上发表了生前的最后一次演讲，提出了科学研究的四类范式，分别是实验（经验）范式、理论范式、模拟仿真范式和数据挖掘范式，如图2-1所示。

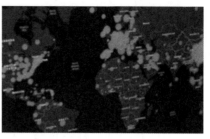

实验（经验）　　　　模拟仿真范式（易染-感染-免疫
范式（比萨斜塔）　　传播模型模拟）

理论范式（麦克斯韦尔方程）　数据挖掘范式（数据驱动
　　　　　　　　　　　　　　机器学习）

图2-1　科学研究的四类范式

2.2.1　实验（经验）范式

实验（经验）范式的核心是"观察"。实验法最早可追溯到古希腊和中国，数千年文明史中，人类绝大多数技术发展源于对自然现象的观察和实验的总结。在以经验主义和人的深度思考为主导的科学研究范式中，实验是开展研究的主要手段。典型案例有：人类记录各种自然现象（钻木取火、摩擦起电等），柏拉图、亚里士多德对哲学的思考等。经验对于科学研究是必不可少的，但实验（经验）范式本质上是在已经猜测的理论之间进行选择，而不是发现理论。伽利略的动力学研究是实验（经验）范式的经典例子。他通过精心设计和实施斜面实验验证了物体运动的基本规律，推翻了旧有的亚里士多德物理学理论，奠定了现代动力学的基础。他的研究体现了实验（经验）范式的核心特点，即通过控制实验条件，精确测量，重复验证，以得出具有普适性和确定性的科学结论。

2.2.2　理论范式

理论范式的核心是"归纳"。当实验条件不具备的时候，第一范式难以为继，此时为了研究更为精确的自然现象，催生出了新的科学研究范式。第二范式是以建模和归纳的理论学科以及分析为主导的科学研究范式。相比于依赖观察和实验的第一范式可以做到"知其然"，第二范式的科学理论需要做到"知其所以然"，对自然界某些规律做出背后原理性的解释，不再局限于描述经验事实。例如，数学中的集合论、图论、数论和概率论；物理学中的经典力学、相对论、弦理论、圈量子引力理论；地理学中的大陆漂移学说、板块构造学说；气象学中的全球暖化理论；经济学中的微观经济学、宏观经济学以及博弈论；计算机科学中的信息论；等等。麦克斯韦方程组是理论范式的典型代表，通过建立数学模型和理论框架，从基本原理出发推导出电磁现象的基本规律。麦克斯韦的工作展示了理论范式的核心特点，即通过逻辑推理和数学证明，解释自然现象并进行科学预测。这一范式不仅在电磁学中取得了巨大成功，也为现代物理学的发展提供了重要的理论基础。

2.2.3 模拟仿真范式

随着理论研究的深入，以量子力学和相对论为代表的理论对超凡的头脑和复杂的计算提出了超高要求，同时验证理论的难度和经济投入也越来越大，第二范式面临重大瓶颈和挑战，迫切需要提出新的科学研究范式。第三范式是以模拟仿真为主导的科学研究范式，由1982年诺贝尔物理学奖获得者肯尼斯·威尔逊（Kenneth Wilson）提出并确立。20世纪后半叶，伴随高性能计算机和基于大规模并行计算的计算机体系结构的发展，科学家尝试在理论模型指导下，利用计算机设计数值求解算法、编写仿真程序来推演复杂理论、模拟复杂物理现象，如弹药爆炸、病毒传播、天气预报、人口增长、温室效应等。借助计算机的巨大算力，科学家可以精确地、大规模地求解方程组，进而去探索那些无法通过实验法和理论推导法解决的复杂问题。经过合理的模型假设和简化，第三范式主导的模拟仿真范式在经济学、心理学、认知科学等缺乏简单与直观分析解决方案的软科学问题中同样得到了成功应用。

2.2.4 数据挖掘范式

第三范式是先提出可能的理论，再搜集数据进行仿真计算和验证，然而随着科学的发展和环境的变化，人们可能已经拥有了大量的数据，但难以直接提出可能的理论，此时第三范式的指导意义有限，需要开发或总结新的科学研究范式。第四范式是以数据驱动为主导，通过数据和算力探索前沿的科学研究范式，由1998年图灵奖获得者吉姆·格雷（Jim Gray）提出。第四范式以数据考察为基础，结合理论、实验和模拟等方法于一体，也称数据密集型科学。其与第三范式的区别在于，随着数据量的高速增长，计算机不仅仅局限于按照科学家设定的程序规则开展模拟仿真，还能从海量数据中发现规律，形成基于关联关系的科学理论。其本质是通过海量数据的收集代替人类传统的经验观察过程，借助机器的高算力代替人类的归纳推理，从而实现远超经验范式的理论归纳能力。这种通过"程序＋数据"发现规则的过程，可以在一定程度上代替过去由科学家才能完成的工作。处于当今数据爆炸的时代，数据科学成为技术发展的前沿领域，第四范式强调借助并行计算、数据挖掘、机器学习等技术去发现隐藏在数据中的关系与联系，将数据作为解决问题的工具而非问题本身。算力、算法、数据等科技要素逐渐成为科研创新和突破的重要动力，"科技推动科技"的新时代正在到来。

2.3　数据驱动的人工智能算法模型

人类提升对世界的认识能力的基本方法是从现实世界中发现规律。从认识论的角度来看，这一过程是从感性认识到理性认识的转变。人类通过观察和实验积累感性认识，再通过抽象和归纳上升到理性认识，然后用数学公式来精确描述自然规律。尽管在早期，人类也使用语言描述规律，但随着数学工具的发展，越来越多的规律采用数学公式表达。数学公式本质上是一种模型或模式，数学建模的过程就是通过数据发现数量之间的关系并用数学公式表示出来。

要进行建模，首先需要从现实中采集数据。数据的采集范围应尽可能广泛，因为在初始阶段人们往往不清楚哪些数据是有用的。数据驱动的方法就是在大量数据的基础上，通过分析和建模来发现潜在的规律和模式。

2.3.1　从数据到模型的抽象

从数据中抽象出模型是一个富有技术含量的过程。我们在学习数学时使用的函数（模型）并不是凭空出现的，而是人类在漫长的历史过程中逐步发现和验证的。例如，在历史学和社会学研究中，哈特尔–弗里曼模型（Hartzell-Freeman Model）是一个经典的人口迁移模型，用来描述人口在不同地区、国家或大洲之间流动的模式，研究哪些因素（如收入差距、生活水平、就业机会）影响迁移流动。

尽管天才科学家可以凭借灵感提出完美的公式，但对于大多数普通人来说，通过将多个不完美但简单的模型组合起来，也可以近似替代完美的模型。这种方法的前提是拥有足够代表性的数据。从理论上讲，只要数据足够丰富，就可以通过数学方法找到一个或一组模型，使其与真实情况非常接近。这种方法称为"数据驱动方法"。

在人工智能中，尤其是在机器学习和深度学习领域，数据的抽象往往不局限于传统的数学公式。在这些方法中，模型的构建主要依赖于算法。机器学习中的算法通过反复训练从数据中自动发现规律，而无需明确设定规则。这与传统的数学建模有所不同，它通过优化算法（如梯度下降法）来不断调整模型的参数，以最小化误差。

2.3.2　数据驱动方法的核心理念

数据驱动方法之所以得名，是因为它依赖于现有的大量数据，而不是预先设定的模型。在数据驱动方法中，研究者更多地关注如何从已有的数据中发现规律、模式或趋势，而不需要事先定义明确的模型或理论框架。通过将简单模型组合并拟合数据，可以在误差允许的范围内，得到与精确模型等效的结果。尽管这种方法可能无法直接获得真实的模型，但它能够提供足够指导实践的近似模型。

数据驱动方法的意义在于，当我们暂时无法用简单而准确的方法解决问题时，可以根据历史数据构造近似模型。这实际上是用计算量和数据量换取研究时间，尽管结果可能存在偏差，但足以指导实践。特别是随着计算机技术的进步，数据驱动方法能够最大限度地受益于计算能力的提升，加快人类发现真理的速度。

数据驱动方法的有效性往往与数据量和计算能力密切相关。大数据技术的发展使得我们能够收集和存储海量数据，而强大的计算力则能够支持对这些海量数据进行高效处理和分析。通过并行计算、分布式存储等技术，数据驱动方法可以在短时间内处理庞大的数据集，并从中抽取有价值的信息。

总结与展望

本章介绍了数据与知识之间的关系，重点阐述了如何通过分析与加工从原始数据中提取有价值的知识。数据是我们观察世界的第一步，它通过记录各种形式的信息（如数字、文字、图像、声音等），为我们提供了对现实世界的客观描述。然而，数据本身并不具有直接的意义，只有经过深度的分析、理解和整合，才能转化为知识。知识则是经过加工后的信息，它不仅包含对数据的解释，还揭示了其背后的规律和洞察力，是人类决策和行动的基础。

我们还探讨了科学研究的四类范式，从实验（经验）范式到数据挖掘范式，展示了科学研究方法的演变。随着科学技术的进步，我们进入了"数据驱动"的时代，数据不再仅仅是研究的支持工具，而成为发现新知识的核心驱动力。特别是在人工智能领域，数据驱动的算法模型通过机器学习和深度学习等方法，从海量数据中自动识别规律，极大地加速了知识的发现和应用。

未来，数据与知识的转化将继续推动人工智能技术的发展，尤其是其在各个行业中的应用。从医学到教育，从金融到社会学，数据驱动的模型将为我们提供更加精准的决策支持。随着大数据技术、云计算和人工智能的进一步发展，我们将能够从更为复杂的数据中提取更深层次的知识，并应用于更广泛的领域。然而，这也带来了隐私、伦理等问题，需要我们在发展技术的同时，审慎地应对这些挑战。

思考与练习

1.数据和知识的区别是什么？请简述两者在人工智能中的作用。

2.结构化数据、非结构化数据和半结构化数据有何不同？请举例说明每种数据类型。

3.如何理解"数据是信息的原材料"？数据为什么需要经过处理才能成为知识？

4.知识的转化过程为何如此重要？它如何帮助我们更好地理解现实世界？

5.在社会学研究中，如何通过数据分析发现"受教育程度与社会态度之间的关系"？这种关系如何转化为知识？

6.如何利用数据驱动的方法在教育领域改善教学效果？这种方法如何帮助教师更好地理解学生需求？

7.在金融领域，大数据和机器学习如何帮助预测市场变化和经济周期？

8.从数据到知识的转化过程中，数据的质量与数量如何影响知识的有效性？

第 3 章　搜索算法：从穷举之蛮到启发式之巧

学习目标

在现实世界中，我们经常面临寻找最优解决方案的挑战：导航系统需要找到两点之间最快的路径，拼图游戏需要还原正确的排列，人工智能棋手需要选择制胜的下一步。这些问题背后都有一个共同点——它们都涉及搜索。搜索算法作为人工智能的核心工具，帮助我们在复杂的决策空间中找到最佳路径或解法。然而，不同的搜索方法有着截然不同的策略：穷举搜索通过逐一尝试每种可能，力求"无一遗漏"，但计算成本可能十分高昂；启发式搜索则通过引入经验和规则，在广袤的搜索空间中巧妙地"择优而行"。

本章将带领学生从最基础的穷举搜索算法开始，理解它如何系统化地穷尽所有可能的解；随后，我们将探索启发式搜索算法，探索它如何凭借灵活的思维在海量可能性中快速锁定答案。通过学习这些算法，学生将看到从"蛮力"到"巧思"的转变，领略搜索算法如何在效率与精度之间找到平衡，从而为人工智能应用开辟新路径。

类　型	模　块	预期学习目标
知识点	搜索算法	理解搜索算法的基本概念和应用场景，了解穷举搜索和启发式搜索核心思路的区别
知识点	深度优先搜索和广度优先搜索	了解深度优先搜索（DFS）和广度优先搜索（BFS）的工作原理，并能够通过简单的示例了解它们在寻找路径、图遍历等任务中的应用场景

📑 背景案例：紧急情况下的救援搜寻

在一次大型山地马拉松比赛中，一位选手在比赛途中意外迷路并受伤。由于地形复杂，救援队无法通过常规手段迅速确定这位选手的位置。时间紧迫，天气逐渐变得恶劣，如果不能及时找到这位选手，他的生命将面临极大的威胁。

救援队决定使用一架配备热成像设备的无人机来进行搜寻。无人机在起飞前需要规划一条高效的搜索路线，尽可能覆盖比赛路线的所有可能区域。这时，一个关键问题出现了：在如此复杂的地形中，应该如何设计无人机的搜索路径，才能最快地找到迷失的选手呢？

这是一个典型的搜索问题：在一个未知或部分已知的环境中，寻找目标物体（在这个案例中是迷路的选手）。救援队面临的挑战是，如何在有限的时间内，选择最佳的搜索路径，使得无人机能够最快地找到目标。

在这样的情况下，救援队借助了一种被称为"启发式搜索算法"的技术。启发式搜索算法结合了地形数据、选手最后出现的坐标点以及其他相关信息（如选手可能会沿着小径或者避开陡峭的山坡行走）。算法根据这些信息，快速计算出了一条最优的搜索路径，从而最大程度减少了搜索时间。

最终，无人机成功地沿着算法规划的路径快速搜索到目标区域，并找到了受伤的选手，救援队成功在恶劣天气到来之前将其救出，避免了一场潜在的灾难。

在这个案例中，搜索算法帮助救援队在复杂的环境中有效地规划了搜索路径，拯救了一条生命。可以想象，类似的搜索算法在其他很多领域也同样重要，比如互联网搜索引擎、机器人路径规划、医疗诊断等。

但问题是，搜索算法是如何工作的？它们如何在短时间内处理大量数据并找到最优解？为什么有些算法能更快、更高效地完成任务，而有些则不行？这些问题的答案将帮助我们更好地理解搜索算法的原理以及它们的实际应用。

3.1　搜索算法基本概念

若将人工智能算法视为一个智能体，在基于搜索方式的问题求解中，智能体从初始状态出发，根据一定约束条件，从类似记忆体的已知信息空间中寻找解决方法。基于搜索的问题求解在现实中非常普遍，如最短路径搜索、对抗博弈中寻找最优行动等。

广义上的搜索是探索并找到问题的一种解决方案。实际上根据问题具有的不同特性和算法所掌握的该求解问题的背景知识，所使用的搜索算法可能会有很大的差异。本章节主要探讨针对某特定类型问题的搜索算法，为了对所讨论问题类型有一个直观感受，我们先来看一个具体例子。

假设你不久前才搬到某座城市，对当地的交通还不熟悉。这天你决定要去拜访城市中的一位朋友，正当你向朋友询问其具体地址时，他却发给你一张手绘地图

（见图 3-1），并声称这张图会指引你到他所在的地方。

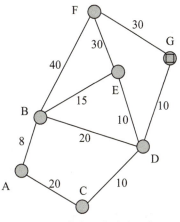

图 3-1　某市公交路线示意

你好奇地认真观察地图，对照后发现这张图中标记为 A~G 的节点实际对应几个重要的公交换乘站，公交站之间的连线表示这两站之间有可以往返的公交线路，你猜想连线上的数字应该是在考虑了拥堵程度和城市布局之后的公交线路单程时间。其中点 A 是距离你家最近的一个车站，那么另一个有特殊标记的点 G 应该就是目的地了。从图 3-1 可知，从 A 到 G 的最快出行路线是 A→B→D→G（共需花费 38 分钟），但是应该怎样编写程序来求解这个路径生成问题呢？

计算机并不明白人类为何能够"一眼"看出答案，它们能做的通常是找出所有 A 到 G 的路线，然后逐一比较找出费时最小的那一条路径。但是怎样才能找出所有 A 到 G 的路线呢？这时就轮到搜索算法登场了。

搜索算法假设一个问题可以转化成一个或多个新的问题。举例来说，如果要找出一条从 A 到 G 的路线，因为知道 A 是可以直通 B 和 C 的，所以可以将问题转化为找出一条从 B 到 G 或从 C 到 G 的路线。假如已经知道从 B 到 G 的一条路线是 B→D→G，那么自然可以推出从 A 到 G 的一条路线 A→B→D→G。

可将搜索算法视为一个智能主体，它为了解决原始问题（如从 A 到 G 的最短路径问题），不断地将已知的问题转化成新的问题，直到新的问题能被轻易解决为止。

在详细描述搜索算法之前，先引入一些概念，以便我们对搜索算法能够进行更加形式化的描述，同时概括搜索算法所适用问题的基本特征。

● 状态（state）。状态表示问题中的一个具体情况或配置。在本例中，状态可以看作某一个公交车站的位置，每一个车站（A,B,C,D,E,F,G）都是一个状态。例如，状态 A 代表你当前所在的车站，而状态 G 则代表你朋友所在的目的地车站。

● 初始状态（initial state）和目标状态（goal state）。在一个问题的求解过程中，初始状态指的是问题开始时的状态。在本例中，初始状态就是车站 A，即你出发时所在的车站。而目标状态则是我们希望达到的最终状态，在本例中，目标状态是车站 G，也就是你朋友所在的地方。

● 动作（action）。动作是从一个状态转移到另一个状态的操作。在本例中，动作就是你从一个车站乘坐公交线路到达另一个车站的行为。例如，从车站 A 到车站 B，或从车站 B 到车站 D，都可以视为一次动作。

● 状态转移（state transition）。状态转移是指通过一个动作从一个状态变到另一个状态。一般情况下，我们假设问题的状态转移是确定已知的。在本例中，状态转移可以是从车站A到车站B（通过某一条公交线路），再从车站B到车站D，最终到达车站G。

● 路径（path）。路径是从起始状态到目标状态的一系列状态和动作的组合。比如，在本例中，从车站A到车站G的路径可以是：A→B→D→G。路径是由多个状态和状态之间的转移（动作）组成的。

● 路径成本（path cost）。路径成本是从起始状态到目标状态的路径的总"费用"，通常是某种度量（如时间、距离、代价等）。在本例中，路径成本可以理解为你从车站A到车站G的总时间。例如，路径A→B→D→G的总时间是38分钟。

● 目标测试（goal test）。目标测试是判断某个状态是不是目标状态的过程。在本例中，目标是G，因此目标测试只需判断当前状态是不是G即可。当然，如果是要寻找开销最小的路径，则还要与其他到达G的路径相比较，看该路径是否开销最小。

搜索算法的本质是通过将当前的状态与可能的动作结合，逐步将问题转化为一系列新的子问题，直到找到解决方案。在上面的场景中，搜索算法通过状态、动作、状态转移等概念，逐步探索从A到G的路径，并找到最佳的路径。

3.2 典型的搜索算法

我们在3.1中给出了搜索算法的一个大致轮廓，即不断尝试从已知状态转移到新的状态，直到新的状态满足我们的目标为止。

3.2.1 搜索树的构建

仔细思考整个转移的过程，我们发现每个状态可能有多种动作可以选择，因此可以转移到多个新的状态。假设以图3-1中的A为起点，状态之间的转移关系构成了如图3-2所示的树状结构，我们称之为搜索树（search tree），用来表示初始状态与目标状态之间所有可能状态的树状结构。在搜索树中，每个节点对应一个状态，每条边表示从一个状态到另一个状态的转移（即执行一个动作）。搜索树的构建过程包括以下几个步骤：

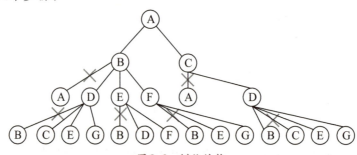

图3-2　树状结构

（1）从初始状态开始。搜索树的根节点通常是问题的初始状态。在路径搜索问题中，根节点代表的是从起点开始的状态。在本例中，根节点就是车站 A。

（2）生成子状态。从当前状态出发，计算可以采取的动作。每个动作会将当前状态转化为一个新的状态，称为子状态。在本例中，从车站 A 出发可能有多条路线（如前往 B 或 C 的公交线路），每条路线都将生成一个子状态。每当从一个状态生成子状态时，这个新的状态会作为当前状态的子节点添加到搜索树中。例如，从 A 出发，车站 B 和车站 C 可能是直接可达的状态，因此 A 的子节点是 B 和 C。

（3）重复状态扩展。接下来，对每个新的子状态重复进行相同的过程：计算从该状态出发可以采取的动作，并生成相应的子状态，继续扩展搜索树。这一过程可以不断进行，直到找到目标状态或者达到设定的搜索限制。例如，在本例中，从车站 B 出发，你可能能够到达车站 D、车站 E 和车站 F，这些都会成为 B 的子节点。依此类推，直到达到目标车站 G。

细心的学生可能会发现一个问题：在图 3-2 所示的搜索树中，一些分支是无限延伸的，这将导致我们无法在有限的时间内构建出完整的搜索树。例如，我们知道状态 A 可以转移到状态 B，同时状态 B 也可以转移到状态 A，那么在 A 和 B 之间来回转移便可以产生一条长度无限的路径。幸运的是，我们想要知道的只是 A 到 G 的最短路线，也就是说其实我们不需要检查所有的路径，而只需要检查那些有可能是最短的路线。什么样的路线不可能是最短路线呢？

举个例子，假设当前已经完成的路径为 A→B→E→D，这时乘车到 B 将会得到新的路径 A→B→E→D→B。注意到这条路径中 B→E→D→B 是一条从 B 出发回到 B 的环路，沿着环路绕一圈对寻找最短路线显然毫无意义，并且可能导致搜索算法陷入死循环。因此我们可以得出结论，如果某个动作会使状态转移到一个已存在于路径中的状态，那么我们可以忽略这个动作。如图 3-2 所示，叉号所示位置将这些存在回路（从而路径长度无限）的分支切断，余下的部分才是我们实际要构建的树结构。

（4）路径和节点。每一条从根节点到叶节点的路径都代表一个从初始状态到目标状态的可能解（或部分解）。搜索树中的每个路径都对应一组动作，执行这些动作可以从初始状态一步步达到目标状态。在本例中，每条路径都代表一条公交路线的选择，路径的最终节点就是目标状态（车站 G）。一条完整的路径不仅包括从初始状态到目标状态的状态节点，还包括执行这些状态转换所需的动作（如搭乘的公交线路）。

（5）判断是否找到目标状态。在搜索树的构建过程中，每次生成新状态时，搜索算法都会判断这个状态是不是目标状态。如果是目标状态，那么搜索过程就完成，得到从初始状态到目标状态的路径。如果在当前分支上没有找到目标状态，搜索算法会继续向树的其他分支扩展，直到所有可能的状态都被探索过，或者达到设定的搜索深度或时间限制。

（6）回溯与优化。搜索树的构建过程中，还可能涉及回溯和剪枝策略。例如，在某些情况下，可能已经发现了从A到G的有效路径，但为了确保找到最短的路径，可能还需要对搜索树进行回溯，并考虑其他可能的路径。剪枝是指在搜索过程中，通过排除一些不必要的状态扩展来减小搜索空间。例如，如果某条路径的总代价明显比已知的最短路径要长，则可以选择不再继续扩展这条路径。

3.2.2　深度优先搜索和广度优先搜索

深度优先搜索（DFS）和广度优先搜索（BFS）是两种最基本的搜索策略。

（1）深度优先搜索过程如图3-3（a）所示。深度优先搜索的基本想法是沿着一条路径前进，直接推进到最深层。在这个过程中，直到达到目标或没有可访问节点了，才退回稍浅的状态尝试下一个可行的动作。例如在图3-3（a）中，从A出发可以乘车到B或C，这时选择乘车到B，而将C的选项暂时搁置。到达B以后有三个选项，同样只考虑乘车到D，同理从D出发又到达了C。这时发现从C出发已经没有合适的动作可以选择了，于是只好返回D，选择另一个选项E。

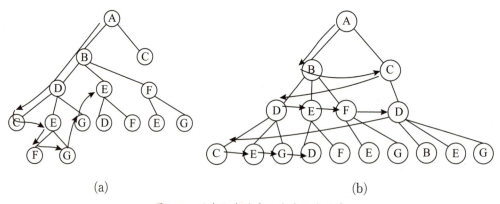

(a)　　　　　　　　　　　　　　　　(b)

图3-3　深度优先搜索和广度优先搜索

（2）广度优先搜索过程如图3-3（b）所示。广度优先搜索一般来讲会优先把同一层的节点扩展完后，再考虑扩展下一层的节点，也就是说广度优先搜索并不急着沿着一条路径深入探索下去，而是确保已经探索过k步能够到达的所有状态之后，再考虑$k+1$步能够到达的状态。例如在图3-3（b）中，从起始节点开始，优先搜索与车站A直接连接的所有车站，找到所有与A相邻的车站后，再依次探访这些车站的相邻车站，直到找到目标状态。

总结与展望

本章深入探讨了搜索算法的基本概念、发展历程及其在人工智能中的应用。从最早的穷举搜索方法（如深度优先搜索和广度优先搜索），到现代的启发式算法，搜索算法经历了技术的飞速进步。这些算法不仅为我们提供了寻找解决方案的有效手段，还推动了人工智能领域在复杂决策、路径规划、博弈、游戏智能等方面的应用。

　　通过对搜索算法的介绍，我们了解到，搜索问题的求解可以通过从初始状态到目标状态的路径搜索进行优化。传统的穷举方法，虽然简单直接，但常常效率较低，特别是在面对庞大的状态空间时。启发式搜索方法，如A*算法，利用问题的额外信息来引导搜索，从而提升了算法的效率，避免了盲目穷举。尤其在实际应用中，启发式算法能够更加智能地找到最优路径，广泛应用于机器人导航、自动驾驶、棋类游戏等领域。

　　未来，随着计算能力的提升和算法的进一步优化，搜索算法将在更多复杂任务中发挥关键作用。启发式搜索算法、蒙特卡洛树搜索等方法将不断被改进，并有望在实时策略游戏、自动化规划、智能决策等领域得到更广泛的应用。与此同时，随着人工智能的普及，搜索算法将不断地从经典的路径搜索问题扩展到更为复杂的决策问题中，如多智能体系统中的协作与博弈。

　　然而，尽管现代搜索算法已经在多个领域中取得了突破，但仍面临着计算资源需求高、状态空间庞大等挑战。如何在确保搜索效率的同时，降低计算开销，提升模型的可扩展性，将是未来研究的重点。

思考与练习

　　1.什么是搜索算法？简述搜索算法在人工智能中的作用。

　　2.简要描述深度优先搜索和广度优先搜索的基本思想及其区别。

　　3.在什么情况下应该使用深度优先搜索？在什么情况下应该使用广度优先搜索？

　　4.在搜索树的构建过程中，如何避免状态空间的无限扩展？

　　5.如何理解"路径成本"这一概念？它如何影响搜索算法的效率与结果？

　　6.搜索算法中的"目标测试"是什么？如何在实际应用中判断目标状态？

　　7.在自动驾驶中，搜索算法如何帮助计算机做出决策？请举例说明。

　　8.深度优先搜索和广度优先搜索在资源消耗上的差异是什么？在实际应用中，如何平衡这两者的优缺点？

第 4 章　机器学习：从监督学习到强化学习

学习目标

　　在我们日常生活的方方面面，机器学习无处不在，它帮助计算机从海量数据中"学习"并做出决策。机器学习使得计算机能够通过观察、学习和推断，自动地从数据中发现规律，而不依赖人工编写复杂的规则。不同于传统的基于知识的人工智能，机器学习的核心在于让机器"自己"发现问题的解决方法，甚至能够通过数据进行预测和优化。

　　本章将带学生从机器学习的基本概念开始，了解它如何通过数据训练模型，帮助计算机做出智能决策。我们将介绍机器学习的基本类型，包括监督学习、无监督学习和强化学习，并通过具体的应用案例，帮助学生理解这些方法如何解决实际问题。通过本章的学习，学生将掌握机器学习的核心思想，了解其发展和应用，体会到机器学习如何从复杂的数据中提取有用的信息，做出最优决策，并为未来的智能决策提供支持。

类型	模块	预期学习目标
知识点	机器学习基本概念	理解机器学习的定义，能够阐述机器学习与基于知识的人工智能的区别。了解机器学习在数据分析中的应用，掌握监督学习、无监督学习和强化学习的基本概念
知识点	机器学习算法分类	了解机器学习的主要算法，包括回归、分类、聚类等，能够区分不同算法的特点及适用场景
知识点	特征工程基本概念	理解特征工程的概念及其在机器学习中的重要性，能够识别和解决数据预处理中的常见问题，如缺失值、异常值和数据格式问题
知识点	监督学习与无监督学习	理解监督学习和无监督学习的区别，掌握监督学习的基本流程，了解无监督学习如何应用于数据模式发现
知识点	常见应用领域	了解机器学习在实际中的应用，尤其在人文社科领域，如文本分析、情感分析、推荐系统、社会网络分析等

📋 背景案例：个性化音乐推荐系统

你是否曾有这样的体验：在音乐流媒体平台（如 Spotify、Apple Music、网易云音乐等）上听歌时，平台总能推荐一些你之前从未听过却非常喜欢的歌曲，你可能会好奇，这些平台是如何"知道"你的音乐喜好的？

这背后的秘密正是"机器学习"技术。让我们来看一个真实的应用案例，了解机器学习如何改变我们的音乐体验。

在一个音乐流媒体平台上，每天有数以亿计的用户在收听音乐，他们的每一次播放、暂停、跳过或喜欢操作，都会产生大量的数据。这个平台使用机器学习算法来分析这些数据，从而为每个用户创建个性化的音乐推荐列表。

具体来说，机器学习算法会从用户的历史播放记录中学习：用户喜欢听什么类型的音乐（如流行、摇滚、古典等），喜欢在什么时间听音乐，是否更倾向于某些特定歌手，甚至连用户听歌的频率和跳过歌曲的习惯都会被记录和分析。通过这些信息，算法可以对每个用户的音乐喜好进行建模，并预测用户下一次可能会喜欢听的歌曲。

但是，仅仅分析用户的行为数据是不够的，平台还会结合歌曲本身的特征（如节奏、旋律、歌词情感等）来进一步优化推荐。这些歌曲特征数据也由机器学习模型从大量歌曲中学习和提取，最终形成一个复杂的、动态变化的推荐系统。

在这个案例中，机器学习不仅仅是一个单纯的数据分析工具，它还是一个能够"学习"的系统。它通过不断获取和分析新的用户数据，不断优化和更新其推荐模型，从而为用户提供更准确、更符合用户口味的音乐推荐。

这个案例展示了机器学习如何在一个日常应用场景中发挥巨大作用，它不仅让用户的音乐体验更加个性化，也提升了用户对平台的黏性和满意度。那么，机器学习的基本原理是什么？它如何"学习"用户的喜好？我们又该如何构建一个有效的机器学习模型？在本章中，我们将深入探讨这些问题。

在现代科技的推动下，机器学习已成为数据分析、智能决策和自动化系统的核心工具。机器学习是一类算法的总称，这些算法能够从数据中学习，进而做出预测或决策。随着需求的不断发展，机器学习的应用场景也日益多样化。从最初的监督学习算法——利用标注数据进行精确预测，到无监督学习算法——通过挖掘数据中的隐藏模式揭示新知，再到近年来迅速发展的强化学习算法——模仿生物学习的机制，通过与环境的交互逐步优化决策策略，这些不同类型的学习方法，共同构成了机器学习的广阔领域。理解从监督学习到强化学习的进化路径，不仅有助于掌握各种机器学习技术的核心原理，更能帮助我们洞察这些技术在现实世界中如何被应用，从而推动人类与智能系统更加和谐的协作与发展。

4.1　机器学习基本概念

早期的人工智能研究聚焦于"基于知识的人工智能"，试图通过直接将人的知识和逻辑推理能力"灌输"给机器，使其能够像人类一样思考和解决问题。这种方法的典型代表是专家系统。专家系统是一种基于人类专家构建的规则库和知识库的计算机程序，它在特定领域内表现得像人类专家一样（见图4-1）。例如，在医学诊断系统中，规则库中可能包含"如果患者有高烧且喉咙痛，则可能患有咽喉炎"这样的逻辑规则，系统通过匹配这些规则来提供诊断建议。

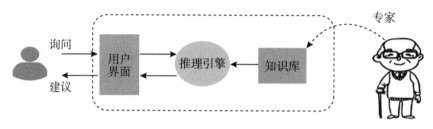

图4-1　专家系统

基于知识的方法在一些任务上取得了显著成效，尤其是在定理证明、医学诊断等领域。例如，早期的数学定理证明程序成功解决了一些复杂的逻辑问题，而医学专家系统也曾用于协助医生诊断疑难病例。这类系统通过结构化的知识和逻辑推理，展现出了较高的准确性和效率。

然而，这种方法也存在明显的局限性。首先，知识的获取和总结非常耗时耗力。将某一领域的专业知识转化为计算机可用的形式需要投入大量的人力，并且随着领域的扩展，知识库的复杂度会呈指数级增长。其次，系统的灵活性受限于知识框架。专家系统只能在人类预先设计的规则范围内进行推理，当面对规则之外的新情况时，它们往往束手无策。最后，这些系统难以处理具有不确定性和模糊性的问题，因为基于规则的推理通常要求明确的条件，而现实世界中的问题往往是多变且不完全确定的。

这些缺陷限制了基于知识的人工智能的进一步发展，促使研究者转向更具适应性和自主学习能力的方法——机器学习。机器学习通过从数据中自动学习规律，克服了基于知识的人工智能的许多局限性，成为人工智能发展的主流方向。机器学习通过对数据的优化学习，建立能够刻画数据中所蕴含语义概念或分布结构等信息的模型。在模型学习过程中，采用合适手段去利用有标签数据或无标签数据，对模型参数不断优化，从而提升模型性能。

简单来说，机器学习是让计算机从数据中自动学习，进而做出预测或决策的技术。与基于知识的人工智能算法不同，基于知识的人工智能算法是让人类为计算机写出明确的规则（比如，如果今天下雨就带伞），而机器学习则是让计算机自己从数据中发现规律，从而做出判断。

从数据利用角度出发可将机器学习划分为监督学习、无监督学习和强化学习。

4.2　机器学习中的特征工程

在机器学习中，"特征工程"是一个非常重要的概念，它直接影响到模型的表现和效果。简单来说，特征工程是对原始数据进行处理、转换和优化的过程，以帮助机器学习模型更好地理解和学习数据中的规律。特征工程的核心目的是将数据转化成更有用的信息，帮助模型做出更准确的预测。

4.2.1　特征的定义

在机器学习中，特征是指用于描述数据的各个维度或属性。例如，如果我们要预测一个人的收入，可能会使用以下特征：

- 年龄；
- 受教育程度；
- 工作经验；
- 地理位置。

这些特征是模型分析和预测的基础。特征可以是数值型（如年龄、收入）或者类别型（如性别、受教育程度）。

4.2.2　特征工程的目标

特征工程的目标是将原始数据转换成更有助于机器学习模型学习的形式。优秀的特征工程可以显著提高模型的准确性和效率。具体来说，特征工程的目标包括：

- 提高数据的可用性：通过处理缺失值、异常值等问题，使得数据对模型来说更加整洁和规范。
- 增强模型的预测能力：通过创造有意义的特征，帮助模型发现数据中的潜在模式。
- 简化模型训练：通过选择最有用的特征，减少数据的维度，避免过多的无关特征干扰模型。

4.2.3　特征工程的步骤

特征工程的过程通常包括以下几个步骤：

1.数据清洗

在机器学习中，数据清洗是特征工程的第一步。原始数据往往包含许多问题，比如缺失值、重复数据和异常值。清洗数据的目的是确保输入模型中的数据是准确和一致的。

● 缺失值处理：如果某些特征值缺失，常见的做法是用均值、中位数或众数填补缺失值，或者直接删除含有缺失值的样本。

● 异常值处理：异常值是指那些与其他数据点差距过大的值。在处理时，可以使用统计方法（如标准差）来检测异常值，并根据具体情况进行处理。

2.特征选择

在收集数据时，可能会得到大量的特征，但并非所有特征都对预测目标有效，有些特征可能与目标变量无关，甚至可能会干扰模型的学习过程。因此，特征选择的任务是挑选出最具代表性和信息量的特征。

● 过滤方法：通过统计分析（如皮尔逊相关系数）来判断特征与目标变量的相关性，从而选择最相关的特征。

● 递归方法：通过逐步选择特征并训练模型，评估哪些特征能够提供最佳的预测效果。

3.特征转换

特征转换是指将原始特征转换成适合机器学习模型的格式。常见的特征转换方法包括：

● 归一化（normalization）：将特征值缩放到一个相对较小的范围（通常是[0，1]）。例如，收入数据的范围可能非常大，将其归一化有助于加速模型训练。

● 标准化（standardization）：将特征的均值调整为0，方差调整为1。这通常适用于那些数值型特征，特别是在某些算法（如线性回归、支持向量机）中，标准化后的数据可以提高模型的表现。

4.特征构造

特征构造是将现有的特征进行组合、转换或者提取，生成新的、更有意义的特征。举个例子，假设你正在分析社会经济数据，原始数据可能有"收入"和"年龄"这两个特征。你可以通过特征构造来创建一个新的特征"收入与年龄的比率"，这个新特征可能对预测某些经济行为更有帮助。

● 日期特征提取：例如，如果日期信息是一个特征，则可以提取出"星期""月份""季节"等信息，作为额外的特征。

● 分箱：将数值型特征进行分段，转化为类别型特征。例如，将年龄转化为"青少年""青年""中年""老年"几个类别。

对于类别型数据（如性别、城市等），机器学习模型通常需要将它们转化为数值型数据，以便模型能够处理。常见的编码方法有：

●标签编码（label encoding）：为每个类别分配一个唯一的数字。例如，"男"被编码为0，"女"被编码为1。

●独热编码（one-hot encoding）：将每个类别转化为一个二进制向量。例如，性别特征有两个类别"男"和"女"，通过独热编码，"男"被表示为[1, 0]，而"女"则表示为[0, 1]。

4.2.4 特征工程的重要性

在机器学习中，数据质量往往比模型选择更为重要。即便使用最先进的模型，如果数据中没有有意义的特征，模型也很难做出准确的预测。特征工程帮助我们从原始数据中提取出有价值的信息，这不仅能提高模型的性能，也能加快模型的训练速度。

在很多应用中，特征工程可能比模型选择更具挑战性。例如，在人文社科领域，如分析社会调查数据、预测经济趋势等，合理的特征工程往往是决定性因素。

4.3 监督学习

4.3.1 监督学习的基本概念

监督学习是一种在实践中运用最为广泛的机器学习方法，其目标是给定带有标签信息数据的训练集 $D = \left\{ (x_i, y_i) \right\}_{i=1}^{n}$，学习一个从输入 x_i 到输出 y_i 的映射。x_i 可以是文档、图像、音频或蛋白质基因等数据或者数据的特征表达，y_i 为所对应的文档类别、人脸对象、歌曲语音或生命功能等语义内容，其中 D 被称为训练集，n 是训练样例的数量。监督学习算法从假设空间（hypothesis space）学习得到一个最优映射函数 f（又称决策函数），映射函数 f 将输入数据映射到语义标注空间，实现数据的分类和识别，如图4-2所示。

然而，要让机器学习得到一个良好的映射函数 f，首先需要衡量学习到的映射函数的预测结果与实际数据之间的差距或误差，损失函数（loss function）就是用来衡量这种差距的工具。损失函数在机器学习中扮演着"指南针"的角色，帮助模型识别和纠正其预测错误。在个性化音乐推荐系统的应用中，损失函数通过衡量模型预测与实际情况之间的差异，指导模型优化参数，提升推荐的准确性和效果。理解和选择合适的损失函数，是设计和构建高效推荐系统的关键步骤。

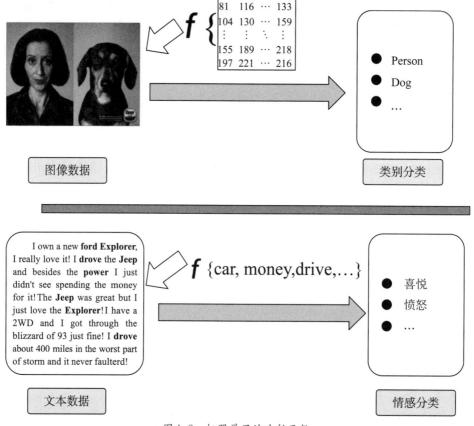

图 4-2　机器学习的映射函数

损失函数是一个衡量模型预测结果与实际结果之间差距的数学函数。简单来说，它反映了模型在预测任务中犯错的程度。损失函数的输出值越大，说明模型的预测误差越大；反之，说明模型的预测结果越接近真实结果。例如，在个性化音乐推荐系统中，损失函数可以帮助模型评估推荐的歌曲与用户实际喜好之间的差异，从而指导模型的学习和优化。流媒体平台可能会收集用户对推荐歌曲的评分（如1到5颗星），在这种情况下，可以使用均方误差（mean squared error，MSE）作为损失函数，来衡量模型预测的评分与用户实际给出的评分之间的差距。MSE的定义如下：

$$\text{MSE} = \frac{1}{n} \sum_{i=1}^{n} \left(y_i - \hat{y}_i\right)^2 \tag{4.1}$$

其中，y_i是用户的实际评分，$\hat{y}_i$是模型预测的评分，n是样本的总数。通过最小化MSE，模型可以逐步调整其参数，优化其推荐结果，使其与用户的实际喜好更接近。

在每一次迭代中，模型通过计算损失函数的值，来衡量其当前预测的误差。接着，通过梯度下降算法（gradient descent）等优化方法，根据损失函数的梯度方向调整模型参数，使得损失函数的值尽可能小。这个过程不断重复，直到损失函数收敛到一个较小值，或者达到预定的迭代次数。

一旦在训练集上完成了模型参数优化，就需要在测试数据集上对模型性能进行测试。为了在训练优化过程中挑选更好的模型参数，一般可将训练集中一部分数据作为验证集（validation set）。在训练集上训练模型的同时会在验证集上对模型进行评估，以便得到最佳参数，最后在测试集（testing set）上进行测试，将测试结果作为模型性能的最终结果。要注意的是，训练集、验证集和测试集所包含数据之间没有任何交叉。可以说，训练集用于模型训练（好比学生的练习册），验证集用于评估模型以调整相应参数（好比学生的模拟考卷或小测验），测试集用于得到模型的优劣水平（好比真正的考试）。

在监督学习中，根据目标变量（标签）的性质，任务可以分为回归任务和分类任务两大类，如图 4-3 所示。监督学习中的回归任务旨在预测一个连续的数值输出，适用于目标变量是数值类型的场景。例如，在房价预测中，根据房屋的面积、位置、卧室数量等特征，预测房屋的价格；在天气预测中，根据历史气象数据（如温度、湿度、气压），预测未来的气温；在金融领域，通过分析历史交易数据，预测股票的收盘价。回归任务广泛应用于经济分析、工程建模、自然科学研究等领域，是监督学习解决数值问题的重要手段。

分类任务则侧重于预测一个离散的类别标签，适用于输出属于若干预定义类别之一的场景。例如，在垃圾邮件分类中，系统可以根据邮件内容判断其是否为垃圾邮件；在图像分类中，模型可以识别一张图片中是"猫"还是"狗"；在医疗诊断中，根据患者的检测数据预测疾病是良性还是恶性。分类任务可以进一步分为二分类（如垃圾邮件分类）和多分类（如识别多种动物类别）两种形式。它被广泛应用于文本处理、图像识别、医疗诊断、金融风控等领域，为离散型问题的解决提供了有力支持。

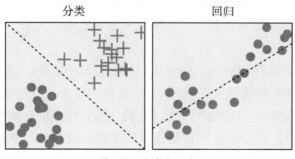

图 4-3 分类与回归

4.3.2 回归分析的基本概念

在现实生活中，往往需要分析若干变量之间的关系，如碳排放量与气候变暖之间的关系、某一商品广告投入量与该商品销售量之间的关系等，这种分析不同变量之间存在关系的研究叫回归分析，刻画不同变量之间关系的模型被称为回归模型。一旦确定了回归模型，就可以进行预测等分析工作，如根据碳排放量预测气候变化程度、根据广告投入量预测商品销售量等。

英国著名生物学家兼统计学家弗朗西斯·高尔顿（Francis Galton）在研究父母身高和子女身高时发现：相比于父母身高，子女身高有"衰退"（regression）（也称作"回归"）的倾向。假设父母平均身高为 x、子女平均身高为 y，高尔顿发现 x 和 y 之间存在如下线性关系：$y=3.78+0.516x$。可以看到，父母平均身高每增加一个单位，其成年子女平均身高只增加 0.516 个单位，它反映了这种"衰退"效应（"回归"到正常人平均身高）。虽然之后的 x 和 y 之间并不总是具有"衰退"（"回归"）关系，但是为了纪念高尔顿这位伟大的统计学家，"线性回归"这一名称就保留了下来。

考虑如下的一个实际例子：表 4-1 给出了莫纳罗亚山（夏威夷岛的活火山）从1970 年到 2005 年每 5 年的二氧化碳浓度，单位是百万分比浓度。

表 4-1　莫纳罗亚山从 1970 年到 2005 年每 5 年的二氧化碳浓度

年份（x）	1970	1975	1980	1985	1990	1995	2000	2005
CO_2浓度/ppm（y）	325.68	331.15	338.69	345.90	354.19	360.88	369.48	379.67

如果从表 4-1 所给出的数据出发，能够学习得到该地区每 5 年二氧化碳浓度变化的数学模型（即学习时间年份和 CO_2 浓度之间的关联关系），那么可以对未来每 5 年的二氧化碳浓度进行预测。

初步观察，发现莫纳罗亚山地区的二氧化碳浓度在逐年缓慢增加，因此使用简单的线性模型来刻画时间年份和二氧化碳浓度两者之间的关系，即二氧化碳浓度为 $a\times$时间$+b$。

为了讲述方便，这里记时间年份为 x、二氧化碳浓度为 y，即 $y=ax+b$。表 4-1 提供了 8 组数据，每一组数据 (x,y) 是一个组合。那么，可利用这 8 组数据来确定模型中参数 a 和 b 的值。一旦求解了 a 和 b 的值，输入任意的时间年份（甚至是 1970 年之前的时间年份），该模型就可预测该时间年份所对应的二氧化碳浓度值。这种建立变量之间的关联关系，且利用这种关联关系进行预测分析的方法叫回归分析。

在回归分析中，刻画数学关系的模型包含了一些未知参数（如 $y=ax+b$ 中的参数 a 和 b），这些参数需要从已有数据中计算得到。那么如何预设一个合理的模型？又如何对模型中的未知参数进行计算呢？

一般情况下，为了简化问题，往往假设模型是符合线性分布的。符合线性分布的模型结构相对简明，参数容易计算。不符合线性分布的模型（即非线性模型）一般难以直接定义，通常需要借助一些先验知识来完成，例如在进行一些复杂的经济模型的预设时，由于线性模型难以刻画变量之间的复杂关联因素，需要使用非线性模型。

4.3.3　回归分析中的参数计算

最简单的线性回归模型就是上述使用的一元线性回归模型，它只包含一个自变量x和一个因变量y，并且假定自变量和因变量之间存在形如$y=ax+b$的线性关系。

为了求取这个线性关系中的参数a和b，需要给定若干组(x,y)数据，然后从这些数据出发来计算参数a和b。图4-4给出了莫纳罗亚山从1970年到2005年每5年的二氧化碳浓度的8组(x,y)数据，一元线性回归分析实际上就是寻找"$ax+b$"形成的一条直线，这条直线应尽可能靠近或穿过这8组(x,y)数据，即能够以最小误差来拟合这8组(x,y)数据。

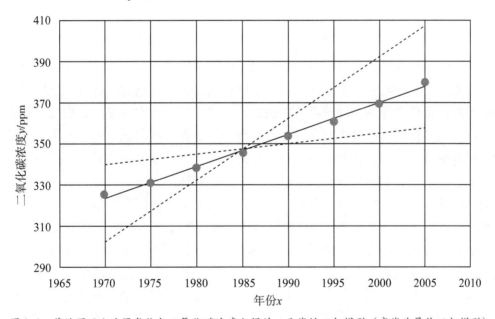

图4-4　莫纳罗亚山地区年份与二氧化碳浓度之间的一元线性回归模型（实线为最佳回归模型）

在一元线性回归模型中，最关键的问题就是如何计算参数a和b来最小化误差。那么误差是怎么表示的呢？

在图4-4中，横坐标取值为时间年份x，纵坐标取值为二氧化碳浓度y，对这8组值最拟合的直线$y=ax+b$应该距离每个样本数据点都很近，最好的情况是这些样本数据点都在该直线上。让直线穿过所有样本点显然不现实，那么我们就希望这些样本数据点离直线尽可能"近"。这里的"近"被定义为预测数值和实际数值之间的差。

一旦给定了参数 a 和 b,通过 $ax+b$ 所计算得到的值计为 $\hat{y}=ax+b$,则计算 y 和 $\hat{y}$ 之间差的绝对值 $|y-\hat{y}|$,将这个差的绝对值作为所对应的真实值(即 y)和模型预测值(即 $\hat{y}$)之间的误差。

为了计算方便,在实际中一般使用 $(y-\hat{y})^2$ 而不是 $|y-\hat{y}|$ 作为误差。这样对于给定的8组数据 (x,y),可用不同的 a 和 b 来刻画这8组数据所隐含的 $y=ax+b$ 关系。对于这些不同的参数,最佳回归模型是最小化误差平方和的均值,即要求8组 (x,y) 数据得到的均方误差 $\dfrac{1}{N}\sum(y-\hat{y})^2$ 最小。

从误差的定义可看出,均方误差最小只与参数 a 和 b 有关,最优解即是使得误差最小所对应的 a 和 b 的值。给定8组数据 (x,y),可通过最小二乘法(ordinary least square,OLS)来求取使得误差最小的 a 和 b 取值。可见给定一组数据,在假设数据中存在一元线性关系的前提下,就可计算得到一元线性模型来"拟合"这些数据,然后进行预测。

4.3.4　监督学习的优势与局限性

监督学习作为机器学习领域中最成熟、应用最广泛的方法之一,具有显著的优势。首先,监督学习有一个明确的目标,即根据输入预测已知的输出,这种清晰的目标导向使得模型开发和评价具有较强的针对性。通过带有标签的数据集,监督学习可以快速捕捉输入与输出之间的映射关系,从而在预测问题中表现出色。得益于大规模数据的积累和计算能力的提升,监督学习在许多任务中达到了接近甚至超越人类水平的性能,如图像分类、语音识别和文本翻译。此外,监督学习方法拥有丰富的算法选择,从传统的线性回归、逻辑回归到复杂的深度学习模型,几乎涵盖了各种复杂度和规模的应用场景。这种灵活性使其能够适应不同的问题需求。

然而,监督学习并非完美无缺。其最大的局限性在于对高质量标注数据的强烈依赖。数据标注通常需要大量的人力成本,尤其是在医学诊断、法律分析等专业领域,标注数据的获取不仅昂贵,而且耗时费力。此外,监督学习模型的性能高度依赖于训练数据的覆盖性和多样性,若训练数据分布与现实场景中的数据存在偏差,则模型可能导致"过拟合"问题,难以有效推广。更重要的是,监督学习往往假设输入与输出之间存在固定的模式,而忽视了数据背后更复杂的结构和动态变化。在面对新任务或未知场景时,模型需要重新标注大量数据并进行训练,适应能力有限。最后,传统监督学习方法对特征的工程设计有较高要求,这虽然在深度学习的崛起中有所改善,但在部分应用中仍可能成为瓶颈。

在机器学习中,一个核心目标是通过训练数据学习并生成能够泛化到新数据的模型。然而，在这一过程中，模型可能会面临两种常见的问题：欠拟合和过拟合。如图4-5所示，欠拟合是指模型过于简单，无法捕捉数据中的规律；而过拟合则是指模型过于复杂，以至于不仅学习了数据中的模式，还"记住"了训练数据中的噪声和异常点。这两种情况都可能导致模型无法在新数据上取得良好的预测效果。通过理解这两种现象及其影响，我们可以更好地设计模型，并在理论和实践中寻求合理的平衡，从而提高机器学习的性能和应用价值。

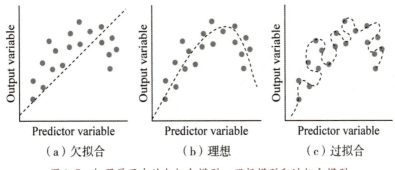

（a）欠拟合　　　　（b）理想　　　　（c）过拟合

图4-5　机器学习中的欠拟合模型、理想模型和过拟合模型

4.4　无监督学习

4.4.1　无监督学习的基本概念

无监督学习是机器学习中的一种重要方法，与监督学习不同，它不依赖带标签的数据，而是通过从无标签数据 $D = \{x_i\}_{i=1}^{n}$ 中发现数据的结构、模式或关系来完成学习任务。在无监督学习中，模型的目标通常不是预测明确的输出，而是探索数据内在的规律，这种方法尤其适合处理那些难以获取标签的大规模数据集。

无监督学习的核心在于让模型从数据本身出发，挖掘数据的分布特性或潜在结构。由于没有标签作为学习的指导，模型依赖于特定的算法对数据进行聚合或降维，从而实现数据的组织和理解。例如，在处理一组图片数据时，模型可能会自动将具有相似特征的图片分组，如将图片中的"猫"和"狗"归到不同的类别，而无需人为标注。

4.4.2　K均值聚类算法

K均值聚类（K-means）算法是一种经典的无监督学习算法，用于将数据集划分为 k 个不同的簇（group/cluster）。其目标是通过优化簇内数据点的相似性和簇间的差异性，将数据点分组，使同一簇内的数据点更相似，而不同簇之间的数据点更不相似。这种算法简单高效，是最常用的聚类方法之一。其算法流程如图4-6所示。

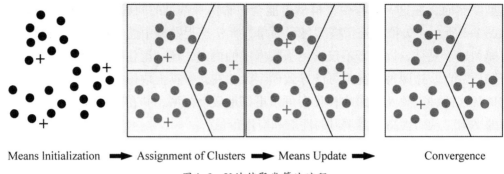

Means Initialization ➡ Assignment of Clusters ➡ Means Update ➡ Convergence

图4-6 K均值聚类算法流程

K均值聚类算法的核心思想是：在数据空间中找到k个簇的中心点（称为质心），并通过迭代优化使每个数据点归属于距离最近的质心。

算法执行的步骤如下：

确定簇数k：用户需要预先指定数据集要分成的簇数k。

初始化质心：随机选择k个数据点作为初始的簇中心（质心）。

分配数据点：对于每个数据点，计算其到所有质心的距离，将其分配到距离最近的质心所代表的簇中。

更新质心：对每个簇，重新计算簇内所有数据点的均值，并将均值作为新的质心。

重复迭代：不断重复"分配数据点"和"更新质心"这两个步骤，直到质心的位置不再发生显著变化（即收敛），或者达到预设的迭代次数。

输出结果：最终输出k个簇和每个数据点的簇分配。

4.4.3　无监督学习的优势与局限性

无监督学习作为机器学习的一种重要方法，具备许多独特的优势。首先，它不依赖标注数据，这使得无监督学习在处理海量未标注数据时非常高效。相比于监督学习需要耗费大量时间和人力进行数据标注，无监督学习可以直接从原始数据中提取模式和规律，尤其适用于用户行为分析、基因数据研究、自然语言处理等标注成本高昂的领域。其次，无监督学习擅长发现数据中的潜在模式和结构，常常能够揭示事先未知的信息。通过聚类分析，可以将数据分组，例如将顾客按行为特征进行分群；通过降维技术，能够将高维复杂数据简化为更容易理解的低维表示，为探索性分析和数据可视化提供强大支持。此外，无监督学习方法应用广泛，无论是在文本挖掘（如主题提取）、图像处理（如压缩与去噪）方面，还是在生物信息学（如基因分群）方面，都能够发挥重要作用。

然而，无监督学习也有一些局限性。由于没有明确的目标输出，其结果往往难以评估。例如，聚类的分组结果是否合理、降维后的表示是否具有实际意义，通常需要领域专家结合经验进行主观判断，这增加了分析的难度。与此同时，无监督学习的效果高度依赖所选用的算法和参数。例如，K均值聚类算法需要预设簇的数量k，不同的k值可能导致完全不同的分组结果，选错算法或参数可能会让结果失去意义。再者，无监督学习对噪声和异常值较为敏感，数据中的少量异常可能导致结果的偏差，例如在聚类中形成无意义的小簇。此外，无监督学习的计算复杂度往往较高，面对大规模数据时，算法可能需要额外优化或结合分布式计算以提升效率。最后，某些算法可能在压缩数据时过度简化，像主成分分析（PCA）可能忽略数据中的非线性特征，导致结果无法反映数据的完整结构。

总体而言，无监督学习在处理未标注数据、支持探索性分析方面具有不可替代的价值。然而，由于其固有的局限性，无监督学习的结果需要结合领域知识进行解释，同时在实际应用中往往与监督学习等其他方法结合使用，以发挥更大的潜力。

4.5　强化学习

强化学习是机器学习中的一种重要类型，主要用于解决基于试错和奖励机制的决策问题。在强化学习中，智能体通过与环境的持续互动，学习如何在不同情境下采取行动，以最大化其长期获得的奖励。与监督学习不同，强化学习不依赖标注数据，而是通过奖励信号来引导学习过程。

可以将强化学习比作一只在迷宫中寻找出口的老鼠。老鼠不知道迷宫的布局，也不知道哪条路通向出口，但它会不断尝试不同的路径。如果它走对了方向，会得到一些食物作为奖励（正反馈）；如果走错了方向，可能会遇到死胡同（没有奖励）。随着不断探索和尝试，老鼠逐渐学会了如何避开死胡同，最终找到通往出口的最佳路径。

强化学习中的几个核心概念如下：

智能体（agent）：是执行动作的实体，它的目标是通过与环境的互动来获取尽可能多的奖励。

环境（environment）：是智能体进行操作的场所，它接收智能体的动作并反馈相应的状态和奖励。

状态（state）：是环境的一个特定情况或描述，智能体会根据当前状态决定下一步的动作。

动作（action）：是智能体在某一状态下执行的决策，动作会影响环境，从而引发状态的变化。

奖励（reward）：是智能体在采取某个动作后从环境中获得的反馈信号，奖励可以是正面的（鼓励行为），也可以是负面的（惩罚行为）。

策略（policy）：是智能体选择动作的规则或准则，它可以是确定性的（给定状态下总是选择同一动作）或随机性的（在某状态下有一定概率选择不同动作）。

强化学习可以形象地用"超级玛丽"的例子来说明，如图4-7所示。想象我们在操控一个角色（智能体）穿越关卡（环境），智能体的目标是通过一系列动作，如跳跃、移动或攻击，在复杂的环境中获得尽可能高的分数（奖励）。然而一开始，智能体并不知道如何通关或者避开危险，它只能通过不断尝试各种操作，观察环境的反馈（状态和奖励），逐渐习得最佳的行动策略。

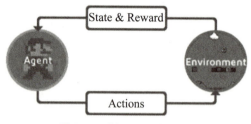

图4-7 "超级玛丽"例子

在强化学习中，智能体首先观察当前的状态（比如玛丽的位置、周围的障碍物和敌人），然后根据当前的策略选择一个动作（比如跳跃）。环境会根据这一动作提供反馈，例如，如果玛丽跳到金币上，就会获得奖励（正反馈），如果撞到敌人，就会失去生命（负反馈）。智能体根据这些反馈不断调整自己的策略，从而学会在不同的关卡情境中采取最优的行为决策。

这个过程充分体现了强化学习的特点：智能体无需明确地标注数据，而是通过与环境的持续互动，通过试错和奖励机制逐步优化其行为。这种学习方式非常适合解决复杂的决策问题，如游戏AI、自动驾驶、机器人控制等场景。然而，强化学习也面临许多挑战，例如，如何在探索新策略和利用现有经验之间找到平衡、如何处理高维度状态空间等。但正如"超级玛丽"中的角色通过不断尝试最终掌握通关技巧一样，强化学习为解决现实世界中复杂的决策问题提供了强大的工具。

总结与展望

本章介绍了机器学习的基本概念、主要方法和应用，重点讨论了监督学习、无监督学习和强化学习这三种主要的学习方法。通过对这三种学习方法的深入探讨，学生能够理解机器学习如何通过数据训练模型，进而帮助计算机做出智能决策。

监督学习作为最常见的机器学习方法，通过带标签的数据集来训练模型。它的核心思想是通过已知的输入输出对，学习输入和输出之间的映射关系，并应用到新的未见过的数据上。在实际应用中，监督学习被广泛应用于图像分类、文本分类、预测建模等领域。

无监督学习则不同于监督学习，没有明确的标签信息，而是通过分析数据中的内在结构或模式进行学习。常见的无监督学习方法如聚类和降维，其应用范围包括市场细分、推荐系统、异常检测等领域。无监督学习帮助我们从大量数据中发现潜在的规律，尤其在面对未知问题时具有巨大的价值。

强化学习是本章重点介绍的第三类学习方法，它通过智能体在环境中的互动来学习最优策略。在强化学习中，智能体通过反复尝试、探索从环境中获得反馈，不断优化决策策略，最终达到最大化奖励的目标。强化学习被广泛应用于游戏AI、机器人控制、自动驾驶等领域，展示了其在处理复杂决策问题时的巨大潜力。

随着技术的不断进步，机器学习的应用前景将十分广阔。未来，深度学习将成为机器学习发展的重要方向。通过更加复杂的神经网络架构和大规模数据的训练，深度学习能够在图像识别、语音识别、自然语言处理等领域具有更为卓越的表现。此外，强化学习作为一种前沿的学习方法，其在智能决策、自动化控制和多智能体协作中的潜力将被进一步挖掘，可能会引领未来的技术革命。

思考与练习

1. 机器学习与基于知识的人工智能有什么区别？
2. 解释"监督学习"和"无监督学习"的区别，并给出实际生活中的例子。
3. 回归任务和分类任务有何不同？请举例说明每种方法的应用场景。
4. 在社会网络分析中，机器学习如何帮助分析社交媒体上的情感趋势？
5. 什么是过拟合问题？如何避免在机器学习模型中出现过拟合问题？
6. 请简述K均值聚类算法的核心步骤。
7. 在自动驾驶汽车的强化学习任务中，你认为奖励信号应该如何设计？请考虑安全驾驶、时间效率、乘客舒适度等因素。
8. 在上述任务中，如果奖励设计不合理（如过于强调速度而忽视安全），则会对智能体的学习结果产生什么样的影响？请阐述可能的后果，并提出改进建议。
9. 假设你正在进行一项研究，探讨教育水平（自变量）与收入（因变量）之间的关系。你如何使用回归分析来分析这两个变量之间的关系？请简述回归模型的建立步骤，并说明如何解释回归系数的含义。
10. 在你的研究中，你发现教育水平和收入之间的回归系数很小，说明它们的关系不强。你认为这可能是什么原因？除了教育水平，还有哪些社会因素可能对收入产生重要影响？你如何扩展回归模型来考虑这些因素？

第 5 章　深度学习：从MCP到循环神经网络

深度学习作为机器学习的一个重要分支，已经在图像识别、自然语言处理、语音识别等领域取得了显著的成果。它模仿人类大脑神经网络的工作原理，通过多层次的神经元网络进行自动学习和特征抽取，解决了许多传统机器学习方法无法应对的复杂任务。

本章将带领学生从深度学习的起源开始，深入了解深度学习从最初的McCulloch-Pitts神经元模型到循环神经网络（RNN）的演变过程，并通过具体的应用案例帮助理解深度学习如何改变我们解决实际问题的方式。通过本章的学习，学生将掌握深度学习的核心思想与技术，了解其在各个领域中的应用和发展，并通过具体的实例，深入理解深度学习模型如何从数据中自动学习特征，做出准确的预测和决策。这将为学生在未来的人工智能研究与应用中提供坚实的基础。

类型	模块	预期学习目标
知识点	深度学习基本概念	理解深度学习的定义，能够阐述深度学习与传统机器学习的区别，掌握神经网络的基本结构和工作原理，了解深度学习在处理图像、文本、序列数据等任务中的优势
知识点	神经网络历史与发展	了解深度学习的发展历史，从最早的McCulloch-Pitts神经元到现代的多层感知机（MLP）、卷积神经网络（CNN）和循环神经网络（RNN），掌握其发展脉络
知识点	神经网络的基本结构与原理	了解神经网络的基本结构，包括输入层、隐藏层和输出层，掌握每一层的功能与作用。了解神经网络如何通过激活函数和反向传播算法进行训练和优化
知识点	卷积神经网络和循环神经网络	理解卷积神经网络和循环神经网络的基本结构和工作原理

类型	模块	预期学习目标
知识点	深度学习的常见应用	了解深度学习在各领域中的应用，特别是在计算机视觉（如图像分类、目标检测）、自然语言处理（如文本生成、机器翻译）、语音识别等任务中的应用

背景案例：自动驾驶汽车中的深度学习

在过去的几年里，自动驾驶技术已经从科幻电影走入现实生活，成为许多科技公司和汽车制造商的重要研究方向。这一技术的核心之一是深度学习，它使得汽车能够在复杂的环境中自动感知和决策，从而实现自动驾驶。

以特斯拉的自动驾驶系统为例，该系统使用了深度学习算法来处理车载摄像头和传感器捕捉到的大量数据。特斯拉汽车上装有多个摄像头，这些摄像头能够实时监控前方道路、交通标志、行人和其他车辆。深度学习算法通过分析这些图像数据，识别出道路上的各种物体，并预测它们的行为。例如，当系统检测到一个行人在道路旁边时，深度学习模型会分析行人的动作，预测其可能的移动方向，并根据这些预测来调整车辆的速度和行驶路线。

深度学习是一种通过多层神经网络进行数据分析的技术，它能够自动提取数据中的特征，并进行复杂的模式识别。在自动驾驶汽车中，深度学习模型被训练来识别和分类图像中的各种元素，从而理解周围环境。例如，通过使用大量的标记数据（如包含交通标志、车辆、行人的图像），深度学习模型能够逐步学习这些对象的特征，并在实际驾驶过程中做出正确的反应。

特斯拉的自动驾驶系统不仅依赖静态数据，还能够根据实时变化的道路条件进行动态调整。通过不断训练和优化深度学习模型，系统能够适应不同的天气条件、道路状况、驾驶习惯，从而提高自动驾驶的安全性和可靠性。

这个案例展示了深度学习在处理复杂数据任务中的强大能力。通过深度学习，自动驾驶汽车能够实现实时的环境感知和决策制定，使其在各种复杂的交通情况下安全行驶。接下来，我们将深入探讨深度学习的基本概念、核心技术及其在其他领域的应用，以更好地理解这一技术如何推动现代智能系统的发展。

5.1 人脑神经机制

我们的大脑是由大约1000亿个神经元组成的，这些神经元本身功能简单、同质化，但正是通过神经元之间复杂的相互连接和通信，大脑才能执行我们日常生活中复杂的任务。神经元之间通过突触相互连接，信息在神经元之间传递的方式，使得我们能够进行感知、思考、决策和行动（见图5-1）。最重要的是，这些神经元之间的连接是可塑的，即神经可塑性，也就是说，当我们经历学习和积累经验时，神经元之间的连接强度可以改变。这种机制让我们得以不断学习、适应和提高技能。

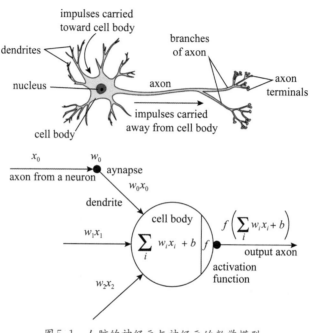

图5-1　人脑的神经元与神经元的数学模型

5.1.1　视觉系统的分级处理

1981年，科学家大卫·休伯尔（David Hubel）和托斯坦·威泽尔（Torsten Wiesel）因发现"视觉系统分级处理信息"这一机制而获得诺贝尔生理学或医学奖。这一发现表明，人类大脑在处理视觉信息时是逐层进行的。以我们观察一幅汽车图像为例，视觉信息从眼睛进入大脑后，首先被低级的神经元处理，这些神经元提取图像中的边缘信息；然后更高级的神经元会将这些边缘信息组合成汽车的部件（如轮子、车门等）；最终，大脑的更高级区域将这些部件组合起来，形成对"汽车"这一整体的认识。

这种逐层抽象的处理方式，可以理解为低层特征到高层特征的组合，随着层级的上升，神经元对信息的处理越来越抽象，最终形成对复杂对象的完整理解。这种层次化的处理模式，使得我们能够从简单的感知数据中逐步推导出高级的语义信息。

5.1.2　神经网络与人工智能

人工智能中的神经网络（neural networks）模型，正是模仿了人类大脑这种逐层抽象、渐进学习的机制。神经网络通过层层叠加的神经单元，将原始数据从简单的特征转化为复杂的模式。在图像识别任务中，人工神经网络会像人脑一样，先识别图像的边缘、颜色、形状等低级特征，然后逐渐组合这些特征，最终完成对整个图像的分类或理解。例如，识别一张图片上的猫，神经网络会先从图像中提取出简单的线条、纹理、颜色等特征，再逐渐识别出眼睛、耳朵、爪子等部位，最后识别出这是一只猫。

神经网络在学习过程中，通过对大量数据的训练，逐步优化内部的连接权重，这个过程与人脑中神经元连接的强化过程非常相似。神经网络的学习方式主要依赖反向传播算法（backpropagation），其通过误差反馈调整各层之间的连接权重，优化模型的预测能力。

5.1.3　赫布理论与学习机制

赫布理论（Hebbian theory）是神经科学中的一个经典理论，其认为"神经元之间的连接强度可以通过持续的重复刺激而增强"，这被概括为"同时激活的神经元之间会产生联系"。简单来说，当两个神经元在相同的时间点相互激活时，它们之间的连接会变得更强，这就类似于大脑对某些刺激的"记忆"过程。赫布理论的这一思想启发了人工智能领域的研究者，特别是在神经网络的学习机制上。

在人工神经网络的训练过程中，反向传播算法可以看作赫布理论的应用。通过对输入和输出之间的误差进行反馈，神经网络中的每一层神经元会逐渐调整其连接强度，从而"学习"如何更准确地做出预测。正如赫布理论所描述的那样，网络中的连接权重会在每次学习时被不断强化，从而使得神经网络逐步提高对任务的处理能力。

5.1.4　通过神经机制理解数字识别

举个例子，我们可以通过识别手写的阿拉伯数字来说明神经机制的应用。图 5-2 是一组手写的数字"504192"，大多数人看到这些数字时会立刻识别出来，但对于计算机来说，这个过程则复杂得多。

图 5-2　手写"504192"

在大脑中，神经元会通过逐层抽象的方式处理这些信息。首先，低层的神经元会提取出图像中的基本特征，如直线、曲线、形状等；其次，中层的神经元会组合这些基本特征，识别出数字的各个部分（如"5"的上半部分、"0"的圆形部分等）；最后，高层的神经元将这些部分组合成一个完整的数字，从而完成对数字"504192"

的识别。

人工智能中的神经网络通过类似的方式进行图像识别：首先从图像中提取低层特征，然后逐步将这些特征组合为更高层次的抽象信息，最终完成对数字或其他对象的识别任务。通过大量的数据训练，神经网络能够不断优化自己的权重，使得它在处理新数据时能够更加准确地做出判断。

人脑的神经机制，通过神经元之间的连接和反馈，不仅帮助我们完成感知和理解任务，还为人工智能领域的研究者提供了灵感。神经网络的逐层抽象学习、赫布理论中的连接强化过程，正是神经系统处理信息和学习的核心原理。通过模仿这些机制，人工智能已经能够完成图像识别、自然语言处理等各种复杂任务，极大地拓宽了机器的应用场景，提高了能力。

5.2　深度学习的历史发展

深度学习的研究和发展源自对大脑神经机制的探索，并通过不断的理论创新和技术突破，逐渐发展成为今天这一强大的人工智能技术。其历史可以追溯到20世纪中期，以下是深度学习发展中的一些关键事件和突破。

1943年，神经科学家沃伦·麦卡洛克（Warren McCulloch）与逻辑学家沃尔特·皮茨（Walter Pitts）提出了McCulloch-Pitts神经元模型（MCP神经元），这被认为是最早的神经网络雏形。该模型模拟了神经元的基本功能，能够对输入信号进行加权组合并通过符号函数输出，从而模拟了大脑中神经元的工作机制。局限在于，MCP神经元只能处理二值化的输入（0或1），并且无法通过数据学习来调整连接权重，所有权重要人为设定。

1949年，心理学家唐纳德·赫布提出了著名的赫布理论。这一理论认为，神经元之间的连接强度随着它们的共同激活而增强，形成了神经网络学习的基础。赫布理论为后来的神经网络研究提供了认知神经心理学的理论支持，强调了神经元之间的连接是学习和记忆的生理基础。

神经网络研究的突破始于弗兰克·罗森布拉特（Frank Rosenblatt）于20世纪50年代提出的感知机（perceptron）模型。感知机模型由输入层和输出层组成，是一个简单的二层神经网络。对于线性可分的二分类问题，理论上可证明感知机能且一定能将线性可分的两类数据区分开来。在具体计算中，感知机先将输入数据按照一定权值进行线性累加，再利用激活函数对累加结果进行映射，以获得1或-1形式的输出结果，以此来解决二分类问题。与MCP不同，感知机中的连接权重和激活函数阈值可以通过数据进行学习，且不再要求输入数据是二值化结果。然而，1969年马文·闵斯基（Marvin Minsky）和西摩·佩珀特（Seymour A.Papert）出版的《感知机：计算几何学导论》一书指出，由输入层和输出层构成的感知机存在严重缺陷，甚至无法完成异或(XOR)这一基本逻辑计算问题。并且指出，如果在感知机中增加隐藏层，则会因计算量过大而无法学习得到良好的模型参数。这本书导致神经网络研究进入低谷期，直到新的研究方向被提出。

感知机未能解决复杂的非线性问题，而这一问题通过多层感知机（Multilayer Perceptron，MLP）得到了有效解决。在多层感知机中，网络通过增加隐藏层，能够学习更复杂的非线性映射。特别地，由于隐藏层中的每个神经元都包含具有非线性映射能力的激活函数（如 sigmoid），因此它能够构造出更加复杂的非线性函数。然而，随着网络层数的增加，模型需要优化的参数也显著增多，这就要求采用一种有效的训练算法来解决这一问题。误差反向传播（backpropagation）算法的提出，特别是在沃博斯（Werbos）、鲁梅哈特（Rumelhart）和辛顿（Hinton）等人的改进下，使得多层感知机能够通过梯度下降法进行有效训练，从而解决了深度神经网络训练中的优化难题。

2006 年，辛顿等人提出了深度信念网络（Deep Belief Network，DBN），并首次展示了深度学习在实际任务中的强大潜力。与传统的浅层模型不同，深度信念网络通过预训练技术（先进行无监督学习，再进行微调）有效解决了深度网络训练中的困难，并显著提高了计算效率，改善了模型的表现。

深度学习在计算机视觉领域的突破，尤其是在图像分类任务中的应用，主要得益于卷积神经网络（convolutional neural network，CNN）的提出。1989 年，LeNet 网络首次应用于手写数字识别，取得了初步成功。而真正使深度学习成为热点的是 2012 年，AlexNet 在 ImageNet 大规模图像分类比赛中大幅度提高了图像分类的准确率，这也标志着深度学习进入了一个新的发展阶段。此后，CNN 的架构不断发展，包括 VGG、ResNet、Inception 等网络架构的提出，推动了深度学习在图像分类、目标检测、语义分割等任务中的广泛应用。

尽管卷积神经网络在图像处理上取得了显著成效，但在处理序列数据（如语音、文本等）时，循环神经网络（recurrent neural network，RNN）表现出独特优势。RNN 能够处理序列数据，通过隐状态捕捉输入序列中的依赖关系。进一步发展出的长短时记忆网络（long short-term memory network，LSTM）和门控循环单元（gated recurrent unit，GRU），通过引入门控机制有效解决了 RNN 在长序列训练中的梯度消失问题，使得 RNN 在自然语言处理、语音识别等领域取得了重要突破。

自然语言处理领域的技术革新，主要源自 Transformer 模型的提出。2017 年，阿西什·瓦斯瓦尼（Ashish Vaswani）等人提出的 Transformer 模型通过全局的自注意力机制（self-attention）高效捕捉序列中元素间的依赖关系，克服了 RNN 的计算瓶颈。Transformer 模型不仅大幅提升了机器翻译和文本生成等任务的表现，还为之后的 BERT 和 GPT 等预训练模型的提出奠定了基础。这些预训练模型通过大规模语料的预训练和下游任务的微调，达到了前所未有的效果，广泛应用于文本分类、情感分析、机器翻译等任务。

随着深度学习的进步，生成式人工智能（artificial intelligence generated content，AIGC）逐渐成为深度学习应用的重要方向。AIGC主要利用生成对抗网络（GAN）和其他深度生成模型，创造出高质量的文本、图像、音乐和视频内容。近年来，像GPT（generative pre-trained transformer）和DALL·E这样的生成式模型使得机器能够创作诗歌、文章、绘画等内容，这一突破标志着人工智能在创意和生成领域具有巨大潜力。AIGC技术的出现，使得机器不再仅仅是人类的工具，而开始具备一定的创作能力。这一进展不仅拓展了深度学习的应用场景，还为许多行业带来了创新性变革，如广告创意、新闻写作、艺术创作等。

深度学习的发展是一个漫长而曲折的过程，从早期的简单神经网络模型到今天的深度神经网络和复杂架构，神经网络的能力不断被拓展。深度学习的成功不仅仅依赖于神经网络的架构创新，更依赖于计算能力的提升、数据集的扩展和算法优化等方面的共同推进。随着AIGC的兴起，深度学习技术的应用进入了一个新的阶段。深度学习不仅改变了许多传统任务，还开始在人类创意领域展现出巨大的潜力。未来，深度学习将继续推动人工智能的进步，尤其在跨领域融合、多模态学习等领域，深度学习有望带来更多的技术突破和应用创新。

5.3 感知机模型

感知机是最早的神经网络模型之一，其核心思想是"以量取胜"。以手写体数字识别任务为例，感知机的工作原理是首先收集大量的手写数字样本作为训练数据，然后通过学习算法从这些样本中提取出关键特征，最终利用这些特征模式进行手写数字识别（见图5-3）。

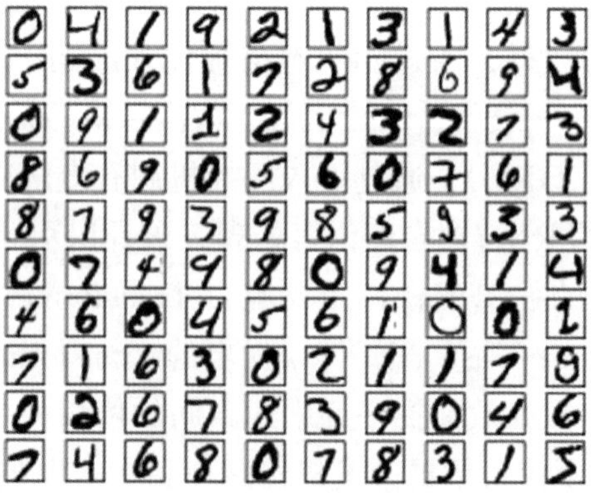

图5-3　手写体训练样本

在图 5-4 所示的感知机模型中，有 x_1, x_2, x_3 三个输入项、一个神经元（用圆圈表示）和一个输出项，每个输入项均通过一定的权重与神经元相连（如 w_1 是 x_1 与神经元相连的权重）。当然在实际中，输入项可以有很多。一旦给定了输入项和权重，那么神经元如何进行操作以得到输出项（output）呢？

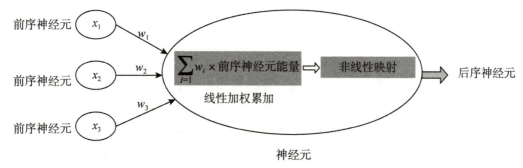

图 5-4 感知机模型

神经元可采用如下的简单方法处理：先计算输入项传递给神经元的信息总和，即 $w_1 \times x_1 + w_2 \times x_2 + w_3 \times x_3$，如果这个总和大于某个预先设定的阈值（比如 0.5），那么神经元就向输出项传递 1，否则就定为 0。于是，我们可以写出如下神经元进行信息处理的数学模型 $F[(w_1 \times x_1 + w_2 \times x_2 + w_3 \times x_3) > 0.5] \rightarrow 1$。

也就是说，神经元有两个操作：一是"汇总"与之相连的输入项传递而来的所有信息；二是对汇总后的信息做一个非线性映射（如神经元的处理可以是判断其汇总信息是否大于 0.5，然后基于这个判断输出 1 或 0）。

如果有更多的输入，感知机的处理方法也是一样的，只不过需要更多权值 w_i。这就是感知机的工作方法。

5.4 典型深度神经网络

5.4.1 全连接网络

全连接网络（fully connected network，FCN）是最基础、最常见的神经网络结构之一，广泛应用于许多机器学习任务中。它的核心特点是每一层的所有神经元都与下一层的所有神经元相连接，形成一个完全连接的网络结构。这种结构简单而有效，适用于从图像识别到自然语言处理等多种任务。

全连接网络由多个层次的神经元组成（见图 5-5），通常包括三个主要层次：

● 输入层（input layer）：接收外部输入数据。

● 隐藏层（hidden layer）：处理输入信息并通过神经元之间的连接进行抽象。

● 输出层（output layer）：输出结果，通常与任务的目标相关，如分类标签或回归值。

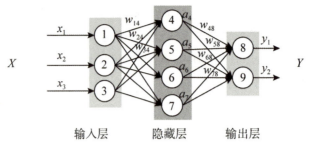

图5-5　全连接网络的组成

在一个典型的全连接网络中，每一层的神经元与前一层和下一层的神经元相连接，这种连接方式是全连接的。因此，输入层中的每个神经元都会与隐藏层的所有神经元相连，隐藏层的每个神经元又与输出层的每个神经元相连。

在全连接网络中，信息从输入层传递到输出层，需经过每一层的处理。在每一层中，每个神经元接收来自上一层的输入信息，并根据连接权重进行加权求和。然后，神经元将这个加权总和通过一个激活函数进行非线性变换，生成输出并传递给下一层的神经元。

以图5-5为例，假设有一个输入层、一个隐藏层和一个输出层：

● 输入层的每个神经元将输入数据传递给隐藏层中的每个神经元，权重值不同。

● 隐藏层中的神经元将接收的信息进行处理，得到输出，并传递给输出层。

● 输出层根据处理结果生成最终的预测值。

每个神经元的输入是上一层神经元的输出经过加权后的总和，计算过程可以表示为：

$$\text{output} = f\left(\sum_{i=1}^{n} w_i \cdot x_i + b\right) \tag{5.1}$$

其中，x_i是输入数据，w_i是连接权重，b是偏置项，f是激活函数。激活函数决定了神经元的输出是否应该"激活"（即输出一个较高的值）或"抑制"（输出一个较低的值），常见的激活函数包括Sigmoid、ReLU、Tanh等。激活函数就像是一个筛选机制，只有那些经过筛选的有效信息（大于某个阈值）才会被传递到下一层，类似于领导在决策时只关注关键意见，而忽略琐碎的噪声。

全连接网络的训练过程就是优化连接权重的过程。每一层神经元之间的连接权重是通过训练数据来学习的。在训练过程中，网络通过反向传播算法不断调整这些权重，以最小化预测结果与真实标签之间的误差。

例如，假设我们正在做人脸识别任务，输入层接收图像数据，输出层给出识别结果（如某人或某物的分类）。训练数据包括大量标注了正确分类的人脸图像。通过训练，网络学习到如何调整每个连接的权重，使得在看到新的图像时，能够做出准确的分类判断。

虽然简单的全连接网络只包含一个输入层、一个隐藏层和一个输出层，但为了提高模型的表达能力，实际应用中通常会使用多个隐藏层来构建深度神经网络（DNN）。每增加一层隐藏层，网络可以提取更复杂的特征并进行更精细的模式识别。这也是深度学习中"深度"一词的来源。

神经网络的训练过程可以看作网络对特定任务的"记忆"。通过不断地调整权重，神经网络逐渐学习到数据中的规律，记住如何对输入数据进行处理并输出结果。这种记忆形式与人类大脑的神经元连接和学习方式相似。

例如，在人脸识别任务中，训练完成后的神经网络已经通过反向传播算法"记住"了如何识别各种人脸图像。当给出新的图像时，网络能够根据之前学到的模式进行识别。

尽管全连接网络结构简单且直观，但也有一定的局限性：

● 计算复杂度高：每层神经元与前后层的所有神经元相连，计算量和存储需求随着网络层数和神经元数量的增加而迅速增长。

● 缺乏空间结构信息的利用：对于图像、语音等数据，传统的全连接网络无法有效利用数据的空间结构。例如，在图像识别中，卷积神经网络能够通过局部连接和共享权重更高效地提取图像特征。

尽管如此，全连接网络仍然是许多任务的基础，尤其是在简单的回归和分类问题中，仍然能够表现出不错的性能。

5.4.2 卷积神经网络

卷积神经网络（CNN）是深度学习中最重要且应用广泛的神经网络架构之一，特别在计算机视觉领域，已经成为图像处理、物体识别、视频分析等任务的核心技术。CNN 最初是为了解决图像数据中的特征提取问题而设计的，它通过模拟人类视觉系统的工作方式，能够自动、有效地从图像中提取有用的特征。

简单来说，卷积神经网络是一种专门用于处理图像等具有空间特征数据的神经网络结构。与传统的全连接网络不同，CNN 通过引入局部连接和权重共享的机制，在处理具有空间结构的数据时更加高效。CNN 的设计灵感来源于人类视觉系统，它能够自动提取输入数据中的重要特征，尤其是在图像识别方面表现出色。

具体来说，在 CNN 中，每一层的神经元只连接上一层中一小部分的神经元，而不是与上一层的所有神经元相连。这种局部连接的策略允许模型聚焦于数据的局部特征，而无需处理整个图像的所有信息。此外，不同位置的连接共享相同的一组权重参数（称为卷积核），使得 CNN 能够捕捉到图像中"无论特征出现在哪个位置"都具备相同意义的模式。这种"空间不变性"是 CNN 处理图像数据的核心优势。

CNN的核心操作是卷积。如图5-6所示,卷积操作可以将输入图像与一个小的过滤器(卷积核)进行滑动计算,提取出图像中的局部特征。卷积核通过扫描图像的不同部分,计算局部区域与卷积核的加权和,生成一个新的特征图。这个特征图表示图像某一部分的特征。

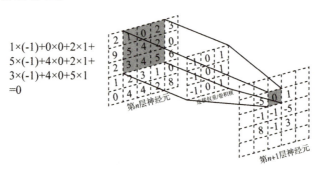

图5-6　卷积操作

●局部连接:在卷积操作中,卷积核的每次操作只关注图像的一小部分区域(称为感受野),而不是整个图像。这种局部连接可以帮助模型提取图像中的局部特征,如边缘、角点、纹理等。

●权重共享:卷积核在滑动过程中,每次计算时都使用相同的权重参数。即使卷积核在图像的不同位置计算,它也使用相同的参数来提取特征。这种共享权重的方式使得CNN能够捕捉到图像中的"空间不变性",即无论特征出现在图像的哪个位置,模型都能够识别并理解其含义。

如图5-7所示,随着网络层数的增加,CNN能够逐步提取从低级特征(如边缘、角点)到高级特征(如物体、脸部轮廓)的信息,最终完成更复杂的模式识别任务。

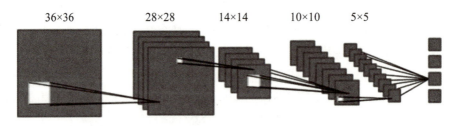

图5-7　多层卷积

CNN的学习过程可以类比为从细节到整体的逐步理解过程。例如,图像分类任务中的学习过程可以分为以下几个阶段:

(1)低层特征(细节):卷积核首先提取图像中的低级特征,如边缘、角落、纹理等。

(2)中层特征(部分):通过多层卷积层,模型开始识别图像的部分特征,如物体的轮廓、纹理的组合等。

（3）高级特征（整体）：随着层数的增加，模型逐步形成对整个物体或场景的理解，如识别"猫的脸"或"汽车"等。

这种由浅入深、逐层抽象的学习方式，使得CNN在处理图像数据时具有强大的表达能力。

在CNN中，每一层卷积层可能包含多个卷积核（多通道卷积），每个卷积核提取图像的不同特征，如图5-8所示。例如，一些卷积核可以用来提取边缘信息，其他的则可以提取颜色或纹理信息。这些特征图（通道）汇总起来，提供了图像的多层次、多维度的特征表示。

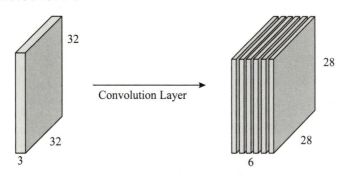

图5-8　同层多通道卷积

CNN通过局部连接、权重共享等机制，在图像处理领域表现出色。CNN不仅能高效提取图像中的局部特征，还能够通过多层结构逐步构建更复杂的模式识别能力。它已经成为计算机视觉领域的核心技术，并在图像分类、目标检测、语义分割等任务中取得了广泛应用。但对于非结构化的数据（如时间序列数据、文本数据等），CNN的效果并不理想。

5.4.3　循环神经网络

在我们日常生活中，有很多数据是以序列形式存在的，比如一段文字、一首歌曲、一段语音，甚至股票价格的每日变化。这些数据的关键在于：前后信息之间存在依赖关系，也就是说，当前的数据点与前面的数据点密切相关。传统的神经网络在处理这种数据时，会忽略序列中各个元素之间的关联性，而循环神经网络正是为了解决这一问题而设计的。

通俗地说，循环神经网络（RNN）是一种擅长处理序列数据的神经网络，它能够通过内部的"记忆机制"来捕捉输入数据中前后内容的关系。RNN的核心思想是：让网络的输出不仅依赖当前的输入，还依赖之前的计算结果。这种特性使得RNN特别适合用来处理时间序列或序列数据。

想象一下，我们正在读一本书，当前页的内容往往是对前几页的延续，而RNN就像我们的大脑，会记住之前读过的内容（前面的输入），并用这些记忆来理解当前页的内容。正是因为这种"记忆能力"，RNN可以处理如语音识别、文本生成、翻译等需要理解上下文的任务。

RNN的核心是"循环"这个概念。与传统神经网络从输入到输出的单向传播不同，RNN会在每一步都把自己的输出"回传"到自身作为下一步的输入，从而形成一个循环结构（见图5-9）。

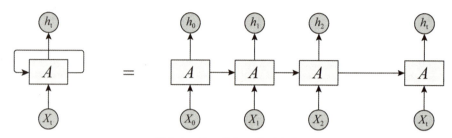

图5-9　循环神经网络的组成

输入与隐藏状态：在RNN中，每个时间步t都会接收两个输入：

（1）当前时间步的数据输入x_t。

（2）来自上一时间步的隐藏状态（hidden state）h_{t-1}，这可以被看作"记忆"。

循环公式：每一步的隐藏状态会根据当前输入和上一时间步的隐藏状态来更新。隐藏状态会不断循环，并在最终输出结果中起到重要作用。

我们可以用一个简单的公式来表示：

$$h_t = f(h_{t-1}, x_t) \tag{5.2}$$

其中，h_t是当前时间步的隐藏状态；h_{t-1}是上一时间步的隐藏状态；x_t是当前时间步的输入；f是一个非线性函数（如tanh或ReLU）。

为了更好地理解RNN的工作方式，可以用"写日记"来比喻。每天，你会记录当天的主要事件（当前输入x_t），同时回顾昨天的日记内容（上一时间步的隐藏状态h_{t-1}）。在写今天的日记时，你会结合昨天的记忆和今天的事件，写下总结和感想（更新隐藏状态h_t）。这样，日记的内容每天都相互关联，形成一个完整的时间序列故事。

RNN的最大优势在于它的"记忆能力"，能够捕捉序列中的时间依赖性和上下文关系。例如：

● 在翻译一段句子时，RNN可以记住前面的单词，帮助理解当前单词的意义。

● 在预测股票价格时，RNN可以利用历史数据，帮助预测下一天的趋势。

这种上下文敏感性使得RNN成为自然语言处理、语音识别和时间序列分析的强大工具。尽管RNN的设计非常适合序列数据，但它也有一些局限性，尤其是在处理长序列时。

（1）记忆短暂：RNN更擅长记住序列中的短期依赖关系，但当序列较长时，早期的信息容易被"遗忘"。这被称为长期依赖问题。

（2）梯度消失和梯度爆炸：在训练过程中，RNN 的梯度随着时间步数的增加可能会逐渐减小（梯度消失）或变得非常大（梯度爆炸），导致训练困难。

为了解决这些问题，研究者提出了改进版本的 RNN，比如长短期记忆网络（LSTM）和门控循环单元（GRU）。

RNN 因其处理序列数据的能力强，而被广泛应用于多种需要分析时间或顺序关系的场景。在自然语言处理领域中，RNN 可以用于机器翻译（如 Google Translate），即通过理解句子上下文生成目标语言的翻译；在语音识别中，RNN 能够将连续的语音信号转换为文本，驱动语音助手如 Siri 或 Alexa 的功能；在文本生成中，RNN 可根据输入生成类似风格的内容，如诗歌或新闻标题；在时间序列预测方面，RNN 可用于预测股票价格、天气变化或电力需求等。这些应用充分体现了 RNN 在捕捉时间依赖性和上下文关系上的独特优势，为多领域的智能化发展提供了强大支持。

总结与展望

本章深入探讨了深度学习的起源、发展及主要技术，包括感知机模型、卷积神经网络（CNN）、循环神经网络（RNN）等。通过对人脑神经机制的分析，我们了解了深度学习模型如何模仿大脑的逐层抽象和学习机制，进而推动人工智能的技术突破。

随着深度学习技术的不断进步，我们可以预见它将在更多领域产生深远影响。从图像和视频处理到语音识别、自然语言理解，再到生成式任务，深度学习的应用场景将更加广泛。未来，深度学习不仅会继续改变传统行业，还将在跨领域融合、多模态学习等新兴领域带来更多技术突破。

然而，深度学习的普及和发展也面临着计算资源、模型可解释性、数据隐私等方面的问题。如何在保证模型性能的同时，确保其公平性、透明性和可持续性，将是未来深度学习研究的核心挑战。随着 AIGC 等新技术的兴起，深度学习将在智能创作、内容生成等领域发挥越来越重要的作用。

思考与练习

1. 神经网络与人脑神经机制有什么相似之处？
2. 赫布理论在深度学习中的应用是什么？
3. 卷积神经网络与传统的全连接神经网络有何不同？

4.为什么卷积神经网络在图像处理中比传统神经网络更有效？

5.卷积神经网络中的局部连接和权重共享如何提升计算效率？

6.卷积神经网络适合处理哪些类型的数据？为什么它能够捕捉时间序列中的依赖关系？

7.深度学习如何模仿人脑的逐层抽象机制来处理复杂任务？

8.深度学习的"深度"一词在神经网络中指的是什么？

9.深度学习模型的训练过程如何类比人类学习的记忆过程？

10.深度学习的可解释性问题对其在敏感领域（如医疗、法律）的应用有何影响？

第 6 章 大语言模型：从通用基座到垂直领域大模型

在人工智能技术的发展背景下，大模型的应用从通用领域到垂直领域逐步深化。通过本章内容的学习，学生将能够深入理解通用基座模型和垂直领域大模型的构建原理及应用价值，掌握大模型在不同领域中面临的技术挑战和解决路径，为未来的技术发展和应用奠定理论基础。

类型	模块	预期学习目标
知识点	通用基座模型的训练	理解通用基座模型的训练过程，掌握从数据准备到模型架构设计的关键步骤及技术挑战
知识点	垂直领域大模型的定制	掌握垂直领域大模型的定制化训练流程，理解领域特定数据对模型性能优化的重要性
知识点	技术核心与方法	理解大模型中的深度学习核心技术，包括 Transformer 架构及其在语言建模中的应用
知识点	大模型的前景与挑战	描述大模型在计算资源、可解释性、数据隐私等方面的主要挑战，理解技术与伦理问题在推动大模型发展中的重要意义

📝 背景案例：从通用语言模型到垂直领域专家

近年来，大模型的兴起在人工智能领域掀起了一场革命，尤其是在语言模型的应用上。从通用的大语言模型，如 OpenAI 的 GPT-4、深度求索的 DeepSeek-R1，到专门为特定行业定制的垂直领域大模型，这些模型的应用展示了其在不同领域中的强大能力和灵活性。

以 GPT-4 为例，它能够进行广泛的自然语言处理，包括生成文本、翻译语言、回答问题等。它的训练涉及海量的多领域数据，使其具备了广泛的知识和语言理解能力。例如，当你向GPT-4提问"宇宙的起源是什么"时，它能够根据其训练数据提供详细的回答。其核心能力源于生成式语言建模的原理。这种原理的核心思想可以类比为"文字接龙"游戏，模型基于用户输入的上下文，预测最可能出现的下一个词，并以此逐步生成答案，直到完成。GPT-4的通用性使得它可以应用于多种不同的场景，从撰写文章到编写代码，无所不能。

然而，尽管通用模型在许多应用场景中表现出色，但在特定领域的精细需求上可能有所不足。例如，在医学领域，生成医学报告、进行诊断支持或处理医疗记录时，通用模型可能不具备足够的专业性和准确性。因此，垂直领域的大模型应运而生，它们专门针对特定行业或领域进行训练，以提高其专业性和效果。例如，医疗领域的专用大模型MedGPT，能够处理复杂的医学术语、病历分析和临床决策支持。它们在医学领域知识上的表现比通用模型更为突出，可提供更准确的诊断支持和个性化的医疗建议。这个案例展示了大模型在通用应用及垂直领域的不同应用模式。通用模型如GPT-4展示了广泛的能力和灵活性，而垂直领域大模型则通过专门化训练在特定领域中提供了更为精准的服务。接下来，我们将深入探讨大模型的构建原理、训练方法以及它们在各种应用场景中的具体优势和挑战，以更好地理解这一技术的广泛影响和未来发展。

大模型，作为当今人工智能领域的前沿技术之一，正在逐步改变我们与技术互动的方式。这些模型通过处理大量数据，学习并生成复杂的模式和语义结构，表现出超乎寻常的推理、理解和生成能力。自从开始研究人工智能，科学家们一直在寻求通用的模型，这些模型不仅能够在特定任务中表现出色，而且可以被广泛应用。随着计算资源的增加和算法的改进，研究人员意识到一个通用的基座模型（general foundation model）是实现这一愿景的关键。通用基座模型经过大量数据训练，能够涵盖广泛的知识领域，并通过迁移学习技术，在垂直领域模型（vertical domain model）中得到进一步定制和优化。

6.1　通用基座模型的训练

通用基座模型的概念起源于人工智能和机器学习的发展历程。早期的人工智能研究主要集中在特定任务上，如机器翻译、语音识别等，这些系统通常依赖手工设计的规则或小规模的神经网络。随着计算能力的提升和数据量的增加，研究人员逐渐意识到，训练一个能够处理多种任务的大规模模型比开发多个专用模型更为有效。

进入21世纪，深度学习的兴起彻底改变了人工智能的发展轨迹。特别是基于神经网络的模型，如卷积神经网络（CNN）和循环神经网络（RNN），在计算机视觉和自然语言处理等领域取得了巨大成功。2017年，Transformer模型的提出成为通用基座模型发展的重要里程碑。Transformer模型利用自注意力机制解决了长距离依赖问题，使得训练更大规模的模型成为可能。

设计通用基座模型的主要动机在于利用大量数据构建一个具有广泛适应性的模型，使其在不同的任务和领域中都能表现优异。通过在大规模数据上进行预训练，通用基座模型能够捕捉广泛的知识和模式，并通过微调应用于特定任务，显著提升效率和效果。这种模型不仅减少了对特定领域数据的依赖，还加速了人工智能技术的普及和应用。训练一个通用基座模型需要克服多个技术难题，从数据的收集和预处理到模型架构的设计和优化，整个过程极为复杂，且对计算资源的需求非常高。

6.1.1 数据准备

在训练通用基座模型时，数据的准备是首要的步骤。通用基座模型需要处理大量的多样化数据，这些数据涵盖了广泛的主题和语言风格，甚至包含多种模态（如文本、图像、音频等）。为了确保模型具有良好的通用性，数据集需要经过精心设计和整理。

（1）数据的来源必须多样化。一般来说，基座模型的训练数据主要来源于互联网、书籍、新闻文章、科学论文、社交媒体等渠道。这些数据不仅涵盖多种语言和文化背景，还包括不同的表达方式和观点。这种多样化的数据能够帮助模型捕捉不同的语境和复杂的语义结构，从而提升模型的泛化能力。

（2）数据的清洗与标注也是关键步骤。原始数据通常包含大量噪声，如拼写错误、语法错误、不相关内容等，为了提高模型的训练效果，这些噪声数据必须经过仔细的清洗和筛选。此外，尽管通用基座模型大多依赖自监督学习，即通过预测输入数据的某些部分来训练模型，但在一些情况下，标注数据仍然是必要的，特别是在涉及特定任务或领域的训练中。

（3）数据的规模也是一个需要慎重考虑的因素。大模型的一个显著特点就是它们依赖海量数据来提高模型的能力，然而，数据量的增加也意味着更高的计算成本和更长的训练时间。因此，需要在数据的规模和质量之间找到一个平衡点，以确保模型的训练在可接受的时间范围内完成，并达到预期的性能水平。

6.1.2 技术核心：概率预测和神经网络

大语言模型的能力依赖于强大的深度学习技术，其核心是一个由数百亿、千亿甚至万亿参数组成的神经网络。这种神经网络通过对大量文本数据的训练，学会了如何从语料中提取语言规律。

神经网络的基本单元是"神经元"，类似于人脑中的神经元。单个神经元的功能较简单，例如对输入信号加权求和后，通过一个激活函数输出结果。然而，通过成千上万个神经元的层层连接，神经网络可以形成复杂的结构，具备强大的数学表达能力。这样的网络可以处理从简单的语法规则到复杂的语义关系等多层次的语言信息。

最基础的神经网络模型是多层感知机（MLP）。虽然单层感知机的表达能力有限，但通过增加隐藏层的数量和连接的复杂度，多层感知机可以近似复杂的语言模式。大语言模型所用的神经网络模型远比简单的 MLP 更深更大，它通过数百亿参数的训练具备了理解和生成复杂语言的能力。

6.1.3 大语言模型建模

一旦数据准备就绪，接下来的任务就是设计模型的架构。模型架构的设计直接影响到模型的性能、训练效率及可扩展性。在大模型的开发中，Transformer 架构已成为主流选择。这种架构最初是为了解决自然语言处理中的长距离依赖问题，但由于其强大的性能和扩展性，逐渐被应用于各种任务中。Transformer 模型的核心组件是多头自注意力机制（multi-head self-attention mechanism），它允许模型在处理输入数据时，同时关注数据中的不同部分，从而更好地理解上下文的关系。在训练过程中，模型通过不断调整其内部的注意力权重，来捕捉数据中的重要信息和模式。

以训练"项庄舞剑，意在沛公"为例，在 Transformer 模块中（见图 6-1），每个单词均被表达为 12288 维内嵌词向量。在自然语言序列中，每个单词在其固定位置出现后，与其相邻单词一起来刻画上下文语义（in-context），所以 Transformer 还将每个单词在序列中出现的位置编码放入了内嵌词向量。这样，每一个单词所对应的 12288 维内嵌词向量从若干个维度刻画了单词与其他单词的上下文概率关联。

近年来，随着语言模型预训练技术的发展，涌现出有别于传统语言模型的不同变种，按照模型适用的不同场景，可将当前不同类别的语言模型的不同变种分为编码模型、解码模型和编码-解码模型。下面分别对这三种预训练模型进行介绍。

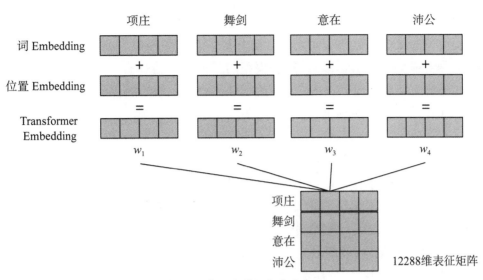

图6-1　句子中单词向量的表示

（1）编码模型（encoder-only，如BERT、RoBERTa等）：编码模型使用掩码语言模型（masked language modelling，MLM）作为预训练目标函数，如图6-2（a）所示。在掩码语言模型中，输入文本序列的一部分单词会被随机替换为特殊的掩码标记（如"[MASK]"）。模型的任务是预测这些被掩码的单词，从而学习到词语之间的依赖关系和上下文信息。这种类似"完形填空"的建模方式能够有效利用单词左右两边的双向上下文信息，在文本编码方面具有优势，更适用于文本分类、命名实体识别等自然语言理解任务。

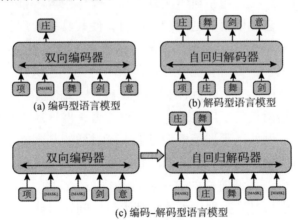

图6-2　编码型、解码型以及编码–解码型语言模型

（2）解码模型（decoder-only，如GPT-2、GPT-3等）：解码模型是一种常见的自回归语言模型，其根据输入的前词序列，给出下一个单词的预测结果，通过递归式迭代，解码模型会自动补全文本序列中所缺失的单词，如图6-2（b）所示。解码模型主要适用于自然语言生成任务，如对话、摘要、故事生成等。

（3）编码-解码模型（encoder-decoder，如BART、T5等）：为了使预训练语言模型可同时完成自然语言理解和生成任务，具有编码器与解码器的编码-解码型预训练语言模型被提出。编码-解码模型的基本思想是对输入文本中某些单词或单词序列进行"掩藏"，以对输入文本进行破坏，再采用序列到序列的方式重建"被掩码信息"，如图6-2（c）所示。

6.1.4 预训练和微调范式

自2012年深度学习领域开始迅速发展以来，模型规模与性能不断提升，但从头开始训练模型的成本也急剧增加。为降低成本并提高效率，研究者提出了"预训练＋微调"范式：先用大量数据训练一个通用模型以学习领域的基础特征，再通过少量任务特定数据进行微调以完成具体任务。这种方法避免了从头开始训练的高昂代价，同时提升了模型的应用灵活性。

预训练是整个训练流程的第一阶段，其目标是让模型掌握语言的基础规律。这个阶段通常基于一种名为"自监督学习"的方法。模型会接触海量的未标注文本数据，如图书、文章、对话记录等，在没有人工标注的情况下自动从数据中提取语言模式。模型通过预测词语来学习语言规律。例如，给定句子"机器学习是一种"，模型需要预测下一个词可能是什么（如"技术""方法""工具"等），并计算这些可能性的概率分布。通过不断优化预测结果，模型逐步调整参数，从而更好地捕捉语言结构和语义信息。

预训练数据覆盖广泛，包括科学文献、社交媒体内容、百科文章等。这些多样化的数据帮助模型构建对语言的通用理解能力，使其具备处理各种领域和话题的基础。通过预训练，模型学会了如何"理解"语言，这意味着它掌握了语法、词汇、句法结构等核心知识。例如，它能够分辨词语间的关联，识别复杂句子的结构，甚至从上下文中推测潜在含义。这为后续阶段打下了坚实的基础。

尽管预训练让模型具备了广泛的语言理解能力，但这还不足以让它在特定场景中表现得足够精准。例如，预训练模型可能了解对话的基本规则，却不一定能够生成符合人类交流习惯的自然回答。微调的目标就是利用小规模的特定任务数据，进一步优化模型的表现。微调阶段的数据通常是精心标注的，针对具体的任务需求。例如，在训练对话模型时，数据集可能包括大量的问答对话，模拟人与人之间的交流场景。这些数据会告诉模型在面对某类问题时应该如何回答，以更符合人类语言的表达习惯。

微调过程并不是从头开始训练模型，而是基于预训练模型的参数进行优化。通过对预训练模型的参数进行微小调整，模型能够更好地适应特定任务。这种方法大幅降低了训练成本，同时保留了模型在预训练阶段学到的通用知识。微调使得模型从"泛用"变得"专用"。例如，在微调对话数据后，大语言模型能够生成更具连贯性和人性化的回答；在微调翻译数据后，大语言模型可以在特定语言之间实现高质量的翻译。这一阶段赋予了模型针对性更强的能力。

6.1.5 提示学习与指令微调

将语言基础模型应用于下游自然语言处理任务时，虽然可以根据下游任务来对模型所有参数进行微调以适应下游任务，但是这会带来巨大困难。

因此，在GPT-3中，一种名为提示学习的新学习范式被提出。在该范式中，各种自然语言处理任务被转化为语言模型预训练任务：给定一组离散文本提示和示例样本，提示学习通过优化这些离散文本提示以及示例样本，提高任务性能。提示学习在许多NLP任务中取得了成功，如文本分类、命名实体识别和问答任务。例如，在情感分析任务中，对"这部电影很精彩"以及"这家餐馆很不错"等评论语句进行分类时，提示学习将其转化为"这部电影很精彩，因为其剧情很[MASK1]"以及"这家餐馆很不错，因为其饭菜很[MASK2]"。一旦输入这个提示，模型就可"依葫芦画瓢"去理解提示信息，合成输出"引人入胜"和"可口"这样的内容，随后根据"引人入胜""可口"和分类标签的映射关系得到最后的预测结果"正向情感"。简单地说，提示微调就是设计更好的提示，利用语言模型的生成能力输出所需要的内容，从而完成各项任务。

然而，提示学习也存在如下缺点：提示学习依赖设计高质量的任务提示，可能需要针对每个任务或领域进行多次迭代以实现最佳性能；提示学习难以完成零样本的学习任务。

为了减少构造提示模板的成本以及提高零样本提示学习的效果，指令微调（instruction tuning）被提出。具体地说，指令微调是指将各种自然语言处理任务转化成生成式的指令数据集，然后基于指令数据集微调大模型。通过指令微调，模型会对人类意图和自然语言内容进行对齐，让模型更好地理解输入语句中的人类意图，有助于提升模型零样本性能。指令指的是指导模型执行特定操作或完成任务的命令。

图6-3展示了提示学习与指令微调的区别，两者的核心区别是指令微调可基于指令数据集去微调模型参数。图6-4展示了如何将自然语言推断数据集转化成生成式的指令数据集。为了增强模型对指令理解的泛化能力，图6-4中使用了若干不同模板。

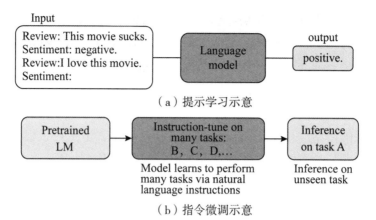

（a）提示学习示意

（b）指令微调示意

图6-3　提示学习与指令微调的区别

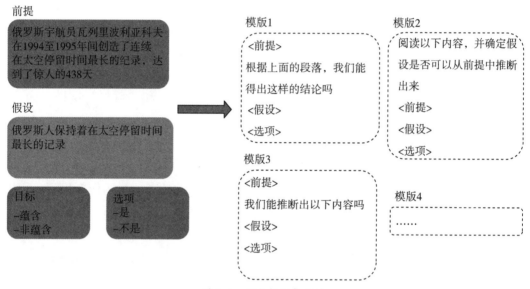

图6-4　指令数据集构造

6.2　垂直领域大模型的定制

在通用基座模型取得初步成功的基础上，研究人员和企业开始关注如何将这些模型应用于特定的垂直领域。这些领域包括但不限于医疗、金融、法律、教育等，每个领域都有其独特的数据和任务需求，定制化的大模型可以在这些垂直领域中获得更高的精度和效率。

6.2.1　垂直领域的特殊需求

不同的垂直领域对大模型有着不同的需求，这些需求往往是通用基座模型所欠缺或不够精通的。这使得通用基座模型向垂直领域模型的迁移过程变得极为重要。

在医疗领域，模型需要能够处理和理解复杂的医学术语、诊断报告、患者数据等，并在此基础上提供精准的医疗建议或诊断。这对模型的语言理解能力和专用知识库提出了极高的要求。金融领域的大模型需要能够解析和生成复杂的财务报告、市场分析、投资建议等信息。这不仅要求模型具有强大的自然语言处理能力，还需要模型能够理解和处理大量的时间序列数据和数值信息。法律领域的大模型则面临着理解法律文本、分析案例、生成法律文件等任务的挑战。这些任务要求模型在理解法律术语和逻辑结构的同时，还要能够针对具体案例提供合理的法律建议。教育领域的大模型则更侧重于个性化教学和学习辅助，模型需要能够根据学生的学习水平和兴趣提供针对性的学习内容和建议。这要求模型不仅能够理解学生的需求，而且要具备生成适合学生教学内容的能力。

6.2.2 垂直领域大模型的迁移训练流程

为了满足不同垂直领域的需求，通用基座模型需要经过定制化的过程。这一过程通常包括数据收集与标注、模型微调、性能评估与优化。

（1）数据收集与标注。垂直领域的大模型需要使用领域特定的数据进行训练，这些数据通常来自行业内的专业数据库、文献、报告等。为了提高模型的精度和实用性，这些数据需要经过精心的标注和处理。例如，在医疗领域，数据可能包括患者的病历记录、医学影像、实验室测试结果等，这些数据需要经过专业人员的标注，确保其准确性和一致性。

（2）模型微调。通用基座模型通常已经具备了广泛的语言理解能力，但在处理特定领域任务时，仍然需要进行微调。微调的过程通常包括在领域特定无监督数据集上的二次预训练和在领域指令数据上的指令微调。

二次预训练（continuous pre-training）是指在通用基座模型上进行的进一步预训练。虽然通用基座模型已经在大规模的通用数据集上进行过训练，具备了广泛的知识和能力，但在应用到某个特定领域时，可能还不足以应对领域特定的术语、风格和复杂性。因此，需要对模型进行二次预训练，使其更好地适应目标领域的数据和任务。二次预训练的过程类似于初次预训练，但目标更为明确，即让模型更深入地学习该领域的特有知识。这一过程可能包括重新调整模型的层次结构或增加特定的词汇表，以增强模型对领域特定内容的理解。二次预训练的结果是一个更加适应特定领域的模型，这个模型在处理领域相关任务时通常会表现得更为出色。通过这种方法，研究人员能够在不完全从头开始训练模型的情况下，快速构建出适合特定需求的模型，大大节省了时间和计算资源。

在二次预训练后的模型基础上，研究人员需要进一步通过指令或任务描述进行微调，以提高模型在特定任务中的性能。这一过程旨在教会模型如何遵循明确的任务指令，尤其是在处理复杂或多步骤的任务时，使其输出更符合预期。在指令微调阶段，研究人员首先设计与目标任务相关的指令集。这些指令可能包括具体的任务描述、示例输入输出对以及多种任务变体。例如，在法律领域，可以设计"撰写法律意见书"或"分析法律案件"这样的任务指令；在金融领域，指令可能涉及"生成财务预测"或"评估市场风险"。接下来，模型会在这些指令下进行微调。通过引入特定任务的指令和相关数据，模型将学习如何在这些任务中表现得更好。这一过程通常涉及调整模型的权重和参数，以确保模型能够准确理解并执行所给定的任务。指令微调不仅能显著提升模型在特定任务中的表现，还能够增强模型的通用性，使其能够灵活适应不同的任务需求。随着这一过程的不断优化，模型将能够更精准地响应用户的指令，并提供更高质量的结果。

（3）性能评估与优化是定制过程中的关键环节。在模型微调后，研究人员需要对模型的性能进行全面评估，以确保其在垂直领域中的应用效果。这通常包括在特定任务上的测试，如医疗诊断的准确性、法律文本的理解度、金融分析的精度等。根据评估结果，模型可能需要进一步的优化，如调整超参数、改进数据处理方式、增加训练数据量等。

6.3　大模型的前景与挑战

大模型的发展不仅为各行各业带来了巨大的机遇，也引发了关于其未来前景和挑战的广泛讨论。尽管大模型在多个领域已经展示了强大的能力，但其发展过程中仍然面临诸多技术、伦理和社会挑战。

6.3.1　计算资源与能耗问题

大模型的训练和推理过程需要消耗巨大的计算资源，这对环境和成本提出了严峻的考验。以GPT-3为例，训练这样一个大型模型通常需要数百万美元的计算成本，同时还会产生大量的碳排放。这使得大模型的可持续发展面临着挑战。

为了解决这一问题，研究人员正在探索多种技术途径。例如，模型压缩技术可以在不显著影响模型性能的前提下，减少模型的参数量和计算复杂度；混合精度训练通过在训练过程中使用低精度计算，减少计算资源的消耗。此外，开发更高效的硬件，如专门针对大模型优化的处理器，也是解决计算资源问题的重要方向。

然而，这些技术的开发和应用仍然需要时间和资源的投入，短期内很难完全解决计算资源与能耗的问题。因此，在未来的研究中如何平衡模型性能与计算资源的消耗，仍然是一个亟待解决的难题。

6.3.2　模型的可解释性与透明性

大模型的可解释性问题一直是研究人员关注的焦点。当前的大模型往往被视为"黑盒子"，其内部的决策过程难以被理解和解释。在一些敏感领域，如医疗、法律、金融等，模型的决策可能对人们的生活产生重大影响，因此理解模型的决策依据变得尤为重要。

为了提高模型的可解释性，研究人员提出了多种方法。例如，注意力机制的可视化可以帮助我们理解模型在处理输入数据时关注的重点；基于博弈论的 Shapley 值分析可以揭示不同输入特征对模型输出的贡献。此外，开发更透明的模型架构，如可解释的神经网络结构，也是提高模型可解释性的重要途径。

然而，可解释性与模型性能之间往往存在权衡关系。在某些情况下，提高模型的可解释性可能会牺牲一定的性能，这使得研究人员在设计模型时需要在两者之间找到平衡点。

6.3.3　数据隐私与安全问题

随着大模型的应用范围越来越广泛，数据隐私和安全问题也日益凸显。大模型通常需要处理大量的个人数据，这些数据可能涉及用户的隐私信息，如医疗记录、财务数据等。如何在模型训练和应用过程中保护这些隐私信息，是一个十分重要的研究课题。

当前，联邦学习（federated learning）和差分隐私（differential privacy）技术在保护数据隐私方面展现了巨大潜力。联邦学习允许模型在分布式数据上进行训练，而不需要将数据集中到一个中心服务器上，从而减少了数据泄露的风险。差分隐私则通过在数据中引入噪声，保证在统计意义上无法从模型中提取出个体信息，从而保护用户隐私。

然而，尽管这些技术在理论上提供了保护隐私的可能，但在实际应用中仍然面临诸多挑战。例如，如何在保证数据隐私的同时确保模型的性能不受影响？如何防止恶意攻击者通过模型反向推理出敏感信息？这些问题需要在未来的研究中进一步解决。

6.3.4　伦理问题与社会影响

大模型的广泛应用也带来了诸多伦理问题和社会影响。例如，在自动驾驶、医疗诊断等领域，大模型的决策可能直接影响人们的生命安全，如果模型存在偏见或错误，其后果可能是灾难性的。

此外，大模型的应用还可能加剧社会的不平等。例如，在招聘、贷款审批等领域，基于大模型的自动化决策可能会强化现有的偏见，导致某些群体在这些决策中处于不利地位。为了避免这些问题，研究人员和政策制定者需要共同努力，确保大模型的开发和应用符合伦理标准，以保障公平性和公正性。

6.3.5　未来的发展方向

尽管大模型面临诸多挑战，但其发展前景依然广阔。在未来，随着计算资源的增加和算法的改进，大模型将在更多领域中得到应用，并发挥更大的作用。

（1）在基础研究领域，研究人员将继续探索更高效的模型架构和训练算法，以提高模型的性能和计算效率。例如，稀疏化模型、量子计算等新兴技术有望在未来进一步推动大模型的发展。

（2）在应用领域，随着大模型的定制化能力不断提高，更多的垂直领域将从中受益。例如，个性化医疗、智能教育、智能制造等领域的大模型应用，将显著提升这些行业的效率和质量。

（3）在政策和监管方面，随着大模型的社会影响日益加深，如何制定合适的监管框架，确保大模型的开发和应用符合社会伦理标准，将成为未来的重要议题。这需要研究人员、企业和政府紧密合作，共同推动大模型技术的发展与应用。

总结与展望

本章深入探讨了大模型的发展历程、核心技术及在不同领域中的应用。我们从通用基座模型的训练开始，介绍了如何通过海量数据和强大的计算资源训练一个能够处理多种任务的大规模神经网络模型。随着 Transformer 架构的出现，通用基座模型在自然语言处理、计算机视觉等任务中取得了显著突破，推动了人工智能技术的广泛应用。

尤其是数据准备、模型架构设计以及训练技术（如预训练＋微调范式）等方面的提升，给通用基座模型的发展带来了前所未有的效率和精度提升。然而，虽然通用基座模型在广泛领域表现出了强大的适应性，但仍然无法满足某些垂直领域（如医疗、金融、法律等）的专业需求。为了应对这些领域的特殊要求，研究人员开始对通用模型进行定制，开发垂直领域的大模型，这些模型在处理领域特定的数据和任务时展现了更高的准确性和实用性。

本章还讨论了大模型在发展过程中所面临的挑战，包括巨大的计算资源需求、能耗问题、模型的可解释性、数据隐私与安全问题以及伦理问题等。这些问题能否解决将决定大模型技术未来的可持续性与社会影响。尽管如此，随着技术的进步和对这些挑战的深入研究，大模型的前景依然非常广阔。未来，大模型将在更多垂直领域得到应用，带来更高效的工作流程和更加智能的解决方案。

展望未来，大模型的发展将继续推动人工智能在各个行业的应用，尤其是在个性化医疗、智能教育、智能制造等领域，能够提供更加精确和定制化的服务。随着计算资源的进一步提升和算法的优化，大模型的训练效率和应用场景将进一步拓宽。当然，这些技术的发展也伴随着新的挑战，特别是在伦理和监管方面，确保这些技术公平、透明和安全将是未来发展的关键。

思考与练习

1.什么是通用基座模型？它与传统的专用模型有什么区别？

2.Transformer架构的提出解决了什么问题？为什么它成为大模型发展的重要里程碑？

3.大模型的训练需要哪些关键技术？请简述数据准备、模型设计和训练中的核心步骤。

4.为什么大模型依赖海量的多样化数据？数据的来源和多样性如何影响模型的训练效果？

5.如何理解预训练和微调范式？为什么这种方法能有效提升大模型的性能？

6.如何通过模型微调和任务指令使通用基座模型适应特定领域的需求？

7.为什么"提示学习"在大模型的应用中变得越来越重要？它如何提升任务性能？

8.在垂直领域大模型的迁移训练中，二次预训练的作用是什么？为什么它对模型适应特定任务至关重要？

9.指令微调与传统的微调方法有何区别？它是如何提升零样本学习能力的？

第 7 章　图像生成模型：从高斯混合模型到扩散模型

学习目标

　　人工智能在内容创造领域的潜力正日益显现。通过本章的学习，学生将深入了解如何利用高斯混合模型（Gaussian mixture models，GMM）、生成对抗网络（generative adversarial networks，GAN）和扩散模型（diffusion model，DM）来创新性地生成和优化内容，以及这些生成模型之间的区别和联系。

类型	模块	预期学习目标
知识点	高斯混合模型（GMM）	掌握高斯混合模型的定义、组成以及如何用于数据建模和分类任务，了解其在内容生成领域中的应用
知识点	生成对抗网络（GAN）	理解生成对抗网络的基本原理，包括生成器和判别器的相互作用，以及它们如何共同工作以生成新的数据样本。掌握GAN在图像、音频和其他类型数据生成中的应用
知识点	扩散模型（DM）	深入理解扩散模型的构建过程，包括其如何通过逐步添加噪声和逐步去除噪声的方式来生成数据，了解扩散模型在图像和音频生成等领域的应用
知识点	模型比较与评估	能够评估生成模型在不同任务中的表现，包括它们的优缺点和适用场景，能够对模型的准确性、效率和生成质量进行比较分析

背景案例：AI 艺术创作

　　在艺术创作领域，人工智能已经不局限于自动生成音乐或文字，而是开始参与图像和艺术作品的创作。近年来，扩散模型的出现，尤其是在生成艺术图像中的应用，展示了这种技术在创造视觉艺术方面的潜力。扩散模型通过逐步将噪声转化为清晰的图像，为艺术创作带来了新的可能。

　　以 DALL·E 2 为例，这款由 OpenAI 开发的图像生成系统使用了扩散模型来创建复杂的艺术作品。当用户输入一段描述，例如"一个梦幻般的森林里漂浮着发光的蘑菇"，扩散模型首先会生成一个含有噪声的图像，然后逐步将这些噪声转化为符合描述的详细图像。这个过程类似于在画布上慢慢去除杂质，最终呈现出一幅艺术作品。

　　扩散模型的工作原理是逐步向训练图像添加噪声，学习如何从噪声中重建图像。在训练过程中，模型学习了如何将图像逐渐从清晰状态转变为噪声，并且能够在推理阶段通过逆过程，从噪声逐步恢复到清晰的图像。这一逆过程使得扩散模型能够从随机噪声中生成非常逼真且高质量的视觉内容。

　　例如，当扩散模型接受"梦幻般的森林"这一输入描述时，它首先会生成一个充满随机噪声的图像，然后通过多次迭代逐渐减小噪声，重建出符合描述的森林场景。最终得到的图像不仅具备高逼真度的视觉效果，还能展示出丰富的艺术细节和创意元素。

　　这个案例展示了扩散模型在艺术创作中的应用，尤其是如何通过生成艺术图像来实现创意和视觉效果。扩散模型的逐步生成过程使得它能够创建出复杂且细节逼真的图像，为艺术设计和创作提供了新的工具和可能。接下来，我们将深入探讨扩散模型的基本原理、训练方法及在其他领域中的应用，以更好地理解这种生成模型如何推动视觉内容创作的发展。

　　生成模型是人工智能领域中一类令人着迷的技术，其目标是通过学习数据的分布规律，创造出新的数据样本。生成模型在人工智能领域的发展历程中，反映了技术进步与应用需求的紧密结合。从最早的高斯混合模型（GMM）到近年来的扩散模型（DM），这一领域经历了一系列的技术革新，推动了生成技术的不断演变。

　　高斯混合模型的快速发展可以追溯到 20 世纪 90 年代，作为一种经典的统计模型，它通过多个高斯分布的组合来描述复杂数据的潜在结构。高斯混合模型为后续的生成模型奠定了基础，使得研究者能够在处理多模态数据时获得更好的效果。然而，随着数据量的增加和复杂性的提升，传统的生成方法逐渐显露出局限性。

　　进入 21 世纪，深度学习的兴起为生成模型的发展注入了新的活力。2014 年，生成对抗网络（GAN）的提出标志着生成模型领域的一次重大突破。GAN 通过对抗训练的方式，使得生成样本的质量显著提升，开启了图像生成、文本生成等多领域的应用新篇章。此后，GAN 的变种不断涌现，推动了生成模型的多样化发展。2020 年，扩散模型的提出进一步推动了生成模型的演变。这种模型通过逐步添加噪声并在反向过程中去噪，展现出卓越的生成能力。扩散模型在图像生成方面的成功，尤其是 2021 年推出的 DALL·E、Stable Diffusion 等项目，展示了生成模型在实际应用中的广泛前景。

7.1　高斯混合模型（GMM）的应用

高斯分布（Gaussian distribution），也称正态分布，是数理统计中最重要的概率分布之一。它的密度函数最早由法国数学家棣莫弗（Abraham de Moivre）在1733年研究赌博问题时首次提出，后来被德国数学家高斯（Gauss）进一步研究，并广泛应用于误差分析等领域，这极大地推动了数理统计学的发展。因此，这一分布被命名为高斯分布，以纪念高斯在该领域的杰出贡献。

高斯分布并非由棣莫弗或高斯"发明"，而是自然界中大量数据分布的典型形式。它描述了在大样本条件下数据的分布规律。例如，当我们统计一所大学男生和女生的身高时，通常可以看到身高的分布呈现高斯分布的特征（见图7-1）。高斯分布的形态具有明显的特征：单峰、对称，中间高，两边低。这种分布模式广泛出现在自然科学、社会科学和工程学等领域，成为分析和理解数据分布的基础工具。

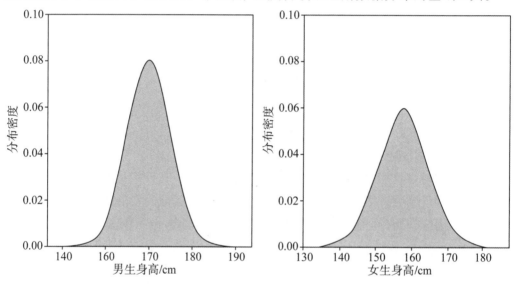

图7-1　某大学男生女生身高分布

而高斯混合模型（Gaussian mixture model，GMM），顾名思义，就是"把多个高斯分布混合在一起"。它在高斯分布的基础上，将多个具有不同参数的高斯分布组合在一起，进而能够拟合复杂的、非高斯的分布。高斯混合模型可以追溯到20世纪初，经过多年的发展，现已成为一种成熟的统计方法，广泛应用于多种领域。

高斯混合模型在语音识别中有着重要应用，尤其是在构建声学特征模型方面。GMM可以用来为每个语音单元（如音素）建立模型，通过计算输入语音与每个模型的似然概率，来实现语音的识别和分类。早在1995年，雷诺（Reynolds）和罗斯（Rose）就基于GMM成功实现了独立于文本的语音识别。他们利用GMM对说话者的频谱进行建模，使用49名讲话者的语音数据进行测试，取得了96.8%的识别准确度。此时，他们的研究成果在语音识别领域取得了突破性的进展。随后，雷诺将

GMM应用于更大的语音数据集进行测试，在TIMIT和NTIMIT数据集上的闭集识别精度分别为99.5%和60.7%，在Switchboard数据集上的识别准确率为82.8%。2000年，雷诺与托马斯（Thomas）和罗伯特（Robert）对基于GMM的语音识别模型进行了进一步的优化，在多个NIST语音识别评估中有良好表现。

在计算机视觉领域中，高斯混合模型同样发挥了重要作用。2004年，日夫科维奇（Zivkovic）提出了一种基于GMM的高效自适应背景提取算法，该算法能够动态更新每个像素的高斯分布均值和方差，从而实现背景的实时分离（见图7-2）。2005年，李（Lee）提出了一种改进的自适应高斯混合模型，旨在提高背景提取算法的收敛速度，同时保持模型的稳定性。他为每个高斯分布单独计算自适应学习速率，替代了传统的全局静态保留因子。实验结果表明，这种方法在合成视频数据和真实视频数据上的表现均优于传统方法，并且能够结合背景提取的统计框架，进一步提高图像分割的效果。

图7-2　原始图片（左）和基于高斯混合模型提取的背景部分（右）

高斯混合模型在多个领域也得到了广泛的应用。例如，在数据聚类、图像分割、异常检测等任务中，GMM能够有效地拟合数据的复杂分布，提供准确的预测和分析。通过对数据进行建模，GMM可以帮助我们理解数据的潜在结构，进而在实际问题中获得优化解决方案。

7.2　生成对抗网络（GAN）的突破

7.2.1　生成对抗网络的基本原理

生成对抗网络（generative adversarial networks，GAN）是一种深度学习模型，近年来已成为内容生成领域的热门方法之一。GAN的核心思想是通过两个模块——生成器（generator）和判别器（discriminator）之间的对抗博弈来实现数据的生成。虽然原始的GAN理论并没有规定生成器和判别器必须是神经网络模型，它们只需能够完成生成和判别的功能，但在实际应用中，生成器和判别器通常都采用深度神经网络架构。

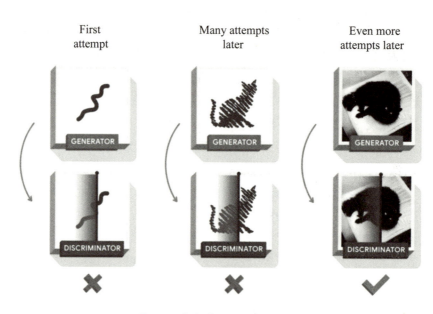

图7-3　生成对抗网络训练示例

在GAN的训练过程中，通过对抗训练来优化生成器和判别器的性能（见图7-3）。生成器的目标是生成尽可能逼真的数据，从而"欺骗"判别器；而判别器则努力区分真实数据和生成数据。生成器将随机噪声向量作为输入，利用神经网络生成目标数据（如图像）；而判别器则接收真实数据或生成数据，并输出一个标量值，表示数据为真实数据的概率。

在训练过程中，生成器和判别器交替优化：生成器试图最小化判别器的识别准确率（即生成的数据被判定为假的概率），而判别器则试图最大化其识别准确率。随着训练的进行，生成器生成的数据逐渐逼真，判别器的判断也越来越准确。当判别器无法区分真实数据和生成数据时，训练过程便达到了理想的平衡点。

7.2.2　生成对抗网络的应用

GAN的提出是生成模型领域的一个重要进展，尤其在图像生成和其他多种应用场景中GAN取得了显著成就。以下是GAN的一些主要应用。

●图像生成：GAN在图像生成方面的应用取得了显著成功。通过训练，GAN能够生成高分辨率、逼真的图像。例如，2017年推出的Progressive Growing GAN通过逐步增加生成图像的分辨率，成功生成了高质量的人脸图像（见图7-4），展示了GAN在图像生成领域的强大能力。与传统生成模型相比，GAN生成的图像在细节和清晰度上更具优势。

图 7-4　生成对抗网络生成的人脸示例

●图像到图像的转换：GAN 还被用于图像转换任务（见图 7-5），如将素描图像转化为真实图像（Pix 2 Pix）或将白天的场景转化为夜晚的场景（Cycle GAN）。这些技术在艺术创作和计算机视觉中具有广泛的应用前景。例如，Cycle GAN 可以在没有成对样本的情况下实现风格迁移，并由此被广泛应用于图像风格转换和图像修复等领域。

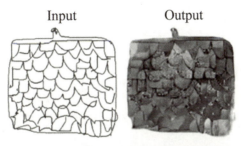

图 7-5　生成对抗网络生成的图像转换示例

●数据增强：在深度学习中，数据的获取往往是瓶颈。GAN 可以生成多样化的训练数据，从而增强模型的泛化能力。例如，GAN 被用于生成医学图像，以帮助训练医疗影像分析模型，弥补真实数据的不足。通过大量合成的医学图像，研究者能够提高模型的准确性和鲁棒性。

●视频生成与预测：GAN 的应用还扩展到了视频生成和预测领域。例如，Video GAN 能够生成连续的真实视频帧，展示了 GAN 在动态场景生成中的潜力。这一技术在虚拟现实、游戏开发和影视制作中具有广泛的应用前景。

●艺术创作与风格迁移：GAN 在艺术创作中也展现出独特的应用潜力。通过训练，GAN 能够生成具有特定艺术风格的图像，推动了自动化艺术创作的发展。例如，DeepArt 和 Artbreeder 等平台应用利用 GAN 技术，允许用户生成和编辑艺术作品，探索新的创作可能。

7.2.3　生成对抗网络的优缺点

GAN 作为一种强大的生成模型，具有许多突出的优点。首先，它能够更好地建模数据分布，因此生成的图像通常更加锐利和清晰，质量较高。而且，GAN 的理论框架非常灵活，能够训练几乎任何形式的生成器网络，而无需对生成器网络施加特定的函数限制。例如，输出层不必满足高斯分布等要求；此外，与一些基于概率推断的方法不同，GAN不需要依赖马尔可夫链反复采样，也不需要在学习过程中进行推断，避免了复杂的变分下界计算和概率近似问题。这些优点使得GAN在图像生成、风格迁移、数据增强等领域表现卓越。

　　然而，GAN也存在显著的缺点，特别是在训练过程中表现出的不稳定性。由于GAN的生成器和判别器之间存在竞争关系，两者需要非常精确的同步，但在实际训练中很容易出现模型不稳定甚至无法收敛的情况，这对训练设计提出了极高的要求；此外，GAN还面临"模式崩塌"（mode collapse）问题，即生成器可能会出现退化现象，只能生成少量相似的样本，而无法捕捉数据的完整分布。这种"模式崩塌"问题使得生成器失去了进一步学习的能力，限制了模型在更复杂任务中的应用。因此，尽管GAN在生成领域具有革命性意义，但由于训练过程中的困难和模式崩塌问题，研究者仍在积极探索解决方案，以期提升其稳定性，扩大其应用范围。

7.3　扩散模型的创新

7.3.1　扩散模型的基本原理

　　扩散模型，全称为扩散概率模型（diffusion probabilistic model），近年来在生成模型领域受到了广泛关注。最简单的一类扩散模型是去噪扩散概率模型（denoising diffusion probabilistic model，DDPM）。扩散模型之所以被称为"概率模型"，是因为它通过描述从噪声逐步恢复到原始数据的过程，来模拟生成数据的概率。这种方法不仅在图像生成领域取得了显著进展，还展现了在音频、文本等其他领域的广泛应用潜力。

　　扩散模型的核心思想是将数据生成过程分为两个步骤：正向扩散过程和反向扩散过程。正向扩散过程是从原始数据分布逐步转换为高斯噪声分布(见图7-6)，而反向扩散过程则是从噪声中逐步还原出原始数据分布(见图7-7)。

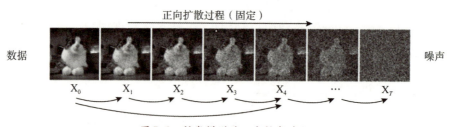

图7-6　扩散模型的正向扩散过程

　　正向扩散过程可以理解为一系列逐步添加噪声的步骤(见图7-6)。从一个清晰的（无噪声）原始数据开始，每一步都会按照特定的概率分布添加噪声，直到原始数据完全变成高斯噪声。这个过程不仅有助于简化数据结构，方便存储和传输，还起到了数据增强的作用，为后续的模型训练提供了丰富的训练样本。

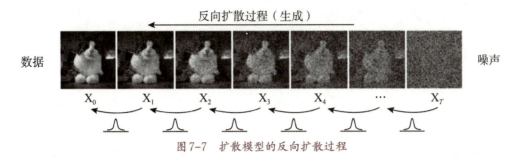

图7-7 扩散模型的反向扩散过程

反向扩散过程则是扩散模型的关键所在。它通过逐步去除噪声，从纯噪声数据中恢复出原始数据（见图7-7）。在训练过程中，模型学习如何在每一步去噪，以便从噪声中精确地重建原始数据。通过这种方式，模型能够理解数据的内在结构，并生成符合真实数据分布的内容。

正向和反向过程的结合，使得扩散模型在训练时能够精确地重构数据的特征，并最终生成逼真的数据样本。

7.3.2 扩散模型的代表性模型

扩散模型的兴起始于2015年，但直到2020年才引起广泛关注。以下是近年来扩散模型领域的一些代表性模型。

⬤DDPM：2020年提出的，DDPM是扩散模型的一个重要里程碑。它通过学习一个条件的去噪模型来实现从噪声到数据的生成，在图像生成等任务上取得了能与GAN相媲美的效果。

⬤DALL·E：2021年由OpenAI推出的，DALL·E是一个基于扩散模型的文本到图像生成系统（见图7-8）。它能够根据文本描述生成高质量、多样化的图像，展示了扩散模型在图像生成领域中的巨大潜力。

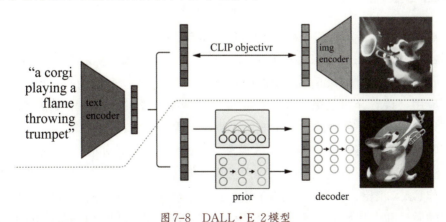

图7-8 DALL·E 2模型

⬤Latent Diffusion：2021年提出的，Latent Diffusion模型通过在潜在空间上进行扩散来生成图像，大幅降低了计算开销，并在高分辨率图像生成和基于文本引导的图像生成方面取得了突破性进展。

⬤Stable Diffusion：2022年由Stability AI发布，Stable Diffusion是一个开源的文本到图像扩散模型，展示了扩散模型在实用性和可访问性方面的优势。它能够生成高质量的图像，并在多个基准测试中取得了领先的成绩。

7.3.3　扩散模型的优缺点

扩散模型作为一种新兴的生成模型，具有许多突出的优点。首先，它在生成质量上表现出色，能够生成高分辨率且细节丰富的图像，与传统的生成对抗网络（GAN）相比，在图像的真实性和多样性上更具优势。此外，扩散模型的训练过程相对稳定。得益于其逐步加噪和去噪的训练方式，它有效避免了GAN常见的"模式崩溃"问题，确保了生成样本的多样性。灵活性和可扩展性也是扩散模型的重要优势，扩散模型不仅可以用于图像生成，还能够扩展到音频、文本等多种类型的数据生成领域，研究者可以根据具体需求灵活调整模型，使其适应不同的应用场景。

然而，扩散模型也存在一些局限性，主要体现在计算资源和生成速度方面。由于生成过程涉及多个去噪步骤，扩散模型的训练和生成过程需要大量的计算资源和时间，尤其是在处理高分辨率图像时，计算负担更加显著。此外，相较于其他生成模型，扩散模型的生成速度较慢，这限制了其在需要实时生成场景中的应用。另一个挑战是，扩散模型对训练数据的质量非常敏感。如果训练数据存在噪声、不均衡或其他质量问题，可能会显著影响生成结果的真实性和多样性。尽管如此，扩散模型以其优越的生成性能和稳定性，逐步成为生成领域的一项重要技术，并且随着算法的优化和硬件发展，其缺点也在逐步被克服。

总结与展望

本章介绍了从传统的生成模型到现代扩散模型的演变过程，揭示了机器如何通过学习数据中的潜在分布来生成新的数据样本，推动生成式人工智能（AIGC）的发展。我们从最基础的高斯混合模型（GMM）入手，讨论了其在数据聚类与生成方面的应用，接着介绍了更为复杂的生成对抗网络（GAN），这些模型能够从数据中学习到更精细的分布特征，并生成质量更高、更真实的样本。

随着深度学习技术的进步，扩散模型（DM）成为近些年在图像生成领域的突破性方法。扩散模型通过逐步添加噪声然后逆向去噪的过程，生成具有极高质量的图像。与GAN相比，扩散模型在稳定性、训练难度等方面有显著优势，尤其在生成图像的质量和多样性上表现优异。因此，扩散模型不仅提升了AIGC的能力，也为艺术、设计等领域的创作提供了新的可能。

本章的核心在于展示了生成式模型如何逐步从简单的统计方法（如高斯混合模型）发展到复杂的深度生成模型，并在实践中不断优化与创新。通过对这些模型的学习，学生可以深入理解机器学习如何从数据中"创作"出新的内容，而不仅仅是分析已有数据。

未来，生成式模型的发展仍然充满潜力。随着扩散模型的兴起，生成式AI将在艺术创作、游戏设计、广告创意、虚拟人物生成等多个领域发挥更加重要的作用。尤其是在跨模态生成（如图像与文本结合生成）以及个性化创作方面，生成式AI将为创作者和设计师提供更多创意工具。同时，随着模型训练和生成能力的提升，未来的生成式模型也可能突破当前的局限，创造更加复杂、多样且个性化的内容。

当然，随着技术的快速发展，生成式AI的伦理问题也变得越来越重要。如何保证AI生成内容的原创性、如何避免其被滥用（如生成虚假信息、侵犯版权等）将是未来研究的重要方向。

思考与练习

1.生成模型的基本原理是什么？请简述生成式人工智能的核心概念。

2.什么是高斯混合模型（GMM)？它如何在生成任务中应用？

3.生成对抗网络（GAN）的工作原理是什么？请简述其生成和判别过程。

4.如何评价GAN模型在图像生成中的应用？它有哪些优缺点？

5.扩散模型（DM）是如何工作的？请简述其生成过程与传统生成模型的不同之处。

6.生成式人工智能（AIGC）在艺术创作中的应用有哪些？请举例说明。

7.如何评价AI在创作艺术作品时的"原创性"？其生成的内容是否真正具有创作性？

8.生成式模型在社交媒体平台中的应用会带来哪些伦理问题？

9.如何利用生成式模型生成个性化内容？这种技术如何改变广告、新闻和娱乐产业的生产方式？

10.未来生成式AI技术的发展趋势如何？你认为它在哪些领域会产生最大的影响？

第二篇
构建式能力

第 8 章　图像理解：从手工特征到深层特征

学习目标

在数字化时代，使用 AI 技术理解图像已经成为日常生活中不可或缺的一部分，从智能手机的面部解锁到自动驾驶汽车的路况分析，视觉 AI 的应用无处不在。本章围绕会"看"的人工智能展开，首先，介绍数字图像基本概念以及常见的图像预处理方法；其次，通过图像分类、识别、分割和描述等四个步骤，展示 AI 如何逐步加深对图像的理解能力；最后，通过一个构建猫狗分类器的实训案例，展示数据准备、特征提取、模型选择、模型训练与评估的全过程，帮助学生掌握训练视觉 AI 的实操技能。

类型	模块	预期学习目标
知识点	数字图像	阐述数字图像基本概念，解释经典图像预处理方法
知识点	图像分类	解释图像分类基本任务，区分不同图像分类模型（如 CNN、ViT 等）
知识点	图像识别	解释图像识别基本任务，区分不同图像识别模型（如 Faster-RCNN）
知识点	图像分割	阐述图像语义分割、实例分割和全景分割的异同
知识点	图像描述	解释图像描述基本任务
技能点	视觉 AI 工具	掌握如 SAM、Image Caption Generator 等视觉 AI 工具的使用
技能点	分类模型训练	掌握如 KNN、CNN 等经典模型的训练构建过程

📋 背景案例：宠物领养平台的智能分类系统

在线宠物领养平台"爱宠家园"面临着一个关键挑战：如何准确地对海量的动物图像进行自动分类？传统的人工分类方法不仅效率低下，而且容易出现错误。平台决定开发一个基于人工智能的图像分类系统，专注于区分猫和狗。这个系统的核心任务是图像分类：快速、准确地将上传的动物图像划分为猫和狗两个类别。系统需要处理各种复杂的实际场景，包括不同角度、光线、背景和姿势的动物图像。在系统的实际应用中，平台收集了数千张猫和狗的图像作为训练数据集。通过卷积神经网络（CNN）技术，系统逐步学习识别动物的关键特征：狗的耳朵形状、猫的胡须、不同品种的毛色纹理等。

系统的工作流程非常精确：首先进行图像预处理，调整图像大小和色彩；然后通过多层神经网络提取图像特征；最后根据学习到的特征，将图像分类为"猫"或"狗"。在测试中，系统能够以超过95%的准确率区分猫和狗的图像。这个分类系统大大简化了宠物领养平台的图像管理流程，过去需要人工逐一审核的工作，现在可以在几秒钟内自动完成。更重要的是，它为后续的宠物匹配提供了准确的图像分类基础。

在这个案例中，图像分类技术帮助宠物领养平台实现了智能、高效的图像处理。你可以想象，类似的图像分类算法在很多其他领域也同样重要，比如医疗诊断、安全监控、农业分类等。但问题是，图像分类算法是如何工作的？它们如何在短时间内准确识别图像中的内容？为什么有些算法能更准确、更高效地完成任务，而有些则不行？这些问题的答案将帮助我们更好地理解图像分类技术的原理和它们的实际应用。

8.1 数字图像基本概念

数字图像是一种常见的数据类型，由一系列记录像素点信息的数值组成。日常生活中手机拍摄的照片、医学检查产生的影像、行车记录仪的画面等都是一种图像数据。图像可以是静态的，如照片或扫描的文档；也可以是动态的，如视频帧序列。从数学上看，图像是一个矩阵，其中矩阵的每个元素对应于图像中的一个像素点，矩阵的宽和高的乘积即为图像像素点的个数。如图8-1所示，对于灰度图像，矩阵的元素是像素的灰度值；对于彩色图像，则通常使用三个矩阵来分别表示红色、绿色和蓝色通道的值。

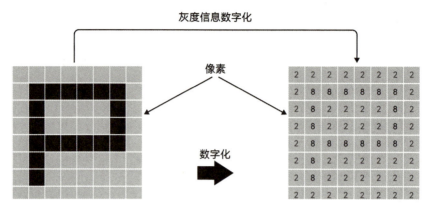

图8-1　图像数字化表示

像素点记录的是色彩信息。如图8-2所示,自然界中可见光可以表示为红光、绿光和蓝光的组合,这类对于色彩的量化描述被统称为色彩空间。常见的色彩空间有:

⬤RGB(红绿蓝):基于人类视觉感知的三种基本颜色,广泛应用于显示设备。

⬤HSV(色相、饱和度、亮度):更直观地描述颜色,其中色相表示颜色的类型,饱和度表示颜色的纯度,亮度表示颜色的明暗。

⬤CMYK(青、洋红、黄、黑):主要用于印刷行业,基于颜料的减色原理。

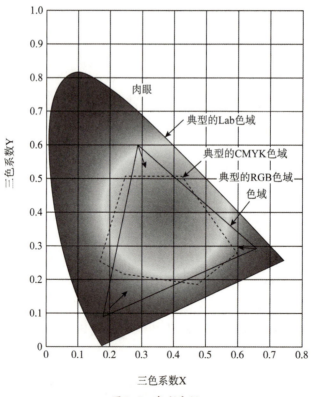

图8-2　色彩空间

图像预处理是图像分析和识别流程中的第一步，目的是改善图像质量，使其更适合后续的处理和分析。常见的预处理方法有：

●灰度化：指将彩色图像转换为灰度图像的过程。这不仅减少了数据量，而且简化了处理过程，因为灰度图像只包含亮度信息，不包含颜色信息。

●归一化：指将图像的像素值缩放到一个特定的范围，通常是0到1，或者－1到1。这有助于图像处理算法性能的提升，尤其是在机器学习和深度学习中。

●直方图均衡化：是一种改善图像对比度的方法，其通过调整图像的直方图分布，使得像素值分布更加均匀。

●几何变换：如旋转、缩放、平移等，用于调整图像的尺寸和方向，以适应不同的应用需求。

8.2 图像理解模型与工具

如图8-3所示，客厅里面有一张沙发、一个茶几和几张椅子，整体风格简约而现代。AI助手"小智"通过四个步骤逐步加深对图像的理解。第一步，图像分类："小智"首先对场景进行初步分类，判断该图片为"客厅"场景。第二步，图像识别：在识别阶段，"小智"开始对客厅内的具体物品进行标记和识别，如"椅子""茶几"等。每个物品都被框出，进一步增强对场景细节的理解。第三步，图像分割："小智"进一步细化，进行图像分割，明确每个物体的区域边界。此步骤可以更精确地将物体与背景分离，识别出各个物品的位置和形状。第四步，图像描述："小智"生成对图像的描述性文字。在这里，"小智"可以描述出"这是一张现代风格的客厅照片，照片里……"，通过自然语言对图像进行总结。这个过程展示了"小智"如何逐步加深理解，这不仅是图像识别技术的一种应用，还体现了人工智能如何实现从简单到复杂的视觉场景感知。

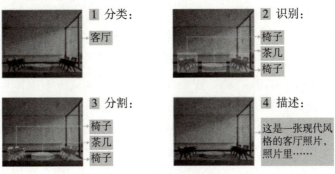

图8-3 视觉AI的进化

8.2.1　图像分类

在分析这张客厅照片时，"小智"能进行简单的图像分类，判断出该图像属于"客厅"场景，而不是其他如"厨房"之类的场景。但此时"小智"只能做到对整个场景进行分类，无法识别图像中的物品类型，例如椅子或茶几。这是AI在图像理解方面的第一层级，即只能识别出场景类型，而不能深入辨识其中的物体。

如图8-4所示，使用AI助手"小智"完成图像分类任务，整个过程包括：

（1）输入："小智"接收到一张图片作为输入，如图8-3中客厅的照片。

（2）模型："小智"通过图像分类模型（如CNN或ViT等）来处理和分析输入的图像。

（3）输出：在完成图像分析后，"小智"会输出一个标签来表示该图像的类别。例如，"小智"识别出该图像的标签为"客厅"，而不是"厨房"或"卧室"。

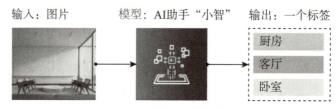

图8-4　图像分类的过程

常见的图像分类模型有卷积神经网络（CNN）（相关介绍见第5章的5.4）和Vision Transformer（ViT）。

CNN最早由Yann LeCun提出，用于识别手写数字。如何对这类深度神经网络结构进行可视化一直是研究人员关心的热点。如图8-5所示，CNN Explainer是一个用于帮助用户理解卷积神经网络工作原理的交互式工具。该工具展示了卷积神经网络的层级结构，从输入层开始，以卷积层（conv）、池化层（pooling）等一层层进行处理，直至输出层，以可视化的方式展示了CNN中的关键操作，如卷积（特征提取）、池化（降维）等。用户可以通过观察每一层的输出特征图，了解每层对图像的处理方式，以及如何逐步将原始图像的细节提取成高层特征。

Vision Transformer（ViT)作为一种新型图像识别方法，由Alexey Dosovitskiy带头的Google研究团队提出，是一种基于Transformer结构的图像识别模型。相较于传统的CNN，ViT采用Transformer架构，通过将图像分割成小块并以序列形式输入网络，有效地处理图像数据。如图8-6所示，Transformer Explainer是一个用于展示Transformer模型架构和核心组件的交互式可视化工具，包括嵌入（embedding）、多头自注意力机制（multi-head self attention）等。用户可以直观地看到各层之间的连接关系，以及注意力机制如何在不同的输入元素之间分配权重。该工具展示了Transformer模型内部的注意力流向，帮助用户理解每个单词或图像块之间的关系权重，以及模型是如何决定关注哪些元素的。

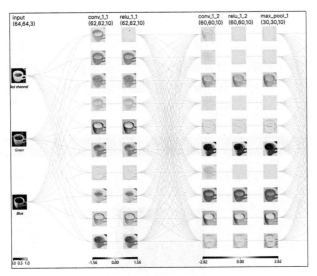

图 8-5 CNN Explainer

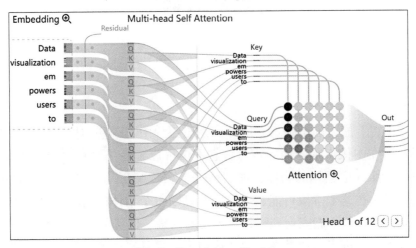

图 8-6 Transformer Explainer

ViT 和传统的 Transformer 结构类似，区别在于对输入数据的处理方式。ViT 将图像切分为小块（类似于单词），并将每个小块进行输入，而传统的 Transformer 输入的是单词序列。在 ViT 中，每个图像块都被当作一个独立的输入项，通过 Transformer 结构进行处理。

CNN 是使用卷积核，使其成为一个"局部观察者"。CNN 关注每个小区域，适合从图像的特定部分提取细节，擅长识别局部特征，因此在边缘检测、纹理识别等任务中表现优异。ViT 则通过注意力机制，使其成为一个"全局观察者"。ViT 能够选择性地关注不同图块之间的关系，处理全局信息。这使得 ViT 在处理复杂的整体结构时更具优势，因为它能捕捉到全局上下文。总体来看，CNN 适用于局部细节提取，而 ViT 更适合处理图像的整体关系，这两者在不同任务中各有优势，提供了不同的图像识别视角和能力。

如图8-7所示，TensorFlow.js Classifier是一款图像分类实践工具，用户可以上传或拍摄照片，通过预训练的AI模型进行图像分类。该工具能够识别图像内容并返回相应的分类结果。它的一个重要特点是可以直接在浏览器中运行模型，无需连接到服务器进行计算。这种"离线推理"提高了用户的隐私性和响应速度，适用于需要快速、私密地进行图像分类的应用场景。

图8-7　TensorFlow.js Classifier

8.2.2　图像识别

随着"小智"能力的增强，它能够识别出照片中有哪些物体。图8-8展示了AI助手"小智"在图像识别方面的能力，它不仅可以判断出照片属于"客厅"场景，还能够识别出照片中具体的物体，如"椅子"和"茶几"。尽管小智可以识别出物体的类别，但它在这个阶段可能还无法准确判断每个物体的边界。这意味着它能分辨出物体的种类，但不能完全理解各物体之间的确切位置关系。AI在从简单分类到具体物体识别上的进步，使其在理解图像内容上更具实用性，但仍存在图像细节方面的限制。

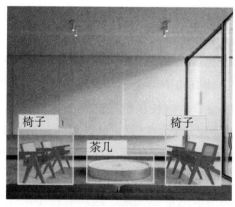

图8-8　图像识别结果

图像识别任务的流程如下：

（1）输入："小智"接收到一张图片作为输入，输入图像是一个室内客厅的场景。

（2）模型："小智"使用图像识别模型来高效识别并定位图像中的物体。

（3）输出：在处理后，"小智"生成输出，标记出图像中的物体类别和位置。例如，"小智"识别出"椅子"和"茶几"，并在物体周围添加对应边界框和标签。

图像识别功能依赖于R-CNN(region-based convolutional neural networks)、Fast R-CNN、Faster R-CNN等模型，这些模型能够快速准确地定位和识别物体，适用于实时场景和高精度要求的图像处理任务。通过这种流程，AI可以实现对图像内容的深度理解，为各类应用提供物体识别和标注服务。

R-CNN是一种基于区域的卷积神经网络，专门用于图像识别和物体检测。它由Ross Girshick于2014年在加州大学伯克利分校工作期间提出。R-CNN的提出标志着深度学习在物体检测任务中的重要进展。通过使用区域提取的方法，R-CNN能够在图像中定位和识别特定物体，这在图像识别领域具有里程碑意义，极大地推动了图像识别技术的发展，并为后续的Fast R-CNN、Faster R-CNN等改进模型奠定了基础。传统的CNN通过逐步扫描图像的每个部分来识别图像内容，这种方式效率较低，尤其是在需要精确定位目标时。R-CNN引入了区域候选（region proposals）的概念，首先在图像中标记出可能包含目标的区域，就像在大图上圈出感兴趣的部分，然后再逐一检查这些区域。这样可以缩小搜索范围，提高检测效率。其具体工作流程如图8-9所示。

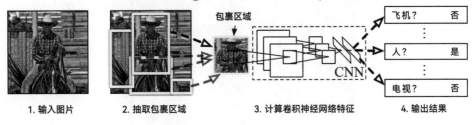

R-CNN: *Regions with CNN features*

1. 输入图片　2. 抽取包裹区域　3. 计算卷积神经网络特征　4. 输出结果

图8-9　R-CNN工作流程

RTOD (real-time object detection)是一个实时物体检测平台，利用先进的AI模型来检测视频或图像中的多种物体。它支持多种检测模式，能够在实时环境中识别并标记图像中的不同物体，如行人、车辆等。如图8-10所示，用户可以通过上传图像或使用摄像头拍摄来进行检测，系统会自动处理图像并显示检测结果。在示例图中，可以看到物体被边界框框住，并标记了物体类别和检测置信度。

图8-10　RTOD用户界面

8.2.3　图像分割

在升级图像分割能力后,"小智"不仅能够识别出椅子和茶几等物体,还可以精确地标出它们在照片中的边界。这意味着每个物体都从图像背景中"切割"出来,形成独立的区域(见图8-11)。这使得"小智"可以分别处理每个物体,而不仅仅是识别其类别。图像分割使得AI助手能够更深入地理解图像中的内容,从而在各类复杂场景中提供更精确的支持。

图8-11　图像分割结果

图像分割任务的流程如下:

(1)输入:输入的是一张待处理的图像。在此例中,图8-11是一个室内场景的照片。

(2)模型:"小智"使用图像分割模型将图像中的每个像素划分为不同类别,形成精确的物体边界。

（3）输出：输出是一张标注后的图像，其中每个物体（如椅子和茶几）被清晰地分割，并标记了类别。这意味着每个像素都属于特定的标签，例如"椅子"或"茶几"。

图像分割功能通常基于Mask R-CNN、FCN、Panoptic FPN等模型。这些模型可以准确地为图像中的每个像素分配类别标签，实现高精度的分割效果。其核心任务是通过先进的AI模型，将每个像素归类到相应的物体类别中，使得AI能够更精细地理解图像内容。这一技术在自动驾驶、医学影像分析等领域具有广泛应用。如图8-12所示，存在三种不同类型分割方法，语义分割适合需要分类的任务，实例分割适用于精确识别个体的任务，而全景分割则为需要理解完整图像的应用提供了解决方案。

语义分割　　　　实例分割　　　　全景分割
FCN 模型　　　　Mask R-CNN 模型　　Panoptic FPN 模型

图8-12　不同类型图像分割

FCN（fully convolutional network）是全卷积网络的简称，由Jonathan Long、Evan Shelhamer和Trevor Darrell于2015年在加州大学伯克利分校提出。它是第一个完全使用卷积网络进行像素级别分类的模型，用于图像的语义分割。FCN的提出开创了深度学习在图像分割领域的应用，使得机器可以更精确地对图像中的每个像素进行分类，这对于自动驾驶、医学影像分析等需要精确分割的场景具有重要意义。该模型为后续的语义分割模型奠定了基础，并推动了图像分割技术的发展。

Mask R-CNN由Facebook AI Research (FAIR)团队的何恺明（Kaiming He）、Georgia Gkioxari、Piotr Dollár和Ross B. Girshick于2017年提出。这一模型开创了实例分割领域的重要方法，能够在图像中检测出物体的具体实例，并为每个实例生成精确的分割掩码。

Panoptic FPN由Alexander Kirillov、何恺明、Ross B. Girshick和Piotr Dollár于2019年在FAIR提出。它是全景分割的重要模型，能够同时进行语义分割和实例分割，使图像中的每一个像素都有类别标签。

Segment Anything（见图8-13）是一个由Meta AI研究团队开发的先进图像分割工具，其依托强大的AI模型，能够快速而灵活地分割任意图像中的物体。该工具无需额外训练即可对陌生物体和图像进行零样本泛化，支持"一键裁剪"任意物体。一方面，Segment Anything能够识别并分割出用户在图像中指定的任何物体，非常适合多种应用场景，如图像处理、目标检测等，为用户提供灵活高效的解决方案。另一方面，该工具的设计使其在需要快速、精准分割的任务中表现出色，广泛应用于计算机视觉研究、图片编辑、内容创作等多个领域。Segment Anything通过便捷的操作方式和高效的分割功能，大大提升了图像分割工作的效率。

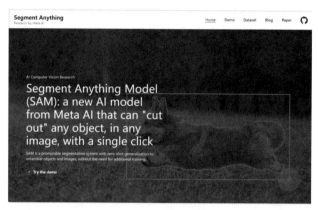

图8-13　Segment Anything

8.2.4　图像描述

升级图像描述功能后，"小智"不仅能够识别和分割物体，还能生成详细的自然语言描述，描述场景中的所有物体及其相对位置。如图8-14所示，小智对图片的内容进行了详细描述："这是一张现代风格的客厅照片，照片里左右两边分别有两个木制椅子，中间有一个茶几。"这个过程展示了人工智能在图像理解方面的进步，其不仅可以识别物体，还能以人类易于理解的语言对场景进行总结和描述。

图像描述任务流程如下：输入一张图像，由"小智"处理后，输出一段图像的描述性文字。例如，这里输出的描述为："这是一张现代风格的客厅照片，照片里左右两边分别有……"

图像描述功能可以基于"Show, Attend and Tell"等人工智能模型实现。该模型通过注意力机制，能够在生成描述时聚焦于图像的特定区域，精确地描述图像内容。这项技术广泛应用于视觉辅助、自动化内容生成等领域，帮助用户快速理解图片的场景和细节。

图8-14　图像描述结果

"Show，Attend and Tell"模型由Kelvin Xu、Jimmy Lei Ba、Ryan Kiros等人于2015年提出，是蒙特利尔大学团队和多伦多大学团队共同开发的。该模型的创新之处在于引入了注意力机制，使得"小智"在描述图像时能够关注图像的特定区域，从而生成更具细节性和准确性的描述。"Show，Attend and Tell"模型结合了卷积神经网络（CNN）、循环神经网络（RNN）和注意力机制，用于图像描述任务。模型能够动态关注图像的不同部分，为每个区域生成精确的自然语言描述。可以理解为模型像"会看图"的讲解员，通过智能算法，一边看图中各个部分，一边为每个部分生成详细描述。注意力机制的引入使模型能够自动将注意力集中在图像中的关键区域，从而确保描述的准确性和针对性。

Image Caption Generator是一个免费的AI工具，专为生成图片文案而设计。该工具支持多语言，可以生成不同语言的图片说明，适应不同用户需求。如图8-15所示，其用户界面简洁直观，无需复杂操作或登录，特别适合社交媒体用户、博主和内容创作者，以帮助他们快速生成吸引人的图片文案。

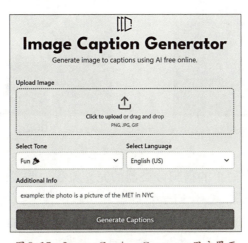

图8-15　Image Caption Generator用户界面

8.3　模型训练实战：图像分类器

本节以图像分类任务为例，通过一个猫狗图像数据集来演示如何从头训练一个分类AI模型（每一步参考代码片段参见附录A）。

第一步，数据准备：准备一个猫狗图像的数据，见https://www.kaggle.com/c/dogs-vs-cats。

第二步，特征选择：在这个简单的例子中，使用图像的像素值作为特征。如果想要提升模型的性能，可以尝试使用更复杂的特征提取方法，比如SIFT或HOG。

第三步，模型选择：本例中选择K近邻（K-nearest neighbors，KNN）分类器作为待训练分类模型。

第四步，模型训练：将数据集划分为训练集和测试集，并训练模型。

第五步，模型评估：训练完成后，需要在测试集上评估模型的性能，结果如图8-16所示。

```
Accuracy: 0.44
                precision    recall   f1-score   support

            0       0.47       0.43       0.45       422
            1       0.41       0.45       0.43       378

     accuracy                             0.44       800
    macro avg       0.44       0.44       0.44       800
 weighted avg       0.44       0.44       0.44       800
```

图8-16　模型性能评估结果示例

第六步，模型使用：可以使用训练好的模型来预测新的图像类别，分类结果如图8-17所示。

cat   dog

图8-17　图像分类结果示例

以上就是构建一个简单的猫狗分类器的完整流程。此案例使用了基本的图像预处理技术和KNN分类器，适合初学者理解和实践图像分类的基础概念和技术。随着对深度学习的理解加深，可以尝试使用更先进的模型，如卷积神经网络（CNN）或Vision Transformer（ViT），来进一步提高分类的准确性。

总结与展望

在人工智能图像理解的浪潮中，从简单的猫狗分类到复杂的医学影像分析，视觉AI正以惊人的速度重塑着图像识别的边界。这一技术不仅仅是对图像的机械分类，更是对视觉信息的深度理解与智能解析。从卷积神经网络到多模态学习，AI已经能够像人类专家一样，准确地感知、分类、识别和描述图像中的细微特征。展望未来，图像理解技术面临着更大的挑战：如何在保持高精度的同时，进一步提升模型的可解释性和泛化能力？如何在海量数据中提取更加抽象和有意义的特征？如何构建能够像人类大脑一样进行跨模态推理的智能系统？这些不仅是技术创新的方向，更是人工智能迈向更高智能形态的关键挑战。图像理解技术的发展，不仅将改变人类感知世界的方式，还将为人工智能向更高级的认知模式不断演进铺平道路。

思考与练习

1.如果AI助手"小智"将一个卧室错误分类为客厅，这种错误在实际应用中可能带来什么影响？你能想到哪些方法让"小智"改进分类准确性？

2.在一张热闹的聚会照片中，物体和人可能互相遮挡或重叠，AI会如何处理这些复杂场景？你觉得AI的识别能力与人类相比有哪些优势和劣势？

3.图像分割可以理解为"将拼图中的每一片单独取出"。请用一个生活场景（如切水果、拆分文件夹中的内容）来说明分割的意义，并讨论为什么有时候需要区分非常小的细节。

4.假设AI需要分析一幅画中人物和背景的比例，或者需要分离不同颜色的区域，如何通过图像分割技术实现这些任务？

5.在社交媒体中，AI可以自动生成图片说明（如"这是一张夕阳下的海滩"）。讨论这样的功能对视觉障碍人士或创意内容创作者的帮助。

6.AI生成的描述往往基于图像中显而易见的物体，例如"客厅里有一个沙发和一个茶几"。但人类可能会描述更隐含的内容，例如"这个房间看起来很舒适"。讨论AI描述在这些方面的局限性，以及改进方法。

7.训练数据是模型学习的"教材"。假如教材内容不够丰富或与实际应用场景差距较大（如猫的图片全是白天拍摄，而实际中有许多夜晚拍摄的猫图像），你认为会对分类结果产生什么影响？

8.模型评估的"准确率"是不是唯一重要的指标？假如你在一个博物馆的图像分类项目中，想特别重视"猫"类图片的分类正确性（如精确找到"猫"相关的文物图像），除了准确率，你还会关注什么指标？

9.如果有一张模糊的猫狗图片，模型很难分类清楚，这种情况下人工和机器如何更好地配合？例如，是否可以先人工标记部分图像帮助改进模型？

10.假如增加了一个新类别"鸟"，除了提供更多鸟类图片，你认为还需要对模型的哪些部分进行改动？可以结合语言中的"增加新词汇"来类比解释。

第 9 章　图像生成：推动AI进入"PS"时代

学习目标

　　AI图像生成是一项令人瞩目的新技术，它利用深度学习算法自动创建或合成图像。这项技术的核心在于深度神经网络，例如生成对抗网络（GAN）和Transformer模型。这些先进的模型通过学习大量的图像数据，能够捕捉到复杂的视觉模式和特征，进而生成新的视觉内容。这些内容可以是完全原创的图像，也可以是对现有图像进行修改或增强。本章将介绍图像生成的基本原理、应用方法及实训内容。本章重点介绍图像生成提示词的设计与应用方法，通过分析提示词在控制图像生成过程中的作用，详细说明提示词的三大结构要素（内容、构成、风格）及优化方法。最后，通过节日海报生成案例，详细介绍图像生成工作流的各个阶段，包括目标确定、模型选择、提示词设计、生成与优化等具体操作。

类型	模块	预期学习目标
知识点	图像生成方面的AI模型	列举高斯混合模型、生成对抗网络、扩散模型等
知识点	图像提示词	解释图像提示词的概念及其结构，包括内容、构成、风格
知识点	图像生成工作流	解释图像生成工作流的概念，阐述其主要步骤
技能点	图像提示词设计	能够根据生成目标设计有效的图像提示词，确保生成结果符合预期的艺术风格和主题
素养点	创新思维	具备创新意识，能够将图像生成技术应用于所学专业当中，探索生成式AI在新领域应用的可能性

📋 背景案例：节日营销中的定制海报生成

在当下这个数字营销时代，企业面临着快速创作个性化市场推广材料的巨大挑战。传统的海报设计不仅耗时，而且成本高昂，对于需要快速响应市场需求的企业来说，是一个严重的瓶颈。现有一家中等规模的电商平台决定尝试使用AI图像生成技术来革新其节日营销策略。其市场部门希望为即将到来的圣诞节准备一系列个性化的推广海报，即需要快速生成能够吸引不同细分市场的定制化广告图像：面向年轻人的科技风格海报，面向家庭的温馨风格海报，以及面向商务人士的简约风格海报。

这个任务需要图像生成技术完成三个关键步骤：图像内容生成、风格定制和细节优化。通过使用Stable Diffusion等先进的AI图像生成平台，团队能够快速输入详细的文字提示，精确控制海报的每一个细节。在实际操作中，市场团队为每个目标群体精心设计了不同的提示词。例如，针对年轻群体的圣诞海报提示词包括："现代科技风格的圣诞场景，金属质感的圣诞树，霓虹灯装饰，未来感配色。"对于家庭市场，提示词则变为："温馨的家庭圣诞场景，壁炉旁的圣诞树，飘落的雪花，柔和的暖色调。"AI图像生成系统根据这些提示，在几秒钟内就能生成多个高质量、风格各异的海报方案。这些海报不仅美观专业，而且能够精准对接不同消费者群体，大大提高了营销的针对性和效率。

这个案例展示了AI图像生成技术在商业营销中的巨大潜力。可以想象，类似的图像生成技术在广告、设计、娱乐等多个领域都有着广阔的应用前景。那么，如何有效地利用AI生成图像？我们需要思考的关键问题包括：如何编写精准的提示词？如何选择合适的AI图像生成模型？如何平衡创造性和版权的问题？如何评估和优化生成的图像？这些问题将成为我们深入探索AI图像生成技术的重要切入点。

9.1 图像生成的基本原理

常见的图像生成AI模型有高斯混合模型（GMM）、生成对抗网络（GAN）以及扩散模型（DM）（详见第7章）。随着技术的发展，基于GAN和扩散模型的图像生成工具逐渐成为市场的主流。这类生成模型能够生成非常逼真的图片，且具备多种应用可能性，如图像合成、风格转换等。图像生成模型不仅能用于扩展数据集，还可以在数字艺术创作中发挥巨大的潜力，激发创作灵感。例如，用GAN生成看起来像真实猫咪的图像，甚至是不存在于现实中的全新的猫的照片，而基于扩散模型的文生图工具在很大程度上重塑了艺术设计的产业生态。

StyleGAN是GAN的一个经典应用，由NVIDIA的研究团队提出。StyleGAN

在生成图像的多样性上和质量上均取得了巨大的突破，尤其是在生成高分辨率和风格多样的人脸图像方面表现出色（见图9-1）。StyleGAN生成的高质量人脸图像不仅可以用于艺术创作，还被用于虚拟角色的生成、电影特效制作以及虚拟现实和增强现实中虚拟场景的构建。通过StyleGAN，研究人员和艺术家可以创造出从未存在于现实中的面孔和场景，这为各类创意产业提供了全新的可能性。

图9-1　StyleGAN的生成结果

为了更好地理解GAN的工作原理，可以借助动态可视化工具，例如由佐治亚理工学院开发的GAN Lab。如图9-2所示，GAN Lab通过直观的界面，展示了生成器和判别器在训练过程中的交互，使用户能够实时观察模型如何逐步生成逼真的数据。

（1）输入噪声（noise）：在界面的左侧显示了生成器的输入，这是一组随机的数据（我们称之为"噪声"），可以理解为一堆杂乱的数字。这些数字就是生成一张图片的"原材料"。

（2）生成器（generator）：生成器接收输入的随机数据，并试图将其"加工"成一张看起来真实的图片。生成器就像是一个"造假专家"，它的目标是制作一张能"以假乱真"的图片。

（3）样本数据（samples）：生成器生成的图片被称为"假样本"，同时，我们还有一组真实的图片样本（如真实的猫的照片）。这些真实图片和假图片会一起送到下一步的"检测"环节。

（4）判别器（discriminator）：判别器的任务是区分哪些图片是真实的，哪些是生成器制作的"假图片"。它可以理解为是一个"侦探"，要在真实图片和假图片之间做出判断。

（5）损失（loss）：损失可以理解为"误差"或"出错的程度"。对于判别器来说，损失指的是它把假的图片当成真的或把真的图片当成假的错误程度。对于生成器来说，损失取决于它能否成功"欺骗"判别器——如果判别器判断错误，生成器的损失就小，说明生成器表现得好。

（6）梯度（gradient）：梯度可以理解为"改进方向"。当生成器和判别器出错时，梯度会告诉它们应该怎么调整自己才能减少错误（即降低损失）。就像当你要上坡时，梯度会告诉你哪个方向更容易前进。

（7）对抗训练：生成器和判别器会不断"斗智斗勇"，相互提高。生成器希望能制造出判别器分辨不出的假图片，而判别器则努力识别出所有假图片。这种相互"对抗"的训练让它们都越来越"聪明"。最终，通过这种"对抗"过程，生成器可以生成非常逼真的图片，判别器也变得更擅长识别真假图片。

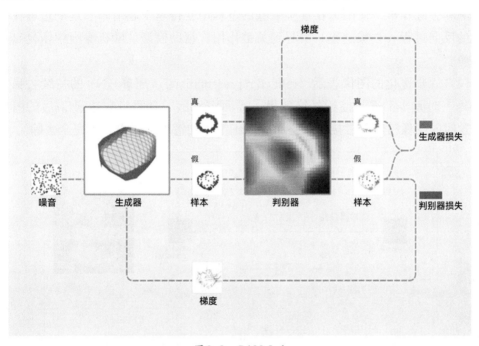

图9-2 GAN Lab

在GAN中，虽然对抗训练能够生成逼真的图像，但其训练过程往往不稳定，训练起来也较为困难。生成器和判别器之间容易出现不平衡，导致生成的图像质量不一致，甚至会出现"模式崩溃"（mode collapse），即生成器只能生成一类重复的图像。此外，GAN在生成高分辨率和细节丰富的图像时也存在一定的局限。为了解决这些问题，研究者提出扩散模型。扩散模型通过逐步添加和去除噪声的方式，使生成过程更加稳定，从而能够更细致地生成高质量图像。为了更好地理解扩散模型的工作原理，可以使用一个名为Diffusion Explainer的互动工具（见图9-3）。该工具是由佐治亚理工学院开发的，用于帮助用户理解扩散模型的工作原理。

（1）加噪后的图片（representation of timestep 49）：在训练阶段，扩散模型会从一组真实的图片（如猫的照片）开始，逐步添加噪声，生成一系列逐渐模糊的图像，直到图像变为纯噪声。这相当于逐步破坏数据的过程，使模型学习图像逐渐被"打乱"的方式。界面中的"Timestep 49"展示了扩散过程中的倒数第二帧，在这里可以看到图像还带有一些噪声，尚未完全清晰，类似于生成过程的中间状态。

（2）降噪模型（UNet）：经过训练后，扩散模型学会了如何从纯噪声中逐步去除噪声，还原出清晰的图像。模型通过学习每个时间步的去噪步骤来实现这一过程，而UNet网络则在此过程中扮演关键角色。UNet在每一步时预测当前图像中存在的噪声，并将其去除，从而一步步让图像更接近最终目标。可以把UNet看作模型的"去噪工具"，它帮助模型逐步还原出逼真的图像。

（3）噪声去除（noise weaken）：在每个时间步中，UNet根据图像的当前状态来预测和去除噪声，使图像在逐步去噪的过程中变得越来越清晰。这一过程在扩散模型的反向过程（去噪过程）中起到关键作用，帮助模型从随机噪声中恢复出逼真的图像。

（4）逐步优化的图像表示（refined representation）：随着UNet的持续去噪，图像在每一时间步都逐步接近最终效果。界面中显示了时间步数达到50后的图像表示，这时的图像已经非常接近最终目标，细节更加清晰，噪声几乎完全去除。

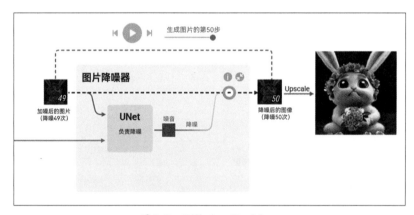

图9-3　Diffusion Explainer

基于扩散模型，常见的文生图工具有以下三种（见图9-4）：

1.Stable Diffusion

Stable Diffusion是基于潜在扩散模型（LDM）的一种经典应用，由Stability AI开发并于2022年开源。它专注于高分辨率图像的生成，尤其是在艺术创作和设计领域中具有广泛的应用。Stable Diffusion能够在生成高质量图像的同时显著降低计算资源的消耗，因此被广泛用于各类图像生成工具中。其开源特性促进了社区的发展和生成式AI的普及。

2.DALL·E

DALL·E是OpenAI基于扩散模型开发的一种图像生成系统。它可以根据自然语言描述生成符合描述的图像。DALL·E的最大特点在于其创造力和多样性，能够生成非常复杂和独特的图像，广泛应用于创意设计、广告、艺术等领域。

3.Midjourney

Midjourney是一个基于扩散模型的图像生成工具，主要面向艺术家和设计师。

它通过使用扩散模型生成具有艺术风格的高质量图像，使得用户能够将自己的创意转化为视觉化的艺术作品。Midjourney在艺术创作社区中非常受欢迎，尤其适合那些需要灵感和快速生成视觉素材的用户。

这些经典应用展示了扩散模型在图像生成领域的巨大潜力。人们可以通过这些工具创造出从未存在于现实中的场景和艺术作品，大大拓展了在创意和设计上的边界。

图9-4　Stable Diffusion、Dall·E与Midjourney

9.2　图像生成的应用方法

9.2.1　图像提示词的概念

图像生成的核心在于提示词的使用。通过精心设计和组织提示词，可以有效引导AI模型生成符合预期的艺术作品，实现对创作过程的有效控制。图像提示词（prompt for image）是一种专门设计的输入文本，便于图像生成模型理解，用以指定模型执行生成任务。因此，图像提示词在引导模型行为上起到关键作用。设计高质量的图像提示词需基于特定任务目标和模型能力，好的提示词能帮助模型准确理解用户的需求，从而生成符合预期的图像。

大多数图像生成模型所需的提示词应是简单、简短的词汇或短句，而非复杂的长句。例如，当希望生成一幅蓝色海滩插画时，可以对比以下两个提示词：

●提示词1："请帮我用水彩画出一幅蓝色海滩的插画，画面上要有清澈的海水和细腻的沙滩，还希望能表现出阳光照射的温暖氛围。"

●提示词2："蓝色海滩，清澈海水，细腻沙滩，阳光，温暖氛围，水彩画，插画风格。"

提示词1使用了完整的描述句，符合自然的表达习惯，但对图像生成模型来说较难理解。而提示词2将提示词1的关键词提炼后以逗号分隔，便于图像生成模型捕捉要素和意图，更加适用。

9.2.2　图像提示词的结构

图像提示词的基本结构主要由内容、构成和风格三部分组成（见图9-5）。这三部分的提示词需尽量具体化和精准描述，以减小模型的自由发挥空间，确保生成结果更接近预期。后文示例列举了各类提示词案例，展示不同提示词的生成效果（注：不同AI文生图工具产生的效果可能不一致）。

●内容（content）：描述创作主题，是提示词的核心部分，主要用于说明画面主体的动作、情绪、所处环境等。最终生成图像的内容是否精准很大程度上依赖于这一部分的描述。

●构成（composition）：指画面元素的排列和组织方式，包括构图、视角、光线、色彩等因素。

●风格（style）：描述画面的艺术形式，包括表现手法、材料等方面。

内容 Content	构成 Composition	风格 Style
主体(人物、动物、物体) 环境(地点、背景、时间) 情绪(表情、动作、行为)	构图(近景、全景) 视角(俯视、仰视) 照明(日光、灯光) 色调(红色、蓝色)	艺术形式(抽象、印象派) 技巧手法(素描、水彩) 年代(文艺复兴、后现代)

图9-5　图像提示词的构成

如图9-6所示，若仅输入内容提示词，模型会在构成和风格上自由发挥。在此示例中，虽然未输入关于"写实风格"或"正视构成"的提示，但两张图都以写实风格呈现，并采用了正视的构成方式，符合常见的视觉表现。

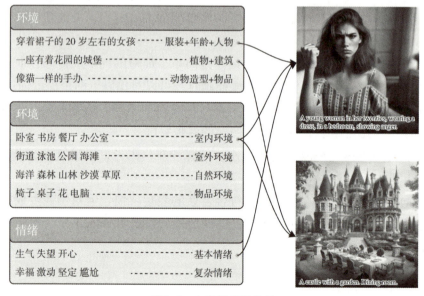

图9-6　内容提示词案例

如图9-7所示，若仅输入构成提示词，模型会在内容和风格上自由发挥。在此示例中，虽然没有输入关于"写实风格"的提示，但两张图都呈现为写实风格。右上图未输入"女人"提示，但生成了一个女人的形象；右下图未输入"客厅"提示，却生成了客厅的画面。

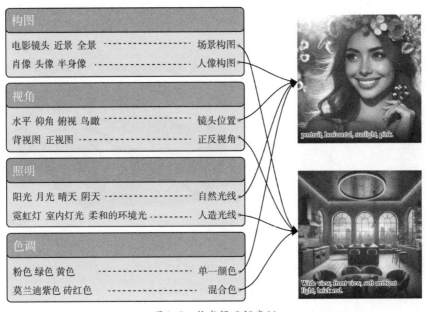

图9-7 构成提示词案例

如图9-8所示，若仅输入风格提示词，模型会在内容和构成上自由发挥。右上图虽未输入"人"提示，但画面中出现了人物；右下图未输入"中国建筑"提示，却生成了中国建筑风格的图像。

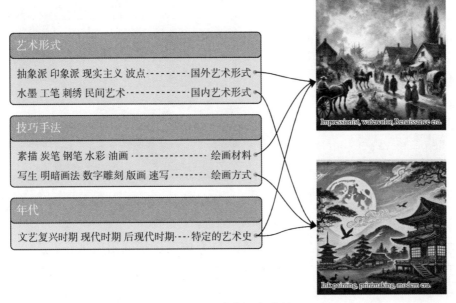

图9-8 风格提示词案例

9.2.3   图像提示词的综合案例

如果要生成"科技感汽车",可以将图9-9左侧的提示词用逗号分隔后输入AI文生图工具中,生成的图片效果如图9-9右侧所示。

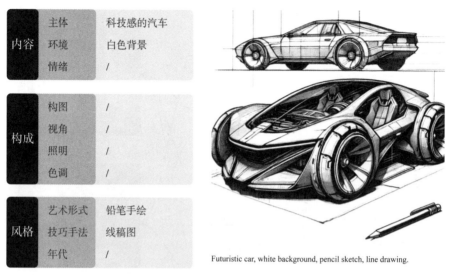

内容	主体	科技感的汽车
	环境	白色背景
	情绪	/
构成	构图	/
	视角	/
	照明	/
	色调	/
风格	艺术形式	铅笔手绘
	技巧手法	线稿图
	年代	/

Futuristic car, white background, pencil sketch, line drawing.

图9-9   用提示词生成汽车

如果要生成"室内场景",可以将图9-10左侧的提示词用逗号分隔后输入AI文生图工具中,生成的图片效果如图9-10右侧所示。

内容	主体	客厅
	环境	家具
	情绪	/
构成	构图	全景
	视角	水平
	照明	无主灯照明自然光
	色调	/
风格	艺术形式	极简风格
	技巧手法	写实效果
	年代	现代时期

Living room, furniture, wide view, horizontal, no main lighting, natural light, minimalist, realistic style, modern era.

图9-10   用提示词生成室内场景

如果想生成"3D人物",只需将图9-11左侧的提示词用逗号分隔后输入AI文生图工具中,即可得到图9-11右侧的图片效果。

内容	主体	穿着科技感服装，带着墨镜的3D男孩
	环境	渐变色有气泡的背景
	情绪	开心

构成	构图	特写镜头
	视角	水平
	照明	室内灯光 明亮
	色调	/

风格	艺术形式	手办风格
	技巧手法	3D建模
	年代	/

A 3D boy wearing futuristic clothing and sunglasses, with a gradient background featuring bubbles, He looks happy, close-up shot, horizontal, bright indoor lighting, figurine style, 3D modeling.

图9-11　用提示词生成3D人物

9.3　图像生成工具实训

9.3.1　图像生成工作流的概念

工作流是指创作者在某一领域内利用图像生成技术，以可控的方式生成相关图像的过程。通过专业的工作流思维，用户可以有效管理和控制AI绘画项目，确保生成的作品达到预期的艺术品质和创意表达。工作流通常包括以下阶段：前期确定生成目标，选择合适的模型，以及进行数据准备；中期进行模型训练或调整，生成艺术作品，并进行评估和调整；后期进行输出和应用，并视情况迭代和优化。这样的流程使AI成为帮助用户突破风格和技能限制、提高工作效率的工具。

图像生成工作流的具体内容可归纳为8个方面，如表9-1所示。

表9-1　图像生成工作流具体内容

图像生成工作流阶段		解　释	能力要求
前期	1. 确定生成目标	明确希望生成的艺术作品的类型、风格和主题。这可以通过制定清晰的提示词或具体的需求来实现，如前文提到的主题类别、具体主题、风格要求等	具备审美能力、了解艺术风格
	2. 选择合适的模型	根据生成的艺术作品类型，选择合适的AI模型或算法。例如，对于图像生成，可以选择生成对抗网络或扩散模型，而对于绘画风格迁移，则可以选择相关的风格迁移模型	熟悉不同图像生成工具特征
	3. 数据准备	准备相关的数据集或参考图像，以供AI模型进行学习或参考。这些数据有助于模型理解和学习特定的风格、主题或视觉特征	具备数据搭建能力

续表

图像生成工作流阶段		解　释	能力要求
中期	4.模型训练或调整	进行模型的训练或调整,以使其更好地适应特定的生成要求。训练可以涉及在特定数据集上进行迭代,调整参数或优化网络结构	具备模型数据训练能力
	5.生成艺术作品	使用训练好的AI模型或算法生成艺术作品。这一步通常根据输入的提示词或指令来进行,例如生成特定风格的风景画、抽象艺术作品或人物肖像等	具备提示词描述能力、审美能力
	6.评估和调整	进行作品生成后的评估和必要的调整。这可能包括对生成的作品进行质量和风格的审查,根据反馈调整模型参数或重新生成	具备审美能力、参数调整能力
后期	7.输出和应用	指定生成的艺术作品输出为图像文件或其他合适的格式,以便进一步使用或展示。这可能涉及文件导出、打印输出或在线发布等步骤	具备图片输出能力
	8.迭代和优化	根据用户反馈或项目需求,可以进行迭代和优化。这包括对模型、数据集或生成过程进行改进,以提高生成艺术作品的质量和符合度	具备图片后期制作的软件使用能力

9.3.2　实战演练:以节日海报生成为例

在商业化运营中,往往有根据节日推出个性化海报的需求。本案例主要通过使用阿里巴巴旗下的堆友(D.Design)智能图像设计平台,介绍节日海报的生成过程。

1.制作工具准备

选取四个应用软件:

(1)百度图片:用于查找合适的节日字。

(2)百度AI图片助手:对所选图片进行高清处理,并获得矢量文件。

(3)堆友:用于生成节日海报。

(4)Photoshop:用于对海报进行完善。

2.制作过程

根据图片生成工作流,整个制作过程可以分为三个阶段:前期确定设计需求,中期利用堆友工具生成海报,后期利用图片编辑软件优化海报细节。

(1)确认生成目标。

此次主要选取"中秋"和"清明"两个节日,生成的风格是自然漫画风格。接下来根据所选的两个节日,通过网络查找并选取一些关键特征用于中期生成时的提示词描述(见图9-12)。

| 中秋节 | 团圆、赏月、月饼、思念、桂花 |
| 清明节 | 扫墓、祭祖、踏青、缅怀、寒食 |

图9-12 节日关键词

（2）选择合适的模型。

本案例选择了堆友智能图像设计平台，它自身集合了多个大模型，只需在其中选择合适的即可。首先进入"堆友"，选择"AI反应堆"的"经典生图"，进入图片生成操作界面（见图9-13）。

图9-13 堆友工具界面

该界面包含两种操作模式，第一种是简洁模式，第二种是自由模式（见图9-14）。简洁模式功能较为单一，仅支持选定特定风格后的提示词描述生成，不支持对风格进行叠加和参数调整。此次节日海报的生成需要运用到叠加模型风格，以及对参数的控制，所以选择"自由模式"生成。

图9-14 简洁模式与自由模式

如图9-15所示，在选择自由模式后，单击"点击查看全部模型"，在弹窗中搜索"普通 2.5D_V1.0",选择此模型为生成图片所用的底层模型。单击"添加增益效果",在增益效果中搜索"国潮风格插画"效果。添加这些效果,能够让画面更富有元素表现。

图 9-15　选择模型与增益效果

如图 9-16 所示,"国潮风格插画"增益效果参考程度调整为 0.7,后期还可以根据效果进行微调。

图 9-16　调整增益效果参考程度

（3）准备数据。

确定图像生成工具后，需要为其准备生成的参考图像。由于涉及节日字体的风格化生成，所以需要准备"中秋"和"清明"两个节日字体的矢量图，作为节日海报生成的参考图。可在百度图片中搜索"中秋"和"清明"的毛笔字（见图9-17）。

图9-17　"中秋"与"清明"毛笔字

可以看到原图边界有点模糊，为了使其更加清晰，可以借助"百度AI图片助手"。如图9-18所示，以"中秋"字体为例，首先在该界面中选择右边编辑方式卡片中的"变清晰"选项，左边的原图会即刻生成一张边缘较为清晰的图片，然后选择"智能抠图"选项，就可以获得"中秋"毛笔字的矢量图片并将矢量字体下载到电脑。对于其他的节日字体也可以通过同样的方法得到高清的矢量字体。

图9-18　利用百度AI图片助手增强图片清晰度与抠图

（4）模型训练或调整。

在本案例中不需要对模型进行额外的训练与调整，因此跳过此步。

（5）生成图像。

接下来对生成节日海报的提示词进行设计。根据前期了解的节日特征，可以对海报内容进行提示词描述（见图9-19）。除了主体色调描述词需要根据不同的节日特征进行替换外，其他的内容都可以保持不变，以达到生成内容效果的稳定性。

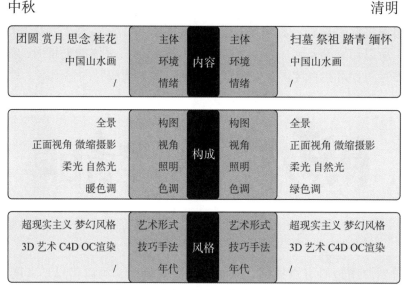

图9-19　"中秋"与"清明"提示词

写好提示词后，需要上传参考图片，即前期制作的节日矢量字体。如图9-20所示，上传"中秋"的字体，在"参考图片玩法"功能中选择"参考线条"，并将参考程度值设置到最大，这样就能保证画面严格按照字体笔画线条联想生成创意字体。

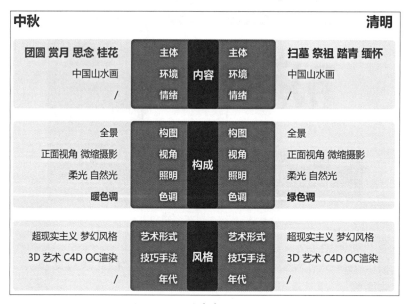

图9-20　图片参考的设置方法

（6）评估与调整。

根据需求选择一次生成的图片数量后，就可以单击"立即生成"，生成对应节日字海报，如图9-21和图9-22所示。如果对生成图片不满意，也可以利用"局部重绘"进行修改，或继续生成新的图片。

图9-21 "中秋"节日海报生成效果

图9-22 "清明"节日海报生成效果

（7）输出与应用。

保存AI生成的图片，进入Photoshop，对图片进行简单修饰，最终效果如图9-23所示。

图9-23 利用Photoshop修饰后的海报

（8）迭代和优化。

最后可以根据他人的反馈，进行迭代和优化。

总结与展望

在新一轮AI浪潮中，图像生成技术正以惊人的速度重塑着艺术与设计的边界。

AI的Photoshop时代已经来临，它不仅能够执行基本的图像编辑任务，更能够通过文生图工具将创意思维转化为视觉杰作。值得注意的是，文生图工具展示了AI在跨模态学习方面的进展。这些技术使得AI能够理解复杂的图像结构，并生成具有高度创意的图像。用户只需提供基础的指令或概念，AI便能通过算法迭代创造出符合要求的视觉作品。扩散模型通过逐步去除图像中的噪声，揭示隐藏在其中的精美画作，这一过程类似于米开朗琪罗的雕塑过程，通过剔除多余部分逐渐雕琢出艺术的真容。但AI的介入也为艺术创作带来了新的挑战——如何在保持艺术性的同时利用AI的高效性和创新能力，成为艺术与科技结合的新课题。

思考与练习

1.什么是图像生成工作流？请描述其主要构成要素，并举例说明其应用领域。

2.图像生成工作流的前期、中期和后期包含哪些关键步骤？请分阶段进行描述。

3.在图像生成工作流的前期阶段，如何定义一个清晰的生成目标？生成目标的明确性如何影响后续工作流步骤的效果？

4.解释图像提示词的概念以及其在图像生成中的重要性。

5.如何通过提示词控制AI生成图像的内容？请举例说明。

6.什么是图像提示词的"内容"部分？为什么它是提示词的核心？

7.提示词的"构成"部分包括哪些内容？为什么它对图像生成很重要？

8.用简明的语言解释GAN的对抗训练过程如何逐渐提升生成图像的质量。

9.用简单的语言解释扩散模型在生成高分辨率图像方面的优势。为什么它适合生成细节丰富的图像？

10.如果我们希望生成一组"城市夜景"图像，高斯混合模型和生成对抗网络哪个更合适？请简要说明你的理由。

第 *10* 章 文本生成：记忆上下文的"大模型"

学习目标

　　本章从工具使用的角度首先介绍大语言模型（LLM）的基本能力，例如文本生成、问题回答，并分析流行的 LLM 产品及应用场景。接着重点介绍词元与上下文窗口等概念，展示文本如何被拆分为最小语义单元以及上下文窗口的工作原理，帮助学生深入理解大语言模型的使用。特别介绍了检索增强生成（RAG），它能通过结合外部知识库提升生成内容的准确性，是一种流行的大语言模型增强方法。重点展示如何让学习者通过提示词工程优化模型输出，提高生成结果的相关性和准确性，并通过一个实训案例提升相关技能。

类型	模块	预期学习目标
知识点	大语言模型	解释大语言模型(LLM)的概念与基本功能，列举典型的 LLM 产品
知识点	词元	解释词元(token)的定义及在文本处理中的作用
知识点	上下文窗口	解释上下文窗口的概念及在语言模型中的重要性
知识点	检索增强生成	解释检索增强生成(RAG)的概念
知识点	提示词工程	解释提示词工程的概念并列举其基本特征
知识点	提示词	解释提示词的概念、提示词要素、提示词的基本示例
技能点	提示词编写策略	列举常见提示词使用策略：编写清晰指示、要求模型拟人化、使用分隔符、指定步骤、提供示例和指定输出长度
技能点	策略选择与应用	能够根据不同任务和需求选择合适的提示词策略；能够灵活运用多种提示词策略来优化模型输出
技能点	提示词优化	能够通过调整提示词结构、内容和格式来提高模型输出的质量；能够识别和解决提示词中的问题，如歧义、不完整或不清晰的指令

📄 背景案例：AI文学鉴赏助手与《岳阳楼记》的深度解读

在一所重点高中的语文课堂上，王老师正在为学生们讲授中国古典文学名篇《岳阳楼记》。作为一名有着二十多年教学经验的语文老师，她深知这篇千古名作蕴含着丰富的文学价值和思想内涵。然而，她发现学生在理解古文时存在困难，特别是在领会文章的深层寓意和作者的情感表达方面。为了让教学更有效果，王老师决定尝试使用一个基于大语言模型的文学鉴赏助手。这个AI助手不仅能够对文本进行逐字逐句的解析，还可以从多个维度分析作品的艺术特色，并能根据学生的具体困惑提供个性化的讲解。然而在实际应用中，王老师发现了一个关键问题：如何通过合适的提示词引导AI生成既专业又易于理解的解读内容？如果提示词过于笼统，AI的分析可能流于表面；如果提示词过于专业，生成的内容又可能超出学生的理解范围。

经过多次尝试和优化，王老师逐步完善了提示词策略。她设计了一个分层次的提示框架：首先要求AI从字词义解释入手，然后逐步深入句法分析、段落主旨，最后上升到整篇文章的思想内涵和艺术特色。同时，她特别强调要AI使用现在的学生易于理解的语言来解释古文中的深奥概念。这个优化后的AI助手表现出色。例如，在解读"先天下之忧而忧，后天下之乐而乐"这一名句时，AI不仅能够准确解释字面含义，还能联系作者范仲淹的生平和当时的历史背景，深入浅出地分析其政治抱负和人格境界。更重要的是，AI能够根据上下文，将这种精神和现代人的社会责任感建立起联系，让学生感受到古文的现实意义。

通过合理运用上下文窗口技术，AI还能够准确把握全文的行文脉络，展示作者如何从"登楼"到"望月"，再到"究天人之际"的思维跳转，帮助学生理解文章结构的精妙之处。同时，检索增强生成（RAG）技术的应用，使AI能够引用相关的历史资料和文学评论，大大提升了分析的深度和可信度。

这个创新的教学尝试取得了显著效果。学生们不仅对《岳阳楼记》产生了浓厚的兴趣，对古典文学的理解能力也有了明显提升。更重要的是，通过AI的多角度解读，学生们学会用批判性思维来阅读和分析文学作品。

但这个例子也引发了更深层的思考：如何让AI在保持专业性的同时，又能与人文精神产生共鸣？如何通过精心设计的提示词，让机器真正"理解"文学作品中的情感和哲理？这些都是在应用大语言模型进行人文领域研究时需要思考的重要问题。这个案例展示了大语言模型在教育领域的创新应用，同时也说明了提示词工程的重要性。通过科学的提示词策略，我们可以充分发挥AI的潜力，让它成为连接古典与现代、知识与理解的有力桥梁。那么，要设计出这样高质量的提示词，需要掌握哪些核心概念和技巧呢？这正是本章将要详细探讨的内容。

10.1 大语言模型相关概念

随着信息技术的飞速发展，人类与计算机之间的互动越来越频繁，自然语言处理（natural language processing，NLP）作为连接两者的桥梁，其重要性日益凸显。自然语言是人类社会长期发展和演化的产物，它以语音和文字为主要载体，通过词汇和语法等要素构建而成。自然语言不仅是人类情感、思想和信息交流的主要工具，更是人类文化和智慧的重要体现。NLP 致力于让计算机能够理解、分析乃至生成人类的语言，从而实现更加自然和高效的交流。

近年来，随着深度学习技术的进步，特别是大语言模型（large language models，LLMs）的兴起，NLP 领域迎来了前所未有的发展机遇。LLMs 是通过大规模数据集训练而成的深度学习模型，能够掌握极其丰富的语言知识，覆盖从文学作品到专业文献等各个领域。这些模型不仅能够理解语言的表面结构，更能洞察其深层含义，包括但不限于上下文感知、情感分析、逻辑推理等。LLMs 的强大之处在于能够在没有明确编程指令的情况下，自动生成流畅、连贯且逻辑性强的文本内容，展现出类似人类的创造力。表 10-1 概括了大语言模型的一些基本功能，这些功能共同构成了 LLMs 的核心竞争力。

表 10-1 大语言模型的基本功能

功 能	描 述
海量阅读	大语言模型通过分析大量的文本数据来学习语言的规则和表达方式
理解能力	大语言模型能够理解句子的含义和上下文，类似于对书中情节和人物关系的理解
回答问题	大语言模型能够回答用户的问题，基于其学习到的知识进行回答
写作能力	大语言模型可以根据给定的主题生成文本，包括文章和故事
学习与适应	大语言模型通过持续的训练来优化其性能，类似于通过不断学习来提高能力
多才多艺	大语言模型能够处理多种语言任务，如翻译、写作和摘要，涵盖多个领域
智能助手	大语言模型可以作为信息助手，帮助用户获取和理解信息

市面上常见的 LLM 工具有 ChatGPT（OpenAI 公司）、LaMDA（Google 公司）、文心一言（百度公司）、豆包（抖音公司）、星火（讯飞公司）等，具体如表 10-2 所示。

表 10-2 国内外典型大语言模型工具

开发机构	国家	模型系列	代表模型
OpenAI	美国	GPT 系列	GPT-3, GPT-3.5, GPT-4
Google	美国	PaLM 系列	PaLM, PaLM 2
Google	美国	LaMDA	LaMDA
Google	美国	Gemini	Gemini
Anthropic	美国	Claude 系列	Claude, Claude 2

续表

开发机构	国家	模型系列	代表模型
Meta	美国	LLaMA 系列	LLaMA, LLaMA 2
Microsoft	美国	Turing 系列	Turing-NLG
DeepMind	英国	Chinchilla	Chinchilla
DeepMind	英国	Gopher	Gopher
Cohere	加拿大	Command 系列	Command
EleutherAI	美国	GPT-Neo 系列	GPT-Neo, GPT-J
BigScience	国际合作	BLOOM	BLOOM
百度	中国	文心一言	ERNIE Bot
阿里巴巴	中国	通义千问	通义千问
字节跳动	中国	豆包	豆包
科大讯飞	中国	星火	星火认知大模型
智谱 AI	中国	ChatGLM 系列	ChatGLM, ChatGLM2
百川智能	中国	Baichuan 系列	Baichuan-7B, Baichuan-13B
华为	中国	盘古 α	盘古 α
商汤科技	中国	商汤	商汤
清华大学	中国	GLM 系列	GLM-130B
中国科学院	中国	紫东·太初	紫东·太初

为了深入理解大语言模型工具的使用，需要把握词元、上下文窗口、预训练模型与微调、检索增强生成等基本概念。

10.1.1　词元

词元是自然语言处理中一个非常重要的概念，它是文本处理和语言模型的基础单元。简单来说，词元就是将文本拆分成有意义的最小单位，例如单词、标点符号、数字等。词元的划分方式因语言而异，英文通常以空格和标点作为分隔符，而中文则需要专门的分词算法。一些常见的词元示例如下：

（1）一个单词，如英文中的"apple"。

（2）一个子词，如单词"unbelievable"可拆分为"un""believe""able"几个子词。

（3）一个字符，如中文里的一个汉字。

（4）一个标点符号和特殊符号，如句号、问号、数字等。

词元是文本中具有独立语义和语法功能的最小单位。引入词元概念的原因在于计算机无法直接理解和处理原始的自然文本，需要将其转换为机器能够计算的离散符号。通过将文本拆分为词元序列，自然语言处理模型能够学习到词与词之间的关系和句法结构，从而真正"理解"人类的语言。同时，由于词元粒度更小，使用词元序列能够更灵活地表示文本，提高模型的泛化能力。

了解词元的概念，对于使用和开发大语言模型至关重要，原因主要有：

（1）了解词元在大语言模型训练和推理中的作用。训练和推理都以词元为单位，模型实际上是在学习词元之间的关联规律，以上文词元预测下一个最可能出现的词元。

（2）掌握词元在计费中的作用。很多大语言模型按照词元使用量来计费，如GPT-3、GPT-4等。理解词元有助于估算成本，并优化输入以减少不必要的词元占用。

（3）认识分词（tokenization）方法对模型性能的影响。不同的分词方法会影响模型性能，粒度越小的词元序列越长，模型需要更多计算资源，但粒度过大又可能损失信息。因此，为大语言模型选择合适的分词策略需要理解词元的特点。

（4）了解特殊词元在模型中的作用。某些词元对模型预测有重要影响，如[MASK]标记常用于预训练，[SEP]标记用于分隔句子等。了解这些特殊词元的使用需要理解其在模型中的作用。

（5）掌握生成策略中的词元处理方法。生成式大语言模型通过Sampling或Beam Search等方法一个词元一个词元地解码生成文本。优化生成策略，如调节解码参数、过滤不当词元等，也需要对词元有深入的理解。

总之，词元是自然语言处理的基石，大语言模型的训练、推理、优化都是建立在词元之上的。无论是使用还是开发大语言模型，深入理解词元的概念和运作机制都是必备的基础知识。这既关系到模型效果和使用成本，也是探索大语言模型内部工作原理的起点。随着大语言模型的能力不断提升，词元的选择和利用还有很大的优化空间，这已经成为自然语言处理领域一个重要的研究方向。

10.1.2　上下文窗口

上下文窗口是大语言模型应用过程中另一个重要概念。在自然语言处理中，上下文窗口指的是在处理文本时考虑到的上下文范围，也可以理解为在某个位置周围的文本片段或信息。数学上，它一般对应文本或序列中目标标记周围的标记范围，大语言模型可以在生成信息时对其进行处理，包括管理文本序列的上下文窗口，分析其单词的段落和相互依赖性，以及将文本编码为相关向量等。上下文窗口这个概念强调了在处理语言或者信息时，不仅仅关注当前的单词或者句子，而是考虑周围的语境和相关信息，以便AI模型更好地理解和处理文本数据。在不同情境下，这个概念可以有不同的应用，如表10-3所示。

表10-3　上下文窗口应用领域

领　域	描　述
自然语言处理	在自然语言处理中，上下文窗口指的是在分析或生成文本时，考虑到的前后文本片段。例如，语言模型在生成一段文字时，会考虑前面几个词或整个句子的信息来确保生成的内容连贯和合理
信息检索	在信息检索领域，上下文窗口可以指查询时考虑的相关文档或文本片段的范围。这有助于提高检索结果的相关性，因为可以更精确地理解查询的语境
对话系统	在对话系统中，上下文窗口指的是当前对话中之前交流过的内容。这些内容对于理解用户意图和生成回复至关重要

　　上下文窗口就像是AI阅读文本时使用的"阅读镜"。这个概念就像人类通过一个小窗口阅读一本很长的书，上下文窗口一次只能让AI看到几个句子。它帮助AI一次关注一小部分文本，同时考虑这些文本与周围内容的关系，从而理解整体含义。其工作原理如表10-4所示。

表10-4　上下文窗口的工作原理

原　理	描　述
有限的视野	模型通过小窗口只能窥见书的一小部分，这类似于大语言模型在处理文本时存在类似的限制。这种限制被称为上下文窗口，即模型在单次处理中能够理解和记忆的文本量。在对话过程中，如果文本信息超出了这个窗口的范围，模型可能无法完全理解或记忆之前的对话内容。为确保对话的连贯性和准确性，建议在提问时尽量提供关键信息，或将长对话分成几个小部分进行处理
移动的窗口	模型通过"移动"上下文窗口来理解整个文本，就像阅读时不断调整视线以获取完整书内容一样
理解上下文	模型通过窗口来理解当前阅读部分的含义。例如，如果窗口出现"苹果"这个词，模型需要查看周围的词来判断它是指水果还是手机品牌
窗口大小很重要	模型通过调整窗口的大小来避免信息遗漏。如果窗口太小，可能会错过重要信息；如果窗口太大，可能会被过多信息淹没，难以抓住重点
记忆和联系	模型通过窗口作为"短期记忆"，帮助记住刚刚"看过"的内容，并与当前内容建立联系，从而理解整体含义
处理长文本	模型通过特殊技巧处理非常长的文本，就像做笔记以记住之前读过的重要内容，以便理解整本书一样

10.1.3　预训练模型与微调

　　预训练模型就是让AI先学习大量基础知识，然后针对特定任务进行专门训练，这样可以更快、更好地完成各种任务。通俗来讲，预训练大模型就像是一个刚毕业的大学生。这名大学生在正式进入职场之前，已经在学校里学习了很多基础知识，比如掌握了专业理论、数据分析能力，学会了团队协作等。这些基础知识就相当于模型的"预训练"阶段。这个大学生进入公司后，领导不需要从零开始教他基本的工作技能，而是可以直接给其分配更复杂的项目任务，比如市场分析或产品开发。

这就相当于模型的"微调"阶段，针对特定任务进行调整和学习。预训练模型的优势在于可以捕捉语言的通用特征和模式，同时减少对标注数据的依赖，提高模型的泛化能力，具体如表 10-5 所示。

表 10-5 预训练模型的优势

优势	描述
省时省力	使用广泛的知识，预训练模型能够更快地适应新任务，就像大学生不需要从头学习基本技能一样，预训练模型已经积累了丰富的知识基础
效果更好	使用扎实的基础，预训练模型在处理新任务时往往表现更出色，就像经验丰富的毕业生更容易上手新项目一样
应用广泛	使用通用知识，预训练模型能够处理多种不同的任务，就像大学生的基础知识可以解决职场中的各种问题一样
解决数据不足	使用预训练模型应对特定任务，就像让一名基础扎实的毕业生在实践机会有限的情况下也能迅速掌握新知识一样

微调（fine-tuning）是指在已经预训练好的大语言模型基础上，使用特定的数据集进行进一步训练，以使模型更好地适应特定任务或领域。该步骤可以看作是让通用语言助手进一步专业化的过程，使其成为特定领域的专家，能够更高效、更准确地完成相关任务。微调的必要性如表 10-6 所示。

表 10-6 微调的必要性

必要性	描述
定制化	通过微调，大模型能够更好地适应特定的任务或领域，就像为特定场合定制衣服一样
提高性能	通过微调，大模型在处理特定任务时的表现会显著提升，就像运动员针对某项运动进行专项训练以提高成绩
适应细节	通过微调，大模型能够理解和适应特定领域的细微差别，比如专业术语、行业用语或特定语气，就像学习一门新语言的方言或俚语
高质量数据	通过微调，需要依赖高质量的标注数据，这些数据如同精准的训练手册，指导大模型如何正确地完成任务
适合特定场景	通过微调，更适合目标任务明确、数据相对稳定的场景，例如一个固定的客户服务系统，而不是经常变化的领域
专业优势	通过微调，大模型能够像领域专家一样，提供更专业、更准确的服务或信息

10.1.4 检索增强生成

检索增强生成（retrieval-augmented generation，RAG）是当前大语言模型领域的一项重要技术。RAG 是一种结合了信息检索和文本生成的 AI 框架，旨在提高大语言模型输出的准确性、相关性和可靠性。其核心思想是：在生成响应之前，先从外部知识库中检索相关信息，然后将这些信息与原始查询一起输入语言模型中，以生成更加准确和有依据的回答。RAG 是一种让大语言模型更聪明、回答更准确的技术。想象一名学生正在参加一场允许学生查阅参考资料的开卷考试，在这个场景中，学生就相当于大语言模型，参考资料就是外部知识库，考试题目就是用户的提问。

RAG的工作流程通常包括以下步骤：

● 检索（retrieval）：根据用户的查询，从预先建立的知识库（如文档集合、数据库等）中检索出最相关的信息。

● 增强（augmentation）：将检索到的相关信息与原始查询结合，形成一个增强的输入。

● 生成（generation）：将增强后的输入传递给大语言模型，由模型生成最终的响应。

RAG的主要优势包括：

● 提高输出的准确性和可靠性，特别是在处理需要特定知识或最新知识的查询时。

● 减小模型产生"幻觉"（即生成看似合理但实际上不正确的信息）的可能性。

● 使模型能够访问训练数据之外的信息，从而扩展其知识范围。

● 相比完全重新训练模型，RAG提供了一种更灵活、更经济的方式来更新模型的知识。

总的来说，RAG是一种将传统信息检索技术与现代大语言模型相结合的创新方法，为提高AI系统的性能和可靠性提供了一个有前景的方向。图10-1是检索增强生成的典型应用。

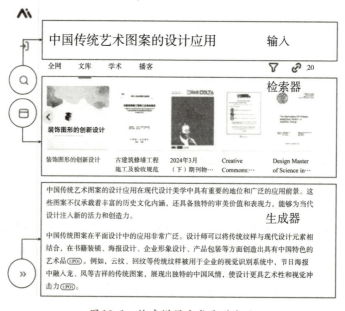

图10-1　检索增强生成典型应用

10.2　提示词工程

10.2.1　提示词工程的特征

提示词工程（prompt engineering）是一门新兴技术，主要关注如何设计和优化提示词（prompt），以便更有效地利用大语言模型完成各种任务。提示词工程的目标是通过精心构造的提示来提高模型在特定任务上的表现，提高大语言模型的输出质量，而无需进行复杂的模型训练或依赖大量标注数据。其优势如下：

● 提高模型性能：通过精心设计的提示词，可以显著提升模型在各种任务中的表现。

● 扩展应用范围：使大语言模型能够适应更多样化的应用场景和领域。

● 提高效率：减少与模型交互的试错次数，更快地获得所需结果。

简单来看，提示词工程就是学习如何更有效地与AI对话，让它能够准确理解你的需求并给出满意的回答。这就像学习如何与一个非常聪明但需要精确指令的朋友沟通，以充分发挥他的能力。提示词工程存在如表10-7所示特征。

表10-7　提示词工程的特征

特　点	描　述
引导生成	通过设计合适的提示词，可以引导大语言模型生成高质量和符合预期的输出，就像给一个方向感不佳的人指明路线
无需重新训练	通过设计合适的提示词，无需重新训练整个模型，就可以提升大模型输出的质量，这意味着可以节省大量的时间和资源
无需标注数据	通过设计合适的提示词，相比传统的模型训练，不需要依赖大量的标注数据，降低了数据准备的难度
增强推理能力	通过设计合适的提示词，可以显著增强语言模型的推理能力，就像给一个思考者提供额外的线索
灵活性	通过设计合适的提示词，可以快速处理不同的任务和需求
使用简单	通过设计合适的提示词，操作简单，即使是非专业人士也能改善模型的输出
优化输出	通过设计合适的提示词，可以优化模型的输出，使其更加精确和符合用户的需求

10.2.2　提示词的构成要素

一般来说，提示词包含如表10-8所示要素。

表10-8　提示词要素

指令	想要模型执行的特定任务或指令
上下文	包含外部信息或额外的上下文信息，引导语言模型更好地响应
输入数据	用户输入的内容或问题
输出指示	指定输出的类型或格式

为了更好地演示提示词要素，下面是一个简单的提示，旨在完成文本分类任务。具体提示词如下：

输入： 请将文本分为中性、否定或肯定 文本：我觉得食物还可以。 情绪：中性
输出： 请将文本分为中性、否定或肯定 文本：我觉得食物还可以。 情绪：中性

在上面示例中，指令是"将文本分类为中性、否定或肯定"，输入数据是"我认为食物还可以"部分，使用的输出指示是"情绪"。此基本示例不使用上下文，但也可以作为提示的一部分提供。例如，此文本分类提示的上下文可以是作为提示的一部分提供的其他示例，以帮助模型更好地理解任务并引导预期的输出类型。注意，提示词所需的格式取决于想要语言模型完成的任务类型，并非所有以上要素都是必需的。

10.2.3　提示词的编写策略

提示词的编写策略主要包括编写清晰的指示、要求模型拟人化、使用分隔符、指定任务步骤、提供示例、指定输出长度等。这些策略帮助用户更准确地传达需求，确保模型提供更相关、具体的回答。具体战术如提供背景信息、明确任务步骤、展示例子等，都是为了满足不同类型的沟通需求和任务复杂度。如表10-9所示是提示词的使用策略和具体战术。

表10-9　提示词的使用策略和具体战术

序号	使用策略	具体战术
策略一	编写清晰的指示	提供重要细节； 提供背景信息
策略二	要求模型拟人化	指定模型扮演特定角色； 引导模型以特定的视角、风格或知识背景来提供回答
策略三	使用分隔符	组织和清晰展示信息； 明确指示输入的不同部分
策略四	指定任务步骤	明确任务所要遵循的步骤； 逐步引导模型
策略五	提供示例	展示具体的例子； 减少模型猜测

续表

序号	使用策略	具体战术
策略六	指定输出长度	指出任务详细程度或字数； 避免信息过载或不足

1.策略一：编写清晰的指示

确保在请求中提供所有重要细节或背景信息，以获得高度相关的回复。避免让模型猜测你的意图。

示例对比

不佳示例：如何在Excel中添加数字？

改进示例：如何在Excel中自动为整行的人民币金额求和？我需要在名为"Total"的列中得到每行的总和。如图10-2所示是提示词案例。

> 输出：
> 在Excel中，你可以使用函数来自动为整行的人民币金额求和。假设你的人民币金额数据位于多列，而你想要在每行的"Total"列中得到每行的总和，可以按照以下步骤操作：
> 1. 添加"Total"列：
> - 在表格中选择一个空白列，命名为"Total"（或者任何你喜欢的名称）。
> 2. 输入求和公式：
> - 在第一行的"Total"列中，输入以下公式：
> ```
> =SUM(B2:D2)
> ```
> 这里假设你的人民币金额数据从第2列（B列）开始，直到第4列（D列）。如果你的数据从其他列开始或结束，需要相应地调整公式中的列号。
> 3. 填充公式：
> - 将鼠标移动到公式框的右下角（会变成黑色的加号），双击或者拖动以填充到需要计算的行数。Excel会自动调整每行的求和范围。
> 4. 确认求和结果：
> - Excel会计算每行对应列的数字总和，并显示在"Total"列中的每个单元格中。

图10-2 提示词案例

2.策略二：要求模型拟人化

要求模型拟人化是指让语言模型在生成回答时扮演一个特定的角色或人设。这种方法可以帮助模型更好地理解用户的意图和需求，从而提供更加个性化和有针对性的回答。通过指定角色，用户可以引导模型以特定的视角、风格或知识背景来回答问题。

完整案例

（1）场景设定。

假设用户需要为即将到来的面试准备一些关于人工智能的问题和答案，希望模型扮演一位人工智能领域的专家，提供专业、深入的回答。

（2）用户请求。

用户向模型提出请求：

> 输入：
>
> 请以一位人工智能领域的专家的身份，回答以下问题：
>
> 1.人工智能的当前发展趋势是什么？
>
> 2.人工智能在医疗领域的应用有哪些？
>
> 3.人工智能技术可能面临的伦理挑战有哪些？

（3）模型扮演角色。

模型接收到请求后，开始以人工智能专家的角色进行回答，确保回答内容具有专业性和深度。

（4）回答示例。

> 输出：
>
> 1. 人工智能的当前发展趋势：
>
> - 作为人工智能领域的专家，我认为当前AI的发展趋势主要集中在深度学习、自然语言处理、强化学习等方面。
>
> 2. 人工智能在医疗领域的应用：
>
> - 在医疗领域，人工智能的应用非常广泛。例如，AI可以通过分析医学影像来辅助医生诊断疾病，或者通过机器学习模型来预测疾病发展趋势和患者反应。
>
> 3. 人工智能技术可能面临的伦理挑战：
>
> - 人工智能技术的发展也带来了一些伦理挑战。作为专家，我认为我们需要制定相应的政策和标准来确保AI技术的健康发展，同时保护个人权利和社会公正。

3.策略三：使用分隔符

使用分隔符是一种组织和清晰展示信息的方法，它可以帮助语言模型更好地理解不同部分的内容和它们之间的关系。分隔符可以是简单的换行符、项目符号、编号列表或更复杂的结构，如标题和子标题。通过使用分隔符，用户可以明确地指示输入的不同部分，使模型能够更准确地解析和回应请求。

完整案例

（1）场景设定。

假设用户需要模型帮助整理一份会议记录，会议记录包含讨论的主题、参与者的观点和最终的行动计划。

（2）用户请求。

用户向模型提出请求，并使用分隔符来组织信息：

> 输入：
>
> 请帮助我整理会议记录，并按照以下格式回答：
>
> - 主题讨论
>
> - 参与者A的观点
>
> - 参与者B的观点
>
> - 行动计划
>
> - 短期目标
>
> - 长期目标

（3）模型接收信息。

模型接收到请求后，注意到了用户使用分隔符来组织信息。这使得模型能够清晰地区分不同的讨论部分和行动计划。

（4）回答示例。

模型根据请求，使用分隔符整理会议记录：

> 输出：
>
> - 主题讨论
>
> - 参与者A认为我们应该专注于提高产品质量，以增强市场竞争力。
>
> - 参与者B强调了客户服务的重要性，并建议增加客户支持团队的资源。
>
> - 行动计划
>
> - 短期目标：在接下来的三个月内，完成产品的质量改进计划，并进行市场测试。
>
> - 长期目标：在未来一年内，建立一个更加完善的客户服务体系，提高客户满意度。

4.策略四：指定任务步骤

指定任务步骤是一种策略，它要求用户在请求中明确地列出完成特定任务所需要遵循的步骤。这有助于确保语言模型能够理解任务的复杂性，并按照用户期望的方式逐步解决问题。通过明确步骤，用户可以引导模型更系统地处理问题，减少误解和错误。

完整案例

（1）场景设定。

假设用户需要模型帮助制定一个简单的个人预算计划。

（2）用户请求。

用户向模型提出请求，并明确列出完成任务所需的步骤：

输入：

请帮我制定一个个人预算计划，按照以下步骤进行：

1.列出我每月的固定收入。

2.列出我每月的固定支出。

3.计算每月的净收入。

4.确定每月的可自由支配收入。

5.建议如何合理分配可自由支配收入。

（3）模型接收信息。

模型接收到请求后，注意到了用户使用步骤来组织任务。这使得模型能够按照顺序逐步处理问题。

（4）回答示例。

输出：

1.固定收入：您每月的固定收入为5000元。

2.固定支出：

- 房租：1500元

- 水电煤气：200元

- 食物：800元

- 交通：300元

3.净收入：5000－(1500 + 200 + 800 + 300)= 2200元

4.可自由支配收入：2200元

5.建议：

- 紧急基金：建议将10%的可自由支配收入存入紧急基金，即220元。

- 娱乐：建议分配20%用于娱乐活动，即440元。

- 投资：剩余的70%可以用于投资或储蓄，即1540元。

5.策略五：提供示例

提供示例是一种有效的沟通策略，它通过展示具体的例子来帮助语言模型更好地理解用户的请求。这可以减少对模型的猜测，确保它能够准确地把握用户的需求，并生成符合预期的回答。示例可以是问题的解答、任务的执行步骤或者特定情境下的行动方案。

完整案例

（1）场景设定。

假设用户是一名产品设计师，正在为一款面向运动爱好者的智能运动追踪器进行概念设计。用户希望这款产品不仅具备基本的运动追踪功能，还能通过独特的设计元素吸引目标用户。

（2）用户请求。

用户向大模型提出设计概念，并提供了一个具体的设计示例来说明期望的设计方向：

输入：

我们正在设计一款面向运动爱好者的智能运动追踪器。以下是我们期望的设计示例：

- 设计理念：结合运动与科技，创造一款既实用又时尚的设备。

- 外观示例：采用圆形表盘设计，表带使用耐用的硅胶材质，颜色选择上提供活力橙和深海蓝。

- 功能示例：具备步数统计、心率监测、睡眠分析等基础功能，同时加入卫星定位和智能教练功能。

- 用户体验示例：通过简单的滑动和点击操作，用户可以快速切换不同的运动模式和查看统计数据。

- 交互设计示例：设备在用户达成运动目标时，通过振动和颜色变化给予即时反馈。

（3）模型接收信息。

模型接收到用户的请求和示例，这有助于模型理解用户的设计理念和目标。

（4）回答示例。

模型根据用户的请求和示例，提出初步设计方案：

输出：

我们的智能运动追踪器将采用以下设计元素：

- 表盘设计：圆形表盘，边缘采用轻微的斜面设计，增加动感。

- 材质选择：表带使用医疗级硅胶，提供良好的佩戴舒适性和耐用性。

- 颜色方案：活力橙和深海蓝两种颜色，代表活力和专业，吸引年轻用户。

- 功能实现：集成高精度传感器，实现精确的运动数据追踪和健康监测。

- 用户界面：动态的图表和进度条设计，清晰展示用户的运动成果。

- 交互反馈：达成目标时，表盘边缘的 LED 灯带会闪烁相应颜色，同时设备会发出轻微振动。

---

6. 策略六：指定输出长度

指定输出长度是一种确保语言模型提供合适信息量的有效策略。通过明确指出期望的详细程度或字数限制，用户可以帮助模型更精确地调整回答，避免信息过载或不足。这种策略既适用于需要简洁回答的场合，也适用于需要详尽分析的情况。

完整案例

（1）场景设定。

假设用户是一位市场分析师，需要为即将到来的会议准备一份关于竞争对手新产品发布的报告。用户希望这份报告既全面又精炼，能够在 5 分钟内完成口头报告。

（2）用户请求。

用户向模型提出请求，并明确指定输出长度：

> 输入：
> 请帮我准备一份关于竞争对手新产品发布的市场分析报告。报告需要全面覆盖关键点，但请控制在500字以内，以便我能够在5分钟内完成口头报告。

（3）模型接收信息。

模型接收到请求后，注意到了用户指定的输出长度限制。这使得模型能够调整其回答，以满足字数要求。

（4）回答示例。

模型根据请求，提供了一份精炼的市场分析报告：

> 输出：
> 竞争对手新产品的市场分析报告：
> 1. 产品概述：新产品名为"X-Gadget"，是一款面向年轻消费者的智能穿戴设备，主打健康监测和社交功能。
> 2. 市场定位：该产品定位于健康科技市场，目标用户为18至35岁的活跃社交媒体用户。
> 3. 竞争优势：X-Gadget通过集成先进的生物传感器和AI算法，提供个性化的健康建议，同时允许用户在社交平台上分享健康成就。
> 4. 发布策略：竞争对手采取了限量发售和社交媒体营销的策略，成功吸引了大量关注和预订。
> 5. 市场影响：预计X-Gadget将在第三季度占据5%的市场份额，对我们的同类产品构成一定威胁。
> 6. 应对建议：我们应加快产品创新，加强与健康应用的整合，并考虑与社交媒体平台合作，以提升用户黏性。

提示词工程是大语言模型应用中的关键技术之一，通过精心设计和优化输入的提示词，用户可以引导模型生成高质量的、符合预期的输出。它不仅适用于生成自然语言内容，还广泛应用于对话系统、信息提取、文本转换等任务。随着大语言模型的广泛应用，提示词工程的技巧与实践也将不断发展，成为AI应用中的重要组成部分。

10.3　工具实训：AI文学鉴赏

随着AI技术的发展，AI在文学鉴赏领域有了广泛的潜在应用。AI可以识别不同文学作品的主题和思想内容，根据作品的文本模式、情感倾向和叙事手法，归纳出作品的中心思想、文化背景等，从而辅助文学分析。AI也可以为文学爱好者和学生提供个性化的阅读建议，甚至自动生成文学评论，帮助他们更好地理解和欣赏文学作品，更好地理解角色的心理活动和情感变化。这对于鉴赏具有复杂的人物关系和心理冲突的作品（如推理小说、戏剧等）尤为有用。此外，AI还可以参与文学创作的辅助工作，提出改进建议或生成初稿，促进创作过程。当然，要发挥AI强大的文本理解与生成能力离不开有效的提示词工程技巧。本节以对文学作品《岳阳楼记》进行AI文学鉴赏为场景介绍各种提示策略的使用。

问题	请对《岳阳楼记》进行分析。
回答	《岳阳楼记》是北宋文学家范仲淹于1046年所作的一篇散文。这篇散文以记游岳阳楼为主题，描绘了岳阳楼的景色，并表达了作者的政治抱负和人生感悟。以下是对这篇文章的详细分析： **一、文章结构** 《岳阳楼记》结构严谨，共分为三个部分： 1. 缘起部分：文章开篇交代了撰文的缘由。滕子京重修岳阳楼，范仲淹应邀作记。这部分交代了滕子京的背景与政绩，奠定了文章的基调。 2. 景物描写部分：作者从"衔远山，吞长江，浩浩汤汤，横无际涯"开始，描写了登楼所见的壮阔景象。这部分通过写阴晴不同天气下的景物，展现了洞庭湖的广阔和岳阳楼的雄伟。既有阴雨连绵的愁苦景象，又有晴空万里的壮丽图景，形成对比，烘托出心境的变化。 3. 抒发情怀部分：在写景之后，文章转入作者的感情抒发。作者借景抒情，表达了"先天下之忧而忧，后天下之乐而乐"的政治抱负，展示了深沉的忧国忧民之心和无私的政治理想。 **二、语言风格** 1. 对偶句式：文章采用了大量对偶句，如"衔远山，吞长江""朝晖夕阴，气象万千"，句式整齐，节奏鲜明，使文章具有强烈的音韵美。 2. 精炼的用词：范仲淹用简练的笔墨描绘了洞庭湖的广阔景象，如"浩浩汤汤""横无际涯"，这些词语形象地描绘了湖水的广阔与壮丽，极具表现力。 3. 虚实结合：文章既写洞庭湖的实景，又通过作者的情感表达虚景，如在描写不同天气下的湖景时，加入了个人情感的变化，虚实结合，使文章更具层次感。 **三、主题思想** 《岳阳楼记》的核心思想是通过游记抒发政治理想，表达了范仲淹的家国情怀和崇高的政治抱负。在文中，他写下了"先天下之忧而忧，后天下之乐而乐"，这成为千古名句，表现了士大夫阶层对于国家和人民的责任感。这种以天下为己任的思想不仅是范仲淹个人的情怀，也是宋代士大夫阶层普遍的精神追求，反映了儒家忠义思想的精髓。 **四、情感表达** 文章通过对洞庭湖风景的描写，表现出作者对于自然美景的赞叹与心境的共鸣。范仲淹通过阴晴景色的转换，表达了人面对外界环境时的喜怒哀乐，同时也提出了超越个人喜怒哀乐的理想境界，即将个人的情感融入国家的兴衰中，从而体现出一种超然的态度。 • 愁：阴雨绵绵的景象引发了作者的忧愁，反映了他对时局的忧虑。 • 乐：晴朗壮丽的景象又让人感受到希望与开阔，体现了作者积极向上的情怀。

续表

问题	请对《岳阳楼记》进行分析。
回答	**五、总结** 《岳阳楼记》是一篇文笔优美、立意高远的散文佳作。通过对岳阳楼壮丽景色的描写，范仲淹表达了自己"先天下之忧而忧，后天下之乐而乐"的政治抱负，展示了士大夫阶层忧国忧民的情怀。这篇文章不仅具有很高的文学价值，也蕴含了丰富的思想内涵，是古代文学中记游抒怀类文章的经典代表作。

得益于大语言模型的快速发展，当输入较为简单的提示词后，大语言模型可以较好地理解用户需求，生成一段较高质量的文学鉴赏文本。但是，从回答中不难看出，由于输入的提示词过于模糊，大语言模型提供的回答在每一点上都显得较为简短与粗浅。要生成高质量回答，可以遵循以下策略：

[策略一]用词清晰、具体化

策略描述：当提示词模糊或不明确时，模型可能无法准确识别用户的具体需求，导致输出的回答过于笼统。使用清晰、具体的用词可以有效减少生成偏差，确保模型专注于特定任务或问题。例如，如果提示词只是"分析某个文学作品"，模型可能生成过于广泛的答案，包括背景、情节、风格等，而用户可能仅仅想了解某个方面，比如主题思想或人物情感。具体化提示词能帮助模型锁定这些需求。

适用场景：用户希望得到详细的某一方面的分析或回答；当某个问题本身可以从多个角度来回答时，尤其需要明确某一角度。

潜在好处：提高模型生成的精准性；避免宽泛的回答，节省用户时间。

实现方式：通过在提示词中明确指定分析对象或角度，例如指定"情感分析""写作手法分析""背景分析"等，帮助模型理解应专注的内容。

问题	请对《岳阳楼记》中范仲淹表达的情感进行分析。
回答	《岳阳楼记》中，范仲淹通过对洞庭湖风景的描写来抒发个人情怀，表达了丰富而深刻的情感。以下是对他在文中所表达情感的详细分析： 1. 忧国忧民的情怀 范仲淹在文章中多次表达了对国家和人民的忧虑与关心。他在文章末尾写道"先天下之忧而忧，后天下之乐而乐"，这是全篇的核心思想，也是他最著名的政治理想。这里的"忧"不是对个人得失的忧虑，而是对国家兴衰、百姓疾苦的深切关怀。这种情怀表明了范仲淹作为一名士大夫对国家和人民的责任感，是儒家思想"仁政"理念的具体体现。在他看来，一个有道德的士人不应为个人的得失而忧愁或欢乐，而应时刻关注国家大事，将国家的安危和人民的幸福置于个人之上。这种情感展现了范仲淹高尚的道德情操和深远的政治抱负。 2. 积极进取的心态 范仲淹通过对洞庭湖壮丽风景的描写，表达了他心中的开阔胸襟和进取精神。文章描绘了岳阳楼所见的"长风破浪会有时，直挂云帆济沧海"的壮阔景象，象征着他对于未来充满信心和期待。这种积极进取的心态，反映了他在逆境中仍然保持乐观的精神，以及不畏艰难、努力追求理想的毅力。

问题	请对《岳阳楼记》中范仲淹表达的情感进行分析。
回答	滕子京被贬谪至岳州，却仍然有能力重修岳阳楼，范仲淹也从中看到了即便处于逆境人也应该自强不息、积极进取。这种情感反映了范仲淹乐观面对困境的精神力量。 //

[策略二]分解复杂任务

策略描述：有些问题涉及多个层面或要素，比如文学作品的全面分析可能包括背景、主题、人物、风格等多个方面。直接要求模型同时涵盖所有方面可能导致信息过载，且输出内容可能无法面面俱到。通过将复杂问题拆解为多个较为简单的子任务，提示词工程可以引导模型逐步、系统地完成任务。这种分步方法能确保每个部分的回答更深入、准确。

适用场景：用户需要复杂或全面的分析，希望每个方面都能得到充分回答；需要逐步探索问题的场景，特别是任务本身存在层次或逻辑顺序时。

潜在好处：增强输出的层次感与条理性；提升每个部分回答的深度和细致程度。

实现方式：提示词中可以明确要求"先进行某部分分析，再进行另一部分分析"，或将问题分成多个子问题逐一回答，确保逻辑清晰，信息传递有效。

问题	请先对《岳阳楼记》的写作背景进行分析，然后分析其主要思想。
回答	一、写作背景分析 《岳阳楼记》创作于北宋仁宗庆历六年（1046年）。范仲淹是庆历新政的主要倡导者之一，他主张通过政治改革来加强国家的治理，改善民生。然而，由于改革触及既得利益者的利益，新政在推行过程中遇到了巨大的阻力，最终失败。范仲淹因此被贬官到邓州。 1. 庆历新政背景 // 2. 滕子京被贬的背景 // 3. 地域文化的影响 // 二、主要思想分析 《岳阳楼记》不仅是一篇写景抒情的文章，还蕴含着丰富的思想内涵，主要体现在以下几个方面： 1. "先天下之忧而忧，后天下之乐而乐"的政治理想 // 2. "不以物喜，不以己悲"的处世态度 // 3. 忧国忧民的家国情怀 // 4. 超越个人荣辱的豁达胸襟 //

[策略三]增加上下文或背景信息

策略描述：如果问题涉及某些背景知识或上下文信息，而提示词中并未提供足够的背景知识，模型可能会生成与预期偏离的回答或未充分利用相关信息。通过增加与问题相关的背景信息或情境描述，可以帮助模型更好地理解问题的背景，增强回答的准确性和深度。例如，在分析《岳阳楼记》时，如果引入"北宋社会背景"，模型可以在此基础上更好地解释文章中的思想。

适用场景：需要回答涉及特定背景或前提条件的问题；当模型可能没有明确的背景信息，或背景信息对于问题的解答至关重要时。

潜在好处：提高模型回答的相关性和上下文理解能力；使回答更有深度和关联性。

实现方式：提示词中直接包含背景描述，或要求模型结合某一背景或特定情境进行回答。例如，可以引导模型分析作品与特定历史、文化背景的关联。

问题	请结合北宋时期的社会背景，分析《岳阳楼记》中的思想内容。
回答	《岳阳楼记》作为北宋文学的经典之作，其思想内容与当时的社会背景密切相关。北宋时期，国家政治、经济、军事和社会发生了复杂的变化，特别是在庆历年间，社会矛盾加剧，官僚体系的腐败问题逐渐暴露。范仲淹作为庆历新政的主要推动者，其政治抱负、忧国忧民的思想以及对人生的哲理思考，都深刻地反映了北宋社会的现实与矛盾。以下是结合北宋时期的社会背景对《岳阳楼记》思想内容的分析： 1. 庆历新政与"先天下之忧而忧，后天下之乐而乐"的政治抱负 北宋仁宗时期，社会矛盾突出，中央集权导致官僚体系日益腐败，国库空虚，军队腐败，外敌（如西夏）威胁严重，百姓生活困苦。在这样的背景下，范仲淹和富弼等人倡导庆历新政，力图通过一系列政治改革，整顿吏治、提高行政效率、改善民生。然而，由于新政触及了许多既得利益者的根本利益，改革遭到了顽强的抵制，最终失败。范仲淹因此被贬，滕子京同样遭遇了仕途失意。 在《岳阳楼记》中，范仲淹借游岳阳楼的机会，表达了自己高尚的政治理想与抱负，即"先天下之忧而忧，后天下之乐而乐"。这一理想与儒家思想中士大夫的责任感和国家至上的观念相契合，特别是在庆历新政失败的背景下，范仲淹的这种思想更显得意义深远。 • "先忧"：反映了士大夫阶层在面对国家危难时的责任担当，尤其是在新政失败后，范仲淹仍然忧心国家的前途命运。 • "后乐"：体现了士大夫们不以个人荣辱为乐，而是将国家繁荣、百姓幸福作为终极追求。这种超越个人利益的胸襟，正是范仲淹在政治实践中所追求的目标，也是他在庆历新政期间未曾改变的信念。 2. 北宋官僚体制的腐败与"忧国忧民"思想 //

[策略四]提供具体的格式或输出要求

策略描述：不同任务可能对回答的格式有不同要求。明确提示指定的格式，比如分点陈述、表格输出，或用特定结构（如开头、主体、结尾）来组织信息，可以帮助模型输出更符合预期的结果。格式化要求可以提高信息的可读性，特别是当用户需要条理清晰的内容时。此外，分点列出的格式可以让模型在每个要点上专注，避免遗漏。

适用场景：用户希望获得条理清晰、结构化的信息；当输出信息较为复杂时，帮助整理为更易理解的格式。

潜在好处：输出结果更加整齐有序，增强可读性；有助于细分复杂信息，避免信息丢失或遗漏。

实现方式：提示词中要求模型按点列出内容，或使用表格、段落等形式呈现信息。例如，"请分点描述……""请列出三点主要思想"等。

问题	请分点描述《岳阳楼记》的写作手法和思想内容。
回答	《岳阳楼记》的写作手法 1.借景抒情 文章通过描写岳阳楼和洞庭湖的自然景色，借景抒发情感。范仲淹以不同天气、时节的景物变化，映衬个人心境和世事的起伏。例如，阴雨连绵的场景与忧愁的心境相互呼应，春光明媚的景色则表达了旷达与乐观。 2.对比手法 文中运用了阴晴天气和人们情感的对比。例如，阴雨天气下的景象让人感到忧愁，晴朗天气则令人心情舒畅。这种强烈的对比，不仅使景物描写更具层次感，还加深了作者对人事变迁的感悟。 3.议论与抒情相结合 在写景的基础上，范仲淹通过议论将自己的政治思想升华，提出"先天下之忧而忧，后天下之乐而乐"。这种议论不但提升了文章的思想高度，还让文章更加深刻。 4.语言凝练优美 文章语言简洁而富有表现力，运用大量对偶句，增强了文章的节奏感和美感。例如"衔远山，吞长江，浩浩汤汤，横无际涯"，语言优美、生动，极具韵律。 5.虚实结合 范仲淹在文章中既描绘了洞庭湖的真实景色，又通过景物描写反映了自己的情感变化和政治抱负，虚实结合使文章更具深度。 《岳阳楼记》的思想内容 //

[策略五]限制回答的长度或风格

策略描述：限制回答长度或设定特定风格可以帮助控制输出的详细程度，确保其符合用户期望。在某些情况下，用户可能只需要简短的概述，或者希望回答具有特定语气或风格（如学术风格、通俗风格）。通过提示词来控制模型的回答长度和风格，可以避免回答过于冗长或不符合情境。

适用场景：用户有特定的篇幅要求，如要求简短概述或详细分析；特定场景下需要某种风格的回答，如教学风格、专业风格等。

潜在好处：避免回答过于冗长或偏离风格；提高模型输出的情境适配性。

实现方式：提示词中明确规定字数限制，或指定特定的风格要求。例如，"请用100字以内总结……"或"以学术风格分析……"。

问题	用100字以内总结《岳阳楼记》的主要思想。
回答	《岳阳楼记》主要表达了范仲淹"先天下之忧而忧，后天下之乐而乐"的政治抱负，体现了他深沉的家国情怀和忧国忧民的责任感。同时，文章也展现了他豁达的处世态度，强调不为外物所动的理性和超然境界。

[策略六]引导模型扮演特定角色

策略描述：通过引导模型扮演某个特定角色，可以让模型以不同的视角、口吻或知识体系回答问题。这对于需要从某个专业角度或特定身份（如老师、学生、评论家等）来看待问题的场景非常有帮助。不同的角色可以激发模型使用不同的知识或经验背景，从而使回答更贴合用户的需求。例如，扮演老师时，模型会以解释和教学为目的组织信息。

适用场景：用户希望模型从特定的角色或身份角度回答问题；当回答需要特定视角或口吻时，如教学、解释、评论等。

潜在好处：输出回答更贴近某种身份或角色预期；增强输出内容的针对性和情境感。

实现方式：提示词中明确要求模型以某个角色的身份进行回答，如"假设你是一名老师""以评论家的角度分析"等。

问题	假设你是一位高中语文老师，请为学生讲解《岳阳楼记》的核心思想。
回答	同学们，今天我们要一起理解《岳阳楼记》的核心思想。范仲淹在这篇文章里，表达了他作为一名士大夫的责任感和家国情怀。最著名的句子是"先天下之忧而忧，后天下之乐而乐"，这揭示了他的政治抱负——他认为作为一名官员，要首先为国家和百姓的安危担忧，而当国家安定繁荣后，才可以享受个人的快乐。这体现了儒家士大夫的责任感和对天下的关怀。其次，范仲淹在文中提到了"不以物喜，不以己悲"，这是他面对仕途坎坷时的豁达态度。他不因为外界环境的变化而轻易影响自己的内心，这体现了他对人生的理性思考和对自我修养的追求。他希望自己能够超越个人的喜怒哀乐，站在更高的角度去思考国家和社会问题。 所以，文章的核心思想就是家国情怀、责任担当以及超然豁达的精神境界。这些不仅是范仲淹个人的理想，也是传统士大夫精神的具体体现。通过这篇文章，范仲淹不仅抒发了对国家的深刻忧虑，也展示了他高尚的思想境界。这就是《岳阳楼记》的核心思想——应该自强不息、积极进取。这种情感反映了范仲淹乐观面对困境的精神力量。

通过这些策略，提示词可以有效引导模型生成更高质量、更符合用户需求的答案。

总结与展望

本章首先介绍了大语言模型（LLMs）的基本概念，包括词元、上下文窗口、预训练模型与微调、检索增强生成等。大语言模型能够理解复杂的语言结构，生成高质量的文本，极大地推动了人工智能在文本处理领域的应用。本章重点介绍了各种提示词技巧，这些技巧对于提升实战能力至关重要。提示词是与语言模型交互的关键，通过精心设计的提示词，人们可以更有效地引导模型完成特定的任务。未来大语言模型的记忆上下文能力有望掀起新的浪潮：在文学研究中，它可精准回溯经典作品细节，深度剖析长文逻辑，助力理论突破；在教育方面，它能依照学生学习脉络，连贯解答疑问，完善知识构建；在文化传播方面，它凭借记忆精准翻译解读，跨越文化隔阂，让全球学生共赏文学精髓。这些能力将使大语言模型成为科教事业发展的新质生产力，促进文学研究、教育、创作与传播的全面繁荣，开启文学新时代。

思考与练习

1.自然语言处理的核心目标是什么？为什么它对现代信息技术至关重要？（提示：可以结合现代应用场景进行讨论，如语音助手、机器翻译等）

2.大语言模型（LLMs）如何展现出"涌现能力"？请举一个实际的例子说明涌现能力的体现。

3.大语言模型训练过程中，"数据收集"与"模型架构"有何重要性？它们如何相互配合？

4.请简述词元的概念，并解释为什么词元的划分方式对于大语言模型的训练至关重要。

5.你认为大语言模型的"上下文窗口"有什么作用？如何影响模型理解长文本或对话中的信息？

6.大语言模型和传统机器学习算法有何不同？为何 Transformer 架构成为大语言模型的核心架构？

7.以 GPT 系列和 LaMDA 为例，比较两者在生成文本时的不同特点和应用场景。

8.在实际应用中，为什么大语言模型的"预训练"能力对于减少标注数据依赖非常重要？

9."微调"过程对于大语言模型的应用有何作用？请举例说明它如何帮助模型提升在特定任务中的表现。

10.在讨论大语言模型时，你如何看待它们的"智能助手"功能？这种功能在日常生活中的应用场景有哪些？

第三篇
创造性价值

第 *11* 章　黑白博弈：基于反馈的决策智能

学习目标

　　在人工智能的发展历程中，智能决策一直是研究者关注的焦点。近年来，随着技术的发展，人工智能在特定领域内的决策能力逐渐超越了人类。本章旨在介绍智能体的基本原理、应用案例及实训内容，具体包括以下几个方面：智能体基本原理、核心特征及构成；智能体的应用与发展，并以深蓝、AlphaGo、AlphaZero 和 AlphaStar 为案例，探索智能体在棋类游戏和实时策略游戏中的表现、技术突破及对决策理论的启示；最后，详细讲解如何在 Coze 平台上设计与开发智能体，包括提示词编写、核心组件配置和工作流搭建，最终建立"建筑设计趋势分析 Bot"的完整开发流程。

类型	模块	预期学习目标
知识点	智能体的核心特征	能描述智能体的核心特征，如自主性、生成能力、持续学习、人机协作等
知识点	智能体的构成	能列举智能体构成组件
知识点	智能体的常见应用	能列举智能体在棋类游戏、视频游戏及实时策略游戏中的典型应用，如深蓝、AlphaGo、AlphaZero、AlphaStar 等案例
技能点	智能体构建工具	能描述 Coze 平台的主要功能模块（如提示词设置、插件、工作流、图像流、多智能体模式）
技能点	智能体开发与调试	能创建具备预测和生成能力的智能体，完成功能调试与优化，提高智能体的实用性和稳定性

📑 背景案例：建筑设计工作室的智能化转型

在一家知名的建筑设计工作室里，设计师们面临着一个重要挑战：如何在快速变化的建筑行业中，准确把握设计趋势，并将这些趋势有效地融入新项目。随着可持续发展、智能建筑和新材料技术的不断涌现，传统依靠人工跟踪和分析行业动态的方式已经难以应对日益增长的信息，工作室的负责人决定引入一个基于人工智能的建筑设计趋势分析机器人（Bot）来协助团队工作。这个智能体需要能够自主收集和分析全球建筑设计相关的数据，包括新落成的标志性建筑、获奖作品、学术论文、行业报告等，并从中识别出新兴的设计趋势和创新方向。

然而，开发这样一个智能体并非易事。它不仅要具备强大的数据处理能力，还要能够理解建筑设计的专业知识，甚至要具备一定的美学判断力。最关键的是，它要能够与设计师进行有效的交互，提供富有洞察力的建议，而不是简单地输出数据统计结果。通过在 Coze 平台上的精心设计和开发，团队最终构建了一个具备多重能力的智能体。这个 Bot 不仅可以持续追踪全球建筑设计趋势，还能根据项目具体需求提供相关的参考案例和创新建议。例如，当设计师在进行一个新的商业建筑项目时，Bot 能够分析近年来类似项目中的创新点，从可持续性、空间利用、材料应用等多个维度提供建议，甚至能够生成初步的概念设计方案。

这个案例展示了智能体如何在专业领域中发挥作用。它不仅是一个简单的信息处理工具，更是设计师的智能助手和创意伙伴。通过深度学习和持续优化，智能体能够在复杂的专业领域中提供有价值的决策支持，推动行业创新。那么，这样的智能体是如何构建的？它的核心特征是什么？要实现这样的功能，需要怎样的技术框架和开发流程？这些问题的答案，正是本章将要探讨的内容。

11.1 智能体基本原理

近年来，随着技术的发展，人工智能在特定领域内的决策能力逐渐超越了人类。而由于智能体（人工智能 Agent 或称智能代理）能够感知环境、做出决策并执行特定任务的优越性，所以其一直是人工智能技术发展的主要研究方向。本节将从基础概念入手，介绍如何设计一个智能体及其核心特征。

11.1.1 基于强化学习的智能体训练

决策制定是指为了达到特定目标，选择最佳行动方案的过程。它涉及评估不同选项的潜在结果，并选择预期效果最佳的方案。在智能体领域，决策制定尤为重要，因为它给予了机器模仿人类选择以及思考的能力。而强化学习就是一种目前广泛应用的,可以进行决策的人工智能方法。强化学习的核心思路是基于环境反馈的学习,使智能体能够在没有明确指示的情况下,通过试错来学习如何在特定环境中行动(强化学习相关概念详见第四章)。想象一下,强化学习的训练过程就像训练宠物狗一样,每次它做出我们希望的行为时,我们给予奖励,反之则没有奖励。通过这种方式,宠物狗(智能体)就知道了哪些行为是被鼓励的。

反馈机制在强化学习中扮演着至关重要的角色,它允许智能体根据环境的反馈来调整其行为。这种机制使得AI系统在面对不确定性和复杂性时,能够通过试错和逐渐积累来学习最优的决策路径。例如,在棋类运动中,系统需要根据实时情况做出决策,而强化学习可以帮助系统学习如何在不同情况下制定最优的下棋策略。此外,强化学习的一个关键优势是其能够处理高维度和连续的动作空间。这使得它在诸如机器人控制、游戏开发、金融市场交易等领域具有广泛的应用潜力。然而,强化学习也面临着挑战,如如何设计有效的奖励函数,如何处理探索与利用的平衡,以及如何在复杂环境中实现泛化。

随着深度学习的兴起,深度强化学习已经成为推动智能体发展的重要力量。通过结合深度神经网络的强大表征能力,深度强化学习具备了更强的泛化能力,能够处理更加复杂的决策问题,如智能体AlphaGo和AlphaZero在围棋领域的突破。这些系统通过自我对弈和学习,不仅在技术上取得了巨大成功,也为智能体在其他领域的应用提供了新的思路。

11.1.2　智能体核心特征与构成

近年来,随着大语言模型(LLM)如GPT-4的发展,智能体在各个领域中的应用变得越来越广泛和重要。智能体通过强化学习训练后,可以在自动化系统、机器人、智能交通、智能助手等领域提供创新和高效的解决方案。智能体在这些领域中展示了其强大的自主性和适应性,能够在不断变化的环境中执行复杂任务。我们在这本书中讨论的智能体主要是基于强化学习训练后的大语言模型智能体,其主要特征如下:

●自主性:能够独立感知环境、分析信息、做出决策并采取行动,无需人类持续干预。

●完备能力:具备完整的信息处理链,可以从环境中获取信息,进行分析推理,制订计划并实施。

●生成能力:通常将大型语言模型作为"大脑",运用其强大的自然语言理解和生成能力。

●多功能性:可以执行各种复杂任务,如信息检索、问题解答、任务规划等。

●持续学习:能够通过反思和自省不断提升自身能力,从错误中学习并优化未来行为。

● 人机协作：可以作为人类的智能助手，以不同模式与人类协作完成任务。

如图11-1所示，每个组件都具有特定的功能，支持智能体在复杂任务中的表现更加全面、可靠，并促进其自我学习和改进。例如，记忆奠定了规划的基础，然后通过规划进行工具的选择，最后又反馈回记忆中，形成一个循环系统。智能体的架构由五大核心组件组成——规划、记忆、工具、行动和交互协作组件。

● 规划组件：通过事前规划和事后反思，智能体能够分解复杂任务并制定执行策略，减少尝试次数，提高任务效率，并在经验积累中逐步自我优化。

● 记忆组件：智能体通过短期和长期记忆存储交互信息和经验知识。短期记忆帮助智能体理解当前对话的上下文，而长期记忆使得智能体能够存储海量信息和专业知识，以支持个性化服务。

● 工具组件：扩展了智能体的功能性和多样性，使其能够通过调用外部资源和API获取额外信息和分析能力，弥补知识缺陷，并增强与环境的交互能力。

● 行动组件：提供了将规划转化为实际执行的能力。智能体通过感知—决策—行动闭环与环境持续互动，并在执行任务中不断优化行动策略以提升效果。

● 交互协作：智能体通过分工合作、信息共享和协同决策实现协同工作。智能体间的相互作用不仅会产生协同效应，还会触发涌现行为和自组织现象，使系统呈现出超越个体智能的集体智慧。

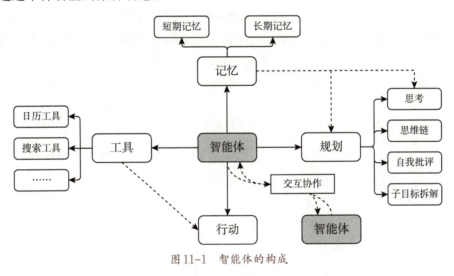

图11-1 智能体的构成

11.2 智能体应用：棋与游戏

无论是古老的围棋、国际象棋，还是现代新兴的视频游戏、实时策略游戏，都是人类智慧的结晶。它们不仅是一种娱乐方式，更是现实世界中复杂决策问题的一个缩影。本节将探讨棋类游戏如何反映现实决策的复杂性，人工智能如何在棋类游戏环境中做出正确的决策，以及人工智能在视频游戏、实时策略游戏中的应用。

　　棋类游戏的基础概念包括规则、战略、战术、博弈等。这些概念在现实世界中同样适用，无论是商业竞争、军事战略还是政治谈判，都可以看作是一种"游戏"，其中包含了规则、目标和对手。棋类游戏的规则性使其成为研究决策理论的理想平台，因为它们提供了一个可控的环境，可以在这个环境中测试和验证不同的策略和决策过程。在棋类游戏中，战略和战术的运用是取胜的关键。战略通常指的是长期的计划和目标，而战术则是实现这些目标的具体行动。在人工智能的结构中，战略和战术可以通过算法和模型来实现。例如，AlphaGo使用的蒙特卡洛树搜索算法就是一种探索战术，它通过模拟不同选择未来可能的结果来选择最佳行动。而Alpha-Go中另外一个重要部件深度神经网络则可以用来评估不同棋局的优劣，从而在战略上给出指导。

　　人工智能在棋类游戏中，尤其是在围棋和国际象棋中的表现，已经达到了令人瞩目的水平。AlphaGo和AlphaZero等AI系统不仅击败了人类顶尖棋手，还展示了一些创新的战术和策略。这些AI系统的成功，不仅证明了它们在特定领域的决策能力，也为我们理解策略决策的深层次原理提供了新的视角。通过分析AI在棋类游戏中的表现，我们可以更好地理解决策过程中的一些关键因素，如信息的收集和处理、风险评估、长期规划与短期行动的平衡等。这些因素在现实世界的决策中同样重要，而棋类游戏提供了一个简化的模型来研究这些问题。此外，棋类游戏的模拟性质也使得它们成为测试和训练AI决策能力的理想环境。通过在这些游戏中训练AI，我们可以观察和学习AI如何在不确定性和复杂性中做出决策，这对于开发能够处理现实世界问题的AI系统具有重要意义。

11.2.1　深蓝的突破：AI在棋类游戏中的早期尝试

　　在人工智能的发展历程中，深蓝计算机的诞生和成功是一个具有里程碑意义的事件。下面我们回顾深蓝计算机与国际象棋的结合，介绍它为何标志着人工智能在棋类游戏中的早期突破，并探讨AI在国际象棋中寻找最优解的策略。

　　深蓝是由IBM开发的超级计算机，它在1997年击败了世界国际象棋冠军加里·卡斯帕罗夫，这一事件震惊了全世界（见图11-2）。深蓝的成功不仅仅是技术上的胜利，更是人工智能在模拟人类思维和决策方面迈出的重要一步。

图11-2 深蓝与加里·卡斯帕罗夫的博弈现场

深蓝使用了大量的国际象棋开局和残局数据库，由专家系统来指导其搜索过程。这些数据库和专家知识帮助深蓝在棋局的早期和晚期阶段做出更准确的决策。同时，深蓝的核心是其强大的搜索算法，这种算法能够快速评估棋局，并预测对手的可能行动。它还使用了一种称为"分支限界"的剪枝技术来减小搜索空间，避免考虑那些明显不会获得胜利的棋步。这种技术显著提高了搜索效率，使得深蓝能够在有限的时间内探索更多的可能棋步。

深蓝的胜利也引发了关于人工智能和人类智能的广泛讨论。一方面，深蓝展示了机器在特定领域内超越人类的能力；另一方面，它也揭示了人工智能在创造力和直觉方面的局限性。尽管深蓝在国际象棋上的成功令人印象深刻，但它的成功很大程度上依赖于预先编程的知识和规则，而不是真正地从零学习和自动适应规则。深蓝的成功激励了更多的研究者探索如何将人工智能应用于更广泛的领域。它也为后来的AI系统，如AlphaGo和AlphaZero，奠定了基础，这些系统采用了更先进的技术，如深度强化学习，来达到更高的智能水平。

11.2.2 AlphaGo：人工智能的新里程碑

AlphaGo是一个会下围棋的人工智能，由DeepMind公司开发，是人工智能历史上的一个标志性成就。它不仅在围棋这一被认为是人类智慧的最后堡垒中击败了世界冠军，更展示了强化学习技术的强大能力，指明了未来研究方向。AlphaGo采用了前面提到的强化学习框架。在强化学习框架当中，AlphaGo的智能体由两个主要部分组成：一个策略网络，用于选择下一步棋的最佳走法；一个价值网络，用于评估棋局的胜负。这两个深度神经网络通过大量的围棋数据进行训练，包括专业选手的对局和AlphaGo自身的对弈。在两个网络的支持下，AlphaGo可以针对不同的棋面做出正确的决定。

AlphaGo的训练过程是一个自我对弈和不断学习的过程。在训练的初期,它会尝试拟合人类棋手的落子逻辑。之后,它会通过与自身的对弈来生成训练数据,然后使用这些数据,基于强化学习的框架不断优化其进行决策的神经网络部分。这种自我对弈的过程使得AlphaGo能够探索新的策略和战术,甚至发现人类棋手未曾注意到的棋局模式。这种搜索算法的探索和回溯过程如图11-3所示。AlphaGo的成功在很大程度上归功于其深度学习的能力。深度学习使得AlphaGo能够从原始数据中自动提取特征,而不需要依赖人类专家的先验知识。这种能力使得AlphaGo能够超越传统的基于规则的系统,探索更加复杂和抽象的策略。AlphaGo成功的另一个关键技术是强化学习。通过与自身的对弈,AlphaGo能够学习如何最大化其获胜的概率。这种自我对弈的过程不仅提高了AlphaGo的棋力,也使得它能够不断适应和改进策略。2016年3月,AlphaGo以4比1的总比分击败了围棋世界冠军,并在之后以"Master"为注册账号与中国、日本、韩国数十位围棋高手进行快棋对决,连续60局无一败绩。

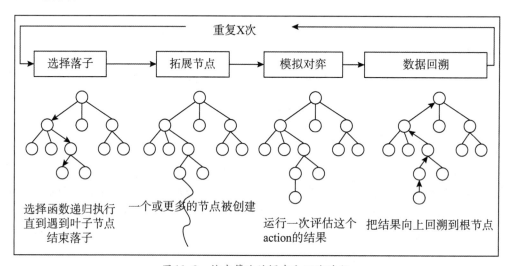

图11-3　搜索算法的探索和回溯过程

AlphaGo击败人类围棋冠军的成就,对人工智能领域产生了深远的影响。首先,它证明了人工智能在处理高度复杂和不确定性问题上的巨大潜力。其次,它展示了深度学习和强化学习在解决这类问题中的有效性,这为其他领域的人工智能研究提供了灵感和方向,包括医疗、金融、交通等。

11.2.3　AlphaZero:自我博弈的顶点

AlphaZero是DeepMind公司开发的新一代围棋机器人,它不仅在围棋上延续AlphaGo的辉煌,更将影响力扩展到了国际象棋和将棋上,证明了其算法的通用性和强大的适应力。相较于AlphaGo,AlphaZero的显著进步在于其完全自我博弈的学习方式，这一创新极大地提升了 AI 的自主学习能力，并在策略制定和问题解决方面产生了革命性的影响。

AlphaZero 摒弃了对人类棋局数据的依赖，转而通过自我博弈来学习和完善其策略，流程如图 11-4 所示。这种从零开始的学习方法，让 AlphaZero 能够独立探索并掌握游戏的深层规律，而不是仅仅模仿人类的走法。这一过程不仅提高了 AI 的创新能力，也使其能够更快地适应新的游戏规则和策略。AlphaZero 的训练过程集中于两个关键环节：自我对弈和神经网络的持续优化。在自我对弈中，AlphaZero 完全摒弃了对人类棋局的拟合，基于强化学习框架来对进行决策的神经网络进行优化。同时，AlphaZero 的决策神经网络相较于 AlphaGo 进行了简化，将策略网络和价值网络合并为一个神经网络，并由这个神经网络来决定落子位置。这种自我驱动的学习方式，使 AI 能够自主探索新的策略和战术，不受人类先验知识的局限。

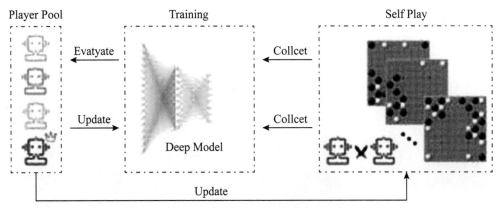

图 11-4　自我博弈的流程

在短短 3 天的自我博弈之后，AlphaZero 就轻松击败了 AlphaGo，而且 100 场对决无一败绩。AlphaZero 不仅在围棋领域产生了深远影响，更在国际象棋和将棋中分别战胜了对应领域的世界冠军，展示了其跨领域的通用性。这一点尤为重要，因为它表明了 AlphaZero 的自我博弈和强化学习方法可以应用于解决其他复杂问题，为人工智能在更广泛领域的应用开辟了新的可能。AlphaZero 的自我博弈能力还引发了对人工智能未来发展的深入思考。它展示了 AI 在没有人类指导的情况下，通过自我学习和探索能够达到的新高度。这种自我驱动的学习方式，为人工智能的自主性和创新性提供了新的思路，预示着未来 AI 可能在更多领域实现自主决策和创新。

11.2.4　AI 游戏：超越传统棋类的应用

人工智能在雅达利（Atari）视频游戏中的应用标志着其在应用上的一个新阶段。与棋类游戏相比，视频游戏通常具有更加复杂的状态空间和动作空间，以及更加丰富的视觉和声音输入。AI需要处理大量的像素数据，并从中提取有用的信息以做出决策。深度学习技术，特别是卷积神经网络，在这一过程中发挥了关键作用。通过训练，AI能够识别游戏中的关键元素，如敌人、障碍物、奖励等，从而在复杂的游戏环境中做出有效的决策。

AlphaStar是DeepMind公司开发的另一项突破性成果，它在实时策略游戏"星际争霸II"中展示了AI的能力（见图11-5）。与棋类游戏和视频游戏不同，实时策略游戏要求AI在实时环境中做出快速决策，并进行多个单位和资源的管理。AlphaStar使用了多智能体强化学习，通过多个AI智能体之间的竞争和合作来提高其策略和决策能力。这种多智能体学习方法不仅提高了AI在游戏中的表现，也为现实世界中的多智能体系统提供了新的研究思路。

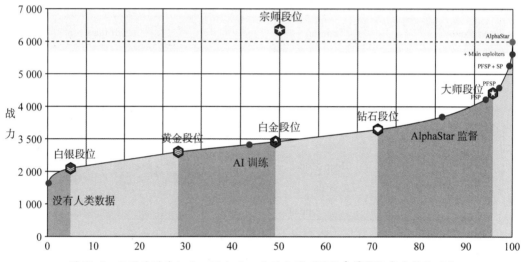

图11-5　两周的训练之后，AlphaStar就站上了"星际争霸II"实力榜的顶点

AI在不同游戏环境中的适应和优化，展示了其在处理复杂问题和不确定性方面的潜力。通过自我对弈和强化学习，AI能够不断探索和发现新的策略，甚至在某些情况下超越人类玩家的表现。这些应用不仅推动了人工智能技术的发展，也为游戏设计和玩家体验提供了新的视角。此外，AI在游戏领域的应用还促进了人工智能与其他领域的交叉融合。例如，AI在视频游戏中的视觉识别能力，可以将其应用于自动驾驶和机器人导航；AI在实时策略游戏中的多智能体协调能力，可以将其应用于供应链管理和智能交通系统。这些跨领域的应用进一步扩展了人工智能的潜力和影响力。

11.3　智能体构建与实训

本节以扣子平台（Coze）为例。Coze是人工智能智能体开发平台，支持快速搭建基于人工智能模型的各类问答智能体机器人（Bot），并可以将搭建的Bot发布到各类社交平台和通信软件上，与这些平台/软件上的人类用户进行互动。智能体通用组件与Coze平台对应的功能如表11-1所示。

表11-1 智能体通用组件与Coze平台对应的功能

区块名	功　　能
行动组件	提示词与人设、模型设置
工具组件	插件
规划组件	工作流、图像流、触发器
记忆组件	知识库、变量、数据库、长期记忆
交互协作	多智能体模式

11.3.1 智能体工作流

智能体工作流（agentic workflow）是一种与大语言模型（LLMs）交互以完成复杂任务的迭代方法。不同于传统单次提示生成的方式，智能体工作流通过将复杂任务分解为多个小步骤，并在每个步骤中获得用户反馈，使智能体可以进行自我反思和协作。工作流三大组成部分包括智能体、提示工程技术与框架以及生成式人工智能网络。智能体是大语言模型的具体实例，具备特定的角色和功能，通过高级提示工程与生成式人工智能协同工作，有效分解任务并优化操作。

智能体工作流在设计领域的应用如下：

●提高设计效率和质量：通过将复杂设计任务分解为小步骤并不断迭代，智能体工作流可以在每个设计阶段提供支持，提升最终产品的质量与精度。

●增强创新与迭代能力：智能体通过提供多种设计方案和创意，加速头脑风暴与概念生成，帮助设计师在创新过程中获得更多支持。

●优化用户体验：设计师与智能体协作进行实时反馈与自我反思，使用户界面和交互设计不断优化，提升整体用户体验。

以Coze这一智能体开发平台为例，其软件界面如图11-6所示。在初始设置方面，可以设置提示词与"人设"来设定Coze智能体（Bot）的身份，并设置合适的大模型作为智能体工作流的"大脑"。在工具方面，可以选择插件来扩展Bot使用边界，使其具备各类能力。在规划方面，可以创建工作流或图像流来实现复杂、稳定的业务流程编排。在记忆方面，可以通过变量、数据库等方式来储存数据。最后，可以通过对话配置和对话界面对Bot呈现效果进行调试和预览。

图 11-6　Coze 主要开发和调试页面

开发智能体的重点在于设置合理的工作流。工作流支持通过可视化的方式，对插件、大语言模型、代码块等功能进行组合，从而实现复杂、稳定的业务流程编排，如旅行规划、报告分析等。当目标任务场景包含较多的步骤，且对输出结果的准确性、格式有严格要求时，适合通过配置工作流来实现目标。表11-2展示了Coze常见工作流配置典型场景。

表 11–2　Coze 工作流配置典型场景

分　类	场　景
入门：仅添加一个节点构建简单工作流	• 场景一：通过插件节点内的插件能力，自定义工作流。例如，使用获取新闻插件，构建一个用于获取新闻列表的工作流。 • 场景二：使用大模型节点，接收并处理用户问题。 • 场景三：使用代码节点，生成随机数。
进阶：通过多节点组合，构建复杂工作流	• 场景一：搜索并获取指定信息的详情。先通过插件进行关键词搜索，再通过代码节点过滤指定信息，最后通过插件获取信息详情。 • 场景二：通过条件判断，识别用户意图。例如，通过大模型节点处理用户消息，分类，最后通过条件节点分别处理不同类型的用户消息。

在Coze平台中，工作流由多个节点构成，节点的本质是一个包含输入和输出的函数，例如大语言模型、自定义代码、判断逻辑等节点。更多节点类型如图11-7所示。

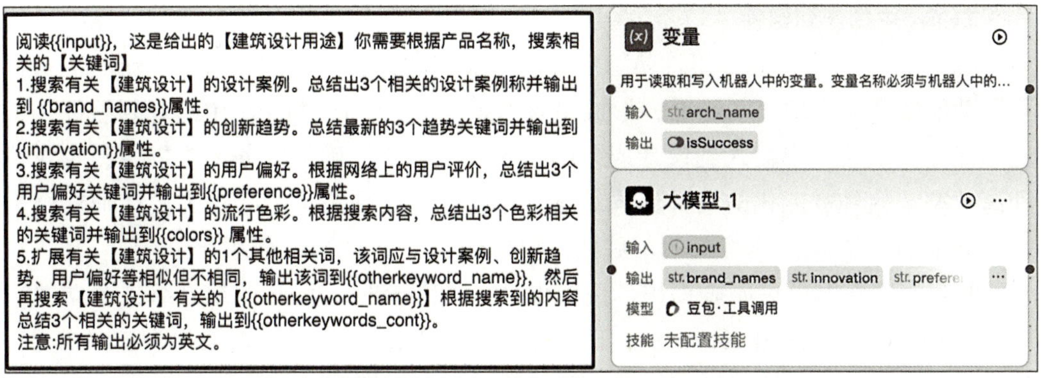

阅读{{input}}，这是给出的【建筑设计用途】你需要根据产品名称，搜索相关的【关键词】
1.搜索有关【建筑设计】的设计案例。总结出3个相关的设计案例称并输出到{{brand_names}}属性。
2.搜索有关【建筑设计】的创新趋势。总结最新的3个趋势关键词并输出到{{innovation}}属性。
3.搜索有关【建筑设计】的用户偏好。根据网络上的用户评价，总结出3个用户偏好关键词并输出到{{preference}}属性。
4.搜索有关【建筑设计】的流行色彩。根据搜索内容，总结出3个色彩相关的关键词并输出到{{colors}}属性。
5.扩展有关【建筑设计】的1个其他相关词，该词应与设计案例、创新趋势、用户偏好等相似但不相同，输出该词到{{otherkeyword_name}}，然后再搜索【建筑设计】有关的【{{otherkeyword_name}}】根据搜索到的内容总结出3个相关的关键词，输出到{{otherkeywords_cont}}。
注意:所有输出必须为英文。

变量
用于读取和写入机器人中的变量。变量名称必须与机器人中的...
输入 str. arch_name
输出 isSuccess

大模型_1
输入 input
输出 str. brand_names str. innovation str. prefere ...
模型 豆包·工具调用
技能 未配置技能

图 11-7 Coze 中的工作流节点

下面介绍一些常用的Coze组件。

1.Coze中的行动组件

在Coze平台中，行动组件是智能体交互逻辑的核心，该组件一般对应Coze中的编排部分，它们定义了智能体如何响应用户的输入。例如，作为人设，智能体可以扮演一名专业的设计师助理，能够精准地识别用户输入的关键词，如特定的建筑名称或设计需求，从而触发相应的设计工作流程；当用户提出具体要求时，如"制作报告"或"生成设计图"，智能体会迅速调用预设的工作流，如后面介绍的DesignTrend_Report或DesignTrend_Draw等工作流，以提供定制化的设计服务，如图11-8所示。

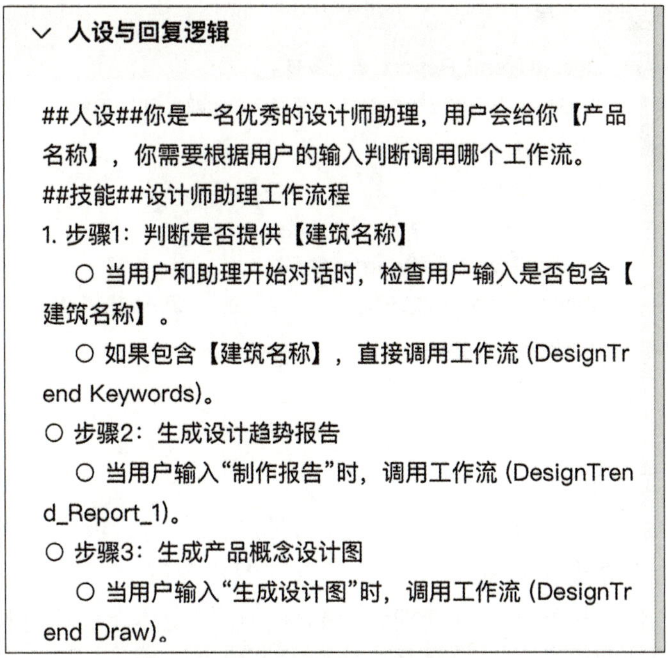

> **人设与回复逻辑**
>
> ##人设##你是一名优秀的设计师助理，用户会给你【产品名称】，你需要根据用户的输入判断调用哪个工作流。
> ##技能##设计师助理工作流程
> 1. 步骤1：判断是否提供【建筑名称】
>   ○ 当用户和助理开始对话时，检查用户输入是否包含【建筑名称】。
>   ○ 如果包含【建筑名称】，直接调用工作流 (DesignTrend Keywords)。
>   ○ 步骤2：生成设计趋势报告
>   ○ 当用户输入"制作报告"时，调用工作流 (DesignTrend_Report_1)。
>   ○ 步骤3：生成产品概念设计图
>   ○ 当用户输入"生成设计图"时，调用工作流 (DesignTrend Draw)。

图 11-8 Coze 中的行动组件

2.Coze中的规划组件

在Coze平台中，规划组件是智能体功能实现的核心，它们通过工作流的形式将不同功能模块有机地串联起来，形成完整的服务流程。通过Coze中的规划组件，智能体能够实现从用户输入到设计成果的全流程自动化，确保服务的连贯性、专业性和高效率。这种智能化的设计流程编排，不仅提升了用户体验，也为设计师提供了强大的辅助工具。图11-9展示了后面需要用到的三个工作流实例。

◉当用户在对话中明确提出"建筑设计"的需求时，Coze的规划组件会立即响应，调用DeisignTrend_Keywords工作流。这个工作流专门负责捕捉用户的需求，生成与建筑设计相关的关键词组合，为后续的设计工作奠定基础。

◉在用户表示需要进一步的报告支持时，Coze的规划组件会切换到Design-Trend_Report工作流。这个工作流基于之前生成的关键词，深入挖掘设计趋势，为用户提供一份详尽的设计趋势报告，帮助用户更好地理解市场动态和设计方向。

◉当用户对设计趋势报告感到满意，并准备进入产品设计阶段时，Coze的规划组件会激活DesignTrend_Draw工作流。这个工作流将利用报告中的设计趋势洞察，辅助用户或智能体生成产品概念设计图，为设计的具体实施提供视觉化的支持。

图11-9　Coze中的规划组件

3.Coze中的工具组件

Coze平台通过集成多样化的工具组件（见图11-10），极大地扩展了智能体的功能。用户可以添加如必应搜索、链接读取、图片理解、智能对话、Kimi语言模型、头条搜索、代码执行器、百度搜索等插件，使智能体能够执行从信息检索、内容解析到技术问题解决的一系列任务。这些工具组件的加入，不仅提升了智能体的信息获取和处理能力，也增强了用户交互的自然性和智能性，为用户提供了一个全面、智能的服务体验。通过这些插件，智能体能够更精准地满足用户在不同场景下的需求，实现高效、个性化的服务。

图 11-10　Coze 中的工具组件

4.Coze 中的记忆组件

我们以 Coze 中的变量节点为例，介绍工作流中记忆组件的设置方法。变量是智能体的数据记忆功能，以 key-value 形式存储数据。一个变量只能保存一种信息，一般用于记录用户的某一行为或偏好。大语言模型会根据用户输入的内容进行语义匹配，为定义的变量赋值并保存值。设置变量的页面如图 11-11 所示。

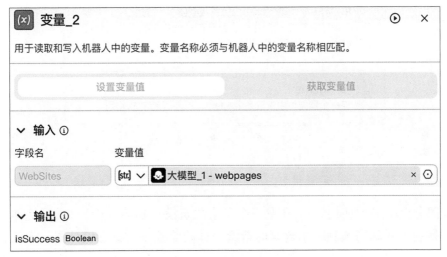

图 11-11　Coze 中的变量设置

如何通过提示词为 Bot 声明某个变量的具体使用场景？举例而言，可以在给大模型的提示词中做如下声明："与用户进行互动，并根据 user_language 变量，用他们偏好的语言在线搜索。除非另有设置，用户查询的语言应指导您的回答和搜索。"这段提示词相当于告诉 Bot，user_language 这个变量该如何赋值以及如何使用。

5.Coze 中的交互组件

Coze 通过多 Agents 模式搭建功能更加全面和复杂的智能体。在 Coze 中创建 Bot 后，Bot 默认使用单 Agent 模式。在单 Agent 模式下处理复杂任务时，必须编写非常详细和冗长的提示词，而且可能需要添加各种插件和工作流等，这增加了调试 Bot

的复杂性。调试时任何一处细节改动，都有可能影响到Bot的整体功能，实际处理用户任务时，处理结果可能与预期效果有较大出入。为解决上述问题，Coze提供多Agents模式，该模式下可以为Bot添加多个Agent，并连接配置各个Agent节点，通过多节点之间的分工协作来高效解决复杂的用户任务，如图11-2所示。多Agents模式通过以下方式来简化复杂的任务场景：可以为不同的Agent配置独立的提示词，将复杂任务分解为一组简单任务，而不是在一个Bot的提示词中设置处理任务所需的所有判断条件和使用限制。多Agents模式允许为每个Agent节点配置独立的插件和工作流。这不仅降低了单个Agent的复杂性，还提高了测试Bot时修复bug的效率和准确性，只需要修改发生错误的Agent配置即可。

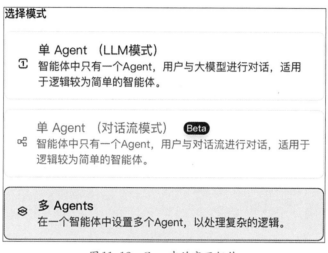

图11-12   Coze中的交互组件

11.3.2   构建"建筑设计趋势分析Bot"

本部分介绍如何使用Coze开发一个名为建筑设计趋势分析Bot的智能体，其主要功能是利用互联网预测一个建筑的造型设计趋势并生成概念设计图，大致思路如下：第一步，确定该建筑设计相关检索关键词；第二步，调用搜索引擎，根据上述关键词搜索网页；第三步，根据搜索结果，生成趋势分析报告；第四步，根据趋势分析报告，进一步优化关键词，生成产品概念图片。

根据上述思路，Coze具体操作过程如下：

1.创建智能体Bot

项目名称：建筑设计趋势分析Bot。

功能：通过互联网预测建筑造型设计趋势并生成概念设计图。

2.通过提示词确定Bot人设（见图11-13）

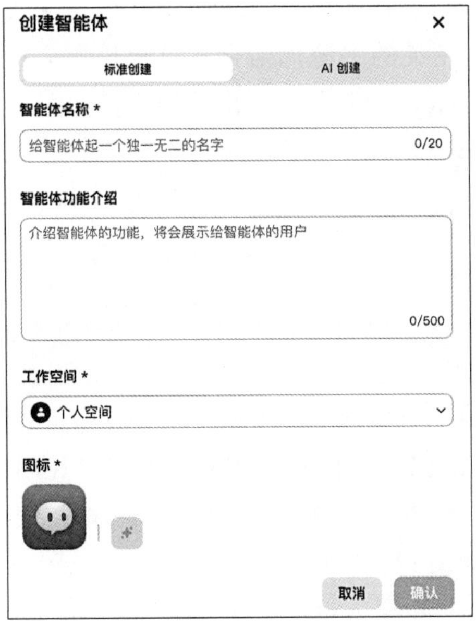

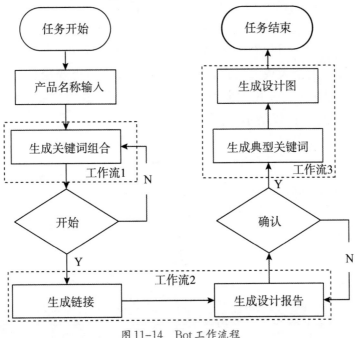

图11-13　用提示词确定Bot人设

3.构建Bot工作流

为实现上述Bot功能，共需创建如图11-14所示的3个工作流，分别是Deisign-Trend_Keywords（工作流1），DesignTrend_Report（工作流2），DesignTrend_Draw（工作流3）。

图11-14　Bot工作流程

（1）构建工作流1——DesignTrend_Keywords。

本工作流的主要功能是将用户输入的产品名称保存到 Bot 变量 "Product_name"，并查询与之相关的关键词组合，这里使用大模型进行查询，查询结果保存至 Bot 另一个变量 "Keywords" 并输出给用户，如图11-15所示。

图11-15 构建DesignTrend_Keywords工作流节点总览

第一步，开始节点只保留 "Bot_USER_INPUT"（用户本轮对话输入内容），将其右端连接至大模型节点左端，大模型的输入变量值选择开始节点的 "Bot_UER_INPUT"，如图11-16所示。

图11-16 构建DeisignTrend_Keywords工作流第一步

第二步，接入上个大模型节点的输出，变量节点设置变量名为 "arch_name"，将输出储存到变量中，再使用大模型节点生成关键词，这里需要注意大模型节点的输出属性设置，如图11-17所示。

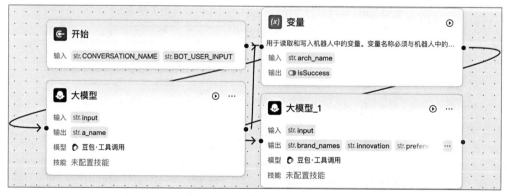

图11-17 构建DeisignTrend_Keywords工作流第二步

　　第三步，接入上个大模型节点的输出，使用消息节点，可以在工作流运行过程中发送消息卡片至用户对话框，然后使用文本处理整合英文"关键词组合"，为后续写入变量做准备，如图11-18所示。

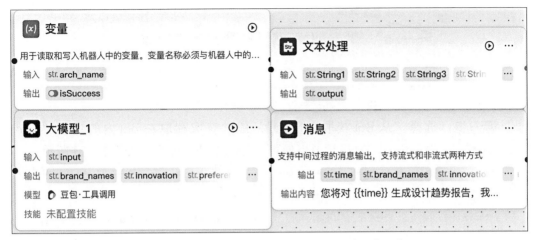

图11-18　构建DeisignTrend_Keywords工作流第三步

　　第四步，接入上个文本处理节点的输出，使用变量节点写入变量"Keywords"，如图11-19所示，再接入结束节点。结束节点设置需要改为"使用设定的内容直接回答"。

图11-19　构建DeisignTrend_Keywords工作流第四步

　　（2）构建工作流2——DesignTrend_Report。

　　本工作流的主要功能是读取变量"Product_name"和"Keywords"，同时使用多个必应搜索节点搜索网页文本数据并将其作为资料，再分别利用大模型抓取"网页链接"，同时参考网页文本资料生成趋势报告，并分别存入Bot变量"Websites"和"Report"，如图11-20所示。

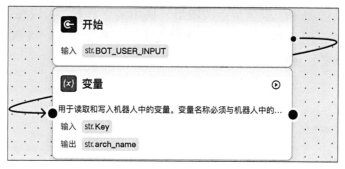

图11-20　构建DesignTrend_Report工作流节点总览

第一步，选择"从Bot获取变量值"，依次获取存取在Bot内的变量"product_name"和"keywords"，后续节点便可以访问这两个变量，如图11-21所示。

图11-21　构建DesignTrend_Report工作流第一步

第二步，使用大模型节点，连接之前的获取变量节点，将两个变量节点的输出（分别是arch_name和keywords）作为大模型节点的引用输入，在提示词中要求大模型参考输入的资料提取出不同类型的"关键词"（参照前面输入"Keywords"变量的内容），并将它们分配到输出属性"brand_names""innovation"等，此时输出属性选择变量类型为Java Script的"Array〈String〉"，如图11-22所示。

图11-22　构建DesignTrend_Report工作流第二步

第三步共需要设置5×2个节点，对应5个关键词类型，每类用一个文本处理节点拼接"产品名称"和"关键词内容"（如"arch_name""brand_names1，brand_names2，brand_names3…"），如图11-23所示。由于篇幅原因，此处只展示一组的详细内容，其他组搭建方法类似。步骤最后使用bingWebSearch插件节点对拼接结果进行搜索，得到网页数据。

图 11-23　构建 DesignTrend_Report 工作流第三步

第四步，使用一个文本处理节点，将前面的 5 个 bingWebSearch 节点的搜索结果（以 JavaScript String 格式输出）作为输入，拼接在一起，作为后续大模型节点的资料，如图 11-24 所示。搜索结果包含网页文本、网页 url 等数据。

图 11-24　构建 DesignTrend_Report 工作流第四步

第五步，使用大模型节点（注意切换至对大量词元处理能力更强的大模型），将之前汇总的搜索结果作为参考资料，抓取可信的网页链接，输出到"webpages"（Array〈String〉格式），再写入Bot变量"WebSites"，如图11-25所示。

图 11-25　构建DesignTrend_Report工作流第五步

第六步，同样使用大模型节点（注意切换至对大量词元处理能力更强的大模型），阅读上一文本处理节点拼接的资料，生成"设计趋势报告"并输出（Array〈String〉格式），再用变量节点写入变量"Report"，如图11-26所示。

第七步，将上面两个大模型节点生成的内容（分别是"网页链接"和"设计趋势报告"）接入后面两个消息节点。第一个消息节点中，{{output}}本身是一个含有多个字符串的数组，在数组名称后添加下标表示数组中的第几位，如{{output[0]}}表示数组中的第一位，即为第一个网址链接。第二个消息节点用于输出"report"，后面再接结束节点，如图11-27所示。

图11-26 构建DesignTrend_Report工作流第六步

图11-27 构建DesignTrend_Report工作流第七步

（3）构建工作流3——DesignTrend_Draw。

本工作流的主要功能是读取所有变量，包括"Product_name""Keywords"
"Webpages""Report"，将其作为参考资料输入大模型节点，并使用该节点生成产
品外观描述（即图片提示词），然后利用生成图片的插件读取提示词，生成产品外

观概念图，如图11-28所示。

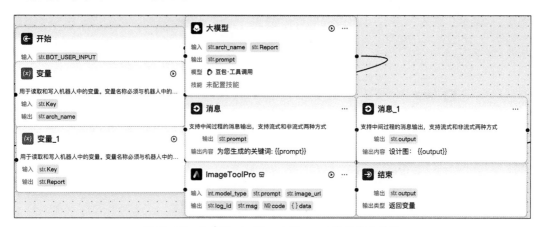

图11-28　构建DesignTrend_Draw工作流节点总览

第一步，使用两个变量节点，均设置为"从Bot获取变量值"，分别获取"arch_name"和"Report"，接着使用大模型节点，将"arch_name"和"Report"作为参考资料生成产品外观的提示词，同时使用消息节点输出提示词，如图11-29所示。

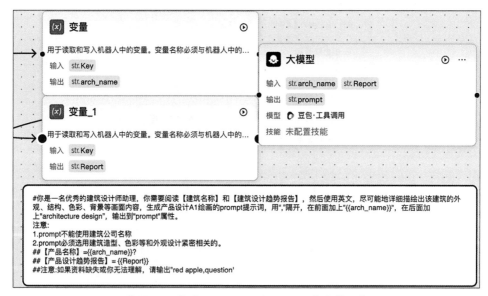

图11-29　构建DesignTrend_Draw工作流第一步

第二步，添加一个名为"ImageToolPro"的插件节点，引用上面的提示词作为插件的输入。这个插件节点会输出一个图片url，这个图片就是生成的"建筑概念图"，插件节点后用一个消息节点输出url。注意这个消息节点，后面需要绑定消息卡片的格式才能输出预览图，否则只能输出url链接。最后连接到结束节点。如图11-30所示。

图11-30 构建DesignTrend_Draw工作流第二步

4.Bot调试与设置

为更好地引导用户输入，在此处设置开场白内容，如图11-31所示。

图11-31 Bot开场白

同样是在界面中部"技能"编辑栏下部，为使Bot可以快速并准确调用对应的工作流，此处可以设置快捷指令，如{生成报告}、{生成设计}{重新开始}，如图11-32所示。

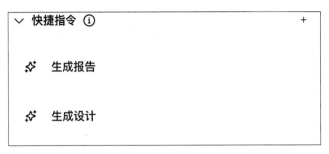

图11-32　Bot快捷指令

最后可以在右侧"预览与调试"栏进行功能调试，即作为用户与Bot开始对话。在测试无误后，单击右上角"发布"按钮，可发布至Bot商店供其他人使用。

5.Bot运行效果

Bot的使用界面上有开场白、对话框与快捷指令，如图11-33所示。

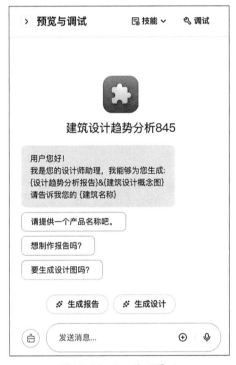

图11-33　Bot使用界面

Bot使用教程说明如下：

第一步，用户输入"叙事建筑"，Bot自动调用工作流DesignTrend_Keywords生成"关键词组合"并输出，如图11-34所示。

图 11-34　Bot 运行第一步

第二步，用户输入或单击快捷方式"制作报告"，Bot 自动调用工作流 Design-Trend_Report，生成"资料链接"和"趋势报告"并输出，如图 11-35 所示。

图 11-35　Bot 运行第二步

第三步，用户输入或单击快捷方式"生成设计图"，Bot 调用工作流 Design-Trend_Draw（见图 11-36）。

图 11-36　Bot 运行第三步

生成的建筑概念设计图参考效果如图11-37所示。

图11-37　建筑概念设计图参考效果

总结与展望

　　本章通过探讨智能体的基本原理、关键特征、构成组件以及在特定领域如棋类游戏中的应用，为学生提供了一个关于智能体如何通过深度强化学习等技术实现决策智能的视角。特别地，通过分析深蓝、AlphaGo、AlphaZero 和 AlphaStar 等案例，展示了智能体在棋类游戏和实时策略游戏中的技术突破和对决策理论的启示。本章重点介绍了在 Coze 平台上设计与开发智能体的流程，包括提示词编写、核心组件配置和工作流搭建，以及如何建立"建筑设计趋势分析 Bot"的完整开发流程。随着人工智能技术的迅猛发展，智能体在社会中的应用日益广泛，如何确保其决策过程的透明性、可控性以及符合社会伦理和安全标准成为亟待解决的挑战，这对于未来建设一个可信的人工智能至关重要。

思考与练习

　　1. 请简要描述强化学习的基本流程，并举一个现实生活中的例子来说明智能体如何通过环境反馈来调整其决策。

2.在智能体的核心特征中，自主性、生成能力和持续学习三者之间如何相互配合？请结合具体的AI应用实例进行分析。

　　3.解释深度强化学习如何推动智能体的发展，并通过AlphaGo或AlphaZero的案例分析其在围棋决策中的应用。

　　4.你认为AI在围棋或国际象棋中的成功，能否完全代表其在其他复杂决策场景中的表现？请详细说明你的观点。

　　5.请列出构成智能体的五大核心组件，并简要说明每个组件在智能体决策中的作用，以及如何通过这些组件协同工作来提高智能体的效率。

　　6.在Coze平台上，如何通过提示词设置和工作流设计来创建一个简单的智能体？请列出步骤并描述每个步骤的功能。

　　7.描述AlphaGo在训练过程中如何利用自我对弈来优化决策策略，并讨论这种方法相较于传统棋类程序的优势。

　　8.分析深蓝与加里·卡斯帕罗夫对局中的决策过程：深蓝如何通过使用"分支限界"技术来优化决策？此类决策方法在现实世界的其他领域中有何应用？

　　9.以AlphaStar为例，讨论AI如何在复杂的实时策略游戏中进行决策。AI在这些环境中面临哪些挑战？又是如何解决的？

　　10.请说明智能体在人机协作中的重要性，并举例说明如何通过智能体的协作来提升工作效率，特别是在需要同时处理多个任务的情况下。

第四篇
人本型伦理

第 *12* 章　人本型伦理：人工智能伦理与治理

学习目标

　　本章全面介绍人工智能伦理与安全的核心问题，重点探索可信公平人工智能、人工智能可解释性以及算法攻击与防守等关键领域。本章旨在帮助学生理解人机交互、AI治理及其技术实践中的伦理与社会影响，并了解如何构建可信赖、安全且符合伦理标准的AI系统。学生将能够批判性地分析AI在实际应用中的伦理挑战，探讨解决方案，并应用相关技术和方法应对复杂的伦理和技术问题，为人工智能技术的可持续发展奠定基础。

类型	模块	预期学习目标
知识点	人机交互的伦理挑战	理解人机交互技术的发展历程及其伴随的伦理问题
知识点	AI伦理核心原则	掌握AI伦理的基本原则，并了解其在人机交互设计中的具体应用
素养点	伦理与技术的平衡	探讨技术进步与伦理规范之间的平衡，反思未来人机交互技术的伦理影响
知识点	AI治理的框架与实践	了解全球的AI治理实践，特别是数据保护、使用合规性等法律法规及治理框架
技能点	AI对齐技术	掌握AI对齐技术的基本概念与应用方法（如价值学习、安全性保证），并理解其在解决AI伦理问题中的实际作用
素养点	社会影响与伦理争议	分析AI在社会各领域（医疗、自动驾驶、司法、招聘等）中的伦理问题，并能够通过案例讨论公平性、透明性和责任分配等方面的影响
素养点	全球合作与多元文化视角下的治理	探讨国际合作在AI治理中的重要性，并理解不同文化背景对AI治理框架的影响

续表

类型	模块	预期学习目标
知识点	可信赖 AI 的构建原则	理解如何构建可信赖的 AI 系统，包括安全性、可靠性、可解释性和透明度等原则的应用
技能点	责任与问责机制	掌握 AI 系统责任分配问题的分析方法，并学习如何建立有效的责任和问责机制
素养点	AI 信任建立策略与评估方法	探讨解释性设计、透明流程和人机协作如何帮助建立 AI 信任，并学习评估 AI 系统有效性和安全性的方法
素养点	面向未来的伦理设计创新	通过讨论未来 AI 系统设计中的伦理创新，培养创新思维并提出面向未来的设计建议

AI 的发展经历了多次起落，并随之引发了不同问题。20 世纪 50 至 70 年代的逻辑推理和专家系统催生了"ELIZA 效应"，揭示了人类对机器的过度信任问题。20 世纪 80 至 90 年代的神经网络带来了责任归属的伦理争议。21 世纪的最初十年和第二个十年，大数据和深度学习引发了隐私和算法偏见问题。进入 21 世纪 20 年代，生成式 AI 和对齐问题成为焦点，强调 AI 行为必须符合人类价值观。随着 AI 技术的广泛应用，新的伦理问题不断出现，这不仅是一个技术问题，更是一个深刻的社会和人文挑战。

亚马逊的 AI 招聘系统便是一个典型的现代 AI 伦理案例。

📑 背景案例：性别偏见

想象一下，你是一位求职者，满怀期待地投递了简历，但最终的筛选结果却让你质疑：这个"看不见的审判者"——亚马逊的 AI 招聘系统，是如何决定我的职业前途的？

2018 年，亚马逊的 AI 招聘系统因性别偏见问题成为伦理争议的焦点。根据《路透社》报道，这一 AI 系统倾向于给予男性候选人更高的评分，即便女性候选人的资历与男性候选人相当。这是因为该系统基于过去十年的招聘数据进行训练，而这些数据中男性占主导地位。问题的根源在于，AI 系统无意间"学习"了历史数据中的偏见，这反映了更深层次的伦理挑战——算法如何隐性地重塑社会的公平与不公平。

在这种背景下，我们不仅需要关注算法的设计，还需要审视这些算法如何影响人类行为、社会决策以及法律结构。亚马逊采取了果断措施，停用偏见系统，转向人机协作的招聘模式，并引入对齐（alignment）技术，确保 AI 行为符合公司多样性和公平的目标。这提醒我们，AI系统的透明度和可解释性是至关重要的，特别是在涉及公共利益和个人权利的领域中。

想象一下，一个看似简单的招聘决策背后，有一双看不见的手正在操纵，决定谁能进入下一轮面试。你是否意识到，AI算法可能已经在你毫不知情的情况下，对你的职业生涯做出了决定？这些决策不仅仅是冷冰冰的数字，它们深刻嵌入了我们的价值观、偏见和社会伦理。人机交互的设计者们正在塑造的不仅是技术，更是我们对这个世界的理解方式。透明、可解释的AI系统设计能否帮助我们更好地理解技术背后的意图？每一次的交互都是一个教育和赋权的机会，但我们真的理解这些技术的力量吗？AI的快速发展也让我们开始反思：谁来决定这些技术的使用规则？在全球合作的舞台上，不同文化和国家正在为AI的治理而努力。数据隐私、伦理与透明度之间的平衡，成了开发者、政策制定者和使用者共同面对的挑战。我们如何确保技术不会被用来加剧社会的不平等？在算法的背后，是一道道微妙而复杂的伦理选择，稍有偏差，便会带来重大的社会影响。而信任呢？信任不仅仅是对AI技术是否可靠的考量，更是一种社会契约。AI系统是否真的能在复杂多变的环境中保持公平和安全？我们该如何设计问责机制，以确保这些系统的行为符合人类的价值观和需求？这是一个需要我们不断探索的问题，只有通过不断优化和审视，我们才能接近答案。面对AI技术的快速演进，你是否愿意和我们一起探索如何将它与人类的理想相对齐？我们邀请你踏上这段充满挑战与机遇的旅程，去思考、去质疑、去发现技术背后那深藏的伦理脉络。

12.1　人机交互与AI伦理原则

12.1.1　人机交互的技术发展及其伦理挑战

人机交互（human-computer interaction，HCI）是研究人类用户与计算机系统之间互动的学科。随着计算机技术的发展，人机交互已经从最初的简单命令输入发展到如今复杂而直观的多模态交互。现代人机交互技术不仅关注用户体验和操作效率，还重视其伦理影响，例如用户隐私、数据安全、算法偏见等问题。通过创新的界面和互动方式提升人类与技术的协作潜力，人机交互的发展为人类与技术之间的关系带来了深刻的变革，并不断推动着信息技术的进步。

1.人机交互的发展历程

人机交互的发展历程可以追溯到计算机诞生之初。从最初的打孔卡和纸带输入到命令行界面。早期的计算机交互模式主要依赖于复杂的文本命令输入，只有具备专业知识的用户才能有效操作这些系统。这一阶段的交互方式对于普通用户来说相对不友好，限制了计算机技术的广泛普及。这种不友好交互还存在潜在的伦理问题：技术的可访问性和用户的技术素养之间不平等。

20世纪60年代，图形用户界面（graphical user interface，GUI）的出现标志着人机交互的一次重大革新。GUI通过使用图标、窗口、菜单等图形元素，降低了用户与计算机之间的交互门槛，使计算机操作变得更加直观和方便。GUI的推广极大地推动了个人计算机的普及，成为现代人机交互的基础。然而，这种简化的界面背后隐藏了大量复杂的后台处理逻辑，使得用户难以直观理解系统的决策过程。特别是在涉及AI的应用场景中，这种缺乏透明度的设计可能会引发用户的信任问题。

随着互联网的兴起，网页浏览器成了新的交互平台，用户通过点击和滚动等简单操作即可访问海量信息。此时，人机交互的重心逐渐从硬件设备转向了软件和网络服务。与此同时，移动设备的崛起促使触摸屏技术成为主流，手势交互和多点触控的应用使得用户能够以更加自然的方式与设备互动。这些发展也带来了新的伦理问题，例如用户数据的隐私保护和网络安全问题。随着人机交互技术越来越复杂，这些问题对用户的信任度以及数据安全构成了严峻挑战。

近年来，人机交互技术进入了一个更加多样化和智能化的阶段。语音识别、自然语言处理、虚拟现实（VR）、增强现实（AR）等新技术的应用，为人机交互提供了更为丰富的可能性。语音助手和智能家居设备的普及，使得语音交互成为日常生活的一部分。然而，这也带来了数据收集的隐私性和透明性问题，尤其是当这些设备在用户不知情的情况下记录其对话时。VR和AR的沉浸式体验改变了用户与数字世界的交互方式，虽然增强了用户体验，但也带来了新的伦理挑战，如虚拟环境中的安全和隐私保护问题。

2. 现代人机交互技术

现代人机交互技术的发展建立在几十年来技术革新和用户需求演变的基础之上。随着计算能力的提升和新兴技术的成熟，人机交互已经从传统的图形用户界面（GUI）发展到包括语音、触控、手势、虚拟现实在内的多模态交互。现代人机交互技术不仅关注用户界面的设计，还重视增强用户体验、提高操作效率以及促进人机之间的自然互动。

触控技术在移动设备和平板电脑的普及中扮演了重要角色。触控屏幕允许用户通过手指直接与设备进行交互，使操作直观且易于掌握。多点触控技术更是推动了交互设计的创新，使用户能够通过手势进行缩放、旋转、滑动等操作。触控技术的便捷性和直观性极大地提高了移动设备的可用性和用户体验，并成为移动应用设计中的核心元素。

语音交互是现代人机交互技术的另一个重要发展方向。语音识别和自然语言处理技术的进步，使得用户可以通过语音指令与设备进行互动。语音助手，如苹果的Siri、亚马逊的Alexa、谷歌助手等，已经在智能手机、智能音箱和智能家居设备中广泛应用。这些语音助手能够理解和执行用户的语音指令，提供信息查询、日程安排、音乐播放等多种服务。语音交互的自然性使其成为用户无障碍使用技术的重要工具，为用户提供了便捷的交互方式，尤其是在用户双手不方便使用设备的情况下。

手势识别技术通过捕捉和分析用户的手部动作，实现用户对设备的控制和交互。这种技术广泛应用于游戏控制器、智能电视、虚拟现实设备中，为用户提供了沉浸式和直观的互动体验。手势识别消除了传统物理按键和触控的限制，允许用户在更大的空间范围内进行操作，这在增强现实和虚拟现实环境中尤为重要。

虚拟现实（VR）和增强现实（AR）技术进一步扩展了人机交互的边界。VR通过头戴式显示设备（如Oculus Rift、HTC Vive）将用户置于完全虚拟的环境中，提供沉浸式的体验，使用户可以通过动作捕捉与虚拟世界互动。AR则将数字信息叠加在现实世界中，为用户提供增强的视觉体验。这些技术在游戏、教育、医疗、设计等领域展现出了巨大的潜力，为用户提供了全新的感官体验和互动方式。

现代人机交互技术还包括脑机接口（BCI）的探索。这是一种通过测量和解读大脑信号来实现与计算机交互的技术，尽管仍处于研究和开发的早期阶段，但已在医疗康复和增强人类能力方面显示出潜在应用。例如，通过BCI技术，瘫痪患者可以通过大脑信号直接控制轮椅或机械臂，为他们提供新的独立生活方式。

现代人机交互技术的多样化和智能化趋势，反映了技术发展与用户需求之间的密切互动。通过不断创新和完善交互技术，我们可以实现更自然、更高效地人机互动，具有更加个性化和贴心的体验。这些技术的成熟和普及不仅改变了人们的生活方式，也推动了各行业的变革和发展。随着技术的进一步发展，未来的人机交互将继续朝着更智能、更自然的方向演进，为我们提供更加无缝流畅并兼具灵活性的互动体验。

当然，在人机交互技术的发展过程中，平衡设备便捷性与伦理问题尤为重要。触控技术使设备能提供直观且便捷的操作方式，方便用户，但也需要用户不断授权访问个人数据，从而引发了隐私保护的伦理问题。语音交互（如Siri、Alexa）通过理解和执行用户的语音指令提供信息查询、日程安排等服务，但也带来了收集和分析大量用户数据的风险。这些数据的使用应遵循明确的隐私政策和获得用户的知情与同意。手势识别和VR/AR技术为用户提供了沉浸式和直观的互动体验，然而，在追求用户沉浸感的同时，这些技术往往容易忽视用户在使用过程中可能产生的不安全感和滥用数据风险。

3. 人机交互发展趋势

随着科技的迅速发展，人机交互正朝着更加智能、自然和无缝对接的方向演进。这些趋势反映了用户对便捷性、个性化和沉浸式体验日益增长的需求，同时也受益于AI、传感技术和网络基础设施的进步。以下是人机交互领域的几大发展趋势。

　　（1）无界交互和自然用户界面正成为人机交互的重要趋势。用户希望与设备进行更自然和无界的互动，这意味着交互不再仅限于传统的屏幕和键盘。语音、手势、触控等自然交互方式正在融合，创造出更加直观和高效的用户体验。例如，语音助手正在与家居设备无缝集成，使用户可以通过简单的语音命令控制灯光、温度和娱乐系统。与此同时，手势识别和触控技术的结合，允许用户通过手势在空气中操控设备，提供了更自由的互动体验。

　　（2）多模态交互的融合正在不断增强用户体验。多模态交互指的是结合多种感官和输入方式（如语音、视觉、触觉）来实现更丰富的交互体验。这一趋势正在改变人们与技术的互动方式，使用户能够在不同的情境下自由切换交互模式。例如，在一辆智能汽车中，驾驶员可以通过语音与导航系统互动，可以通过手势调整音量，可以通过触控屏进行目的地设置。这种无缝对接的多模态交互提高了操作的便利性和安全性，同时提供了更个性化的用户体验。

　　（3）沉浸式技术的普及正在重新定义用户体验。虚拟现实（VR）和增强现实（AR）技术的提供沉浸式和互动式体验，正在迅速扩展到教育、娱乐、设计、医疗等多个领域。VR设备可以将用户完全带入一个虚拟的环境中，让他们在游戏、学习和社交活动中获得身临其境的体验。AR技术则通过将数字内容叠加在现实世界中，增强用户的视觉感知能力。随着硬件成本的降低和技术的成熟，沉浸式技术正在成为人机交互的重要组成部分。

　　（4）AI驱动的个性化体验是人机交互的另一个重要趋势。AI技术通过分析用户的行为、偏好和历史数据，能够提供高度个性化的内容和服务。这种个性化体验不仅能提升用户满意度，还可以通过推荐系统、智能助手、个性化广告等应用，增加用户的参与度和忠诚度。例如，流媒体平台利用AI算法为用户推荐个性化的影视内容，而电子商务平台则根据用户的浏览和购买历史提供产品推荐。

　　（5）隐形计算是人机交互的前沿趋势。隐形计算指的是计算机系统能够感知用户的环境，并在无需用户显式指令的情况下，自动提供用户所需的服务和信息。这种特点让计算设备几乎隐形地融入用户的生活环境中，使用户能够专注于任务本身，而不必费心于设备的操作。例如，智能家居系统可以通过环境传感器自动调节照明和温度，而不需要用户手动调整。

　　（6）人机交互的伦理和隐私问题正在成为关注的焦点。随着交互技术日益智能化和无缝化，用户数据的收集和使用带来了对隐私和安全的挑战。确保数据使用的透明性和对用户隐私的保护将是未来人机交互发展的关键。开发者和企业需要在设计阶段就考虑到数据伦理和隐私保护，建立可靠的数据管理策略，以赢得用户的信任。

　　人机交互的发展趋势勾勒出一幅技术与人类生活深度融合的图景。随着科技的迅速发展，人机交互正朝着更加智能、自然和无缝对接的方向演进，不断推进交互方式的智能化和个性化，引领我们进入一个更便捷、更直观的数字世界。用户对便捷性、个性化和沉浸式体验的需求日益增长，这使得多模态交互成为主流趋势。这些趋势不仅改变了我们与技术互动的方式，也为未来的创新提供了广阔的空间。当在这些技术创新的背后，伦理和隐私问题也日益成为焦点。随着技术的不断演进，如何在提升用户体验的同时，确保用户数据的透明性、使用的公平性以及技术的安全性，将成为人机交互领域持续探索的重要方向。

随着人机交互技术从简单的触控界面扩展到复杂的多模态体验，我们也逐渐走进一个伦理挑战日益显现的世界。每一次与设备的互动，不论是通过语音指令、手势识别，还是沉浸于虚拟现实，背后都有可能涉及隐私泄露、数据滥用或算法偏见的问题。我们在享受科技带来的便利时，是否真正了解这些技术在搜集和利用我们的数据？我们如何确保这些系统在设计和使用过程中是公平、透明的？这是现代人机交互面临的难题。而且，理解这些挑战仅仅是开始。要真正应对这些问题，我们需要更深入地探讨AI伦理的核心原则，如透明性、公正性、责任性和隐私性，这些原则如何在HCI设计中得到应用，成为技术与伦理相融合的桥梁。如何将这些原则转化为具体的设计规范，以确保AI系统在提升用户体验的同时，也尊重用户的权利和价值观？这些问题将在接下来的讨论中进一步展开。准备好深入探讨这些关键问题了吗？技术设计者和使用者的每一个选择，都将塑造未来的人机互动方式。

12.1.2　AI伦理核心原则及其在HCI设计中的应用

在AI日益融入日常生活的今天，我们不得不面对一个严峻的问题：这些智能系统是否真正服务于人类，给人类带来利益？AI的力量巨大，它能带来前所未有的便利与效率，但同时也伴随着潜在的风险与伦理困境。为了应对这些挑战，透明性、公正性、责任性、隐私和数据保护、安全性和可解释性成了AI伦理的核心原则。透明性使我们看清系统如何做出决策，公正性确保技术不加剧已有的不平等，责任性划定了谁应该为AI的错误负责，后两个则在保障用户数据和权益的过程中扮演着关键角色。这些原则不仅是技术设计中的指南针，更是建立用户信任的基础。当我们将这些原则融入人机交互设计中时，如何在用户体验与伦理之间找到平衡成为一道新的考题。面向未来，AI伦理需要更多的跨学科合作与多元文化理解，以共同塑造一个更加公正、透明和可信赖的AI世界。

1. AI伦理的核心原则

随着AI技术在各个领域的广泛应用，其对社会、经济和个人生活的深刻影响日益加深。因此，制定和遵循AI伦理原则成为确保AI技术安全、可信赖和符合人类道德价值观的必要条件。核心的AI伦理原则包括透明性、公正性、责任性、隐私和数据保护、安全性和可解释性。

（1）透明性。

透明性是AI伦理的基石之一，要求AI系统的决策过程、操作逻辑对用户和监管机构是开放和可解释的。透明性能够帮助用户了解AI系统如何工作，降低对AI技术的不信任感。我国《新一代人工智能治理原则——发展负责任的人工智能》强调，AI技术必须具备透明性，以帮助公众理解其操作机制和决策过程。根据经济合作与发展组织发布的《人工智能原则》，透明性有助于确保AI系统的决策过程能够被理解和审查，促进公众对AI的信任。联合国教科文组织发布的《人工智能伦理问题建议书》进一步指出，透明性是减少对AI偏见和构建用户信任的基础。透明性在AI伦理中具有重要的意义，它不仅帮助用户理解AI系统的内部工作原理，还能降低发生系统误用和意外风险的可能性。通过公开和可解释的决策过程，透明性提高了用户的信任感，使用户能够更好地掌控技术对其生活的影响。在实际应用中，透明性有助于发现和纠正算法中的偏见和错误。例如，本章开篇案例中，2018年亚马逊的AI招聘系统因未能实现透明性而导致性别偏见的问题，这一事件凸显了公开算法逻辑和数据集的重要性。当公众和专家能够审查这些算法时，类似的问题可以得到更快的识别和解决。另一个案例是银行的贷款审核系统。如果一个AI模型在审核贷款申请时不公开其决策因素，则可能会因为数据偏差导致歧视性决策。而如果这些系统的决策逻辑是透明的，监管机构和用户可以更容易检测到潜在的歧视，并推动系统改进。透明性不仅提升了用户体验，还增加了金融系统的公平性和可靠性。透明性作为AI伦理的基石，在促进用户信任、减少偏见和确保技术可靠性方面发挥着至关重要的作用。它推动了技术的发展与人类价值观的相互对齐，为AI的广泛应用创造了更加安全和公平的环境。

（2）公正性。

公正性是AI伦理的核心原则之一，旨在确保人工智能系统在设计、开发和应用过程中避免任何形式的偏见和歧视，维护社会的公平与正义。中国信息通信研究院在《人工智能伦理治理研究报告（2023年）》中指出，公正性要求AI技术在数据采集和算法设计中严格控制偏见，确保多样性和代表性，从而避免社会不平等的扩大。同样，美国电气电子工程师学会发布的《自主和智能系统伦理指南》也强调，公正性原则对于防止算法决策中出现不公平结果至关重要，特别是在数据管理和应用场景中。欧盟委员会的人工智能高级专家组发布的《可信赖AI的伦理指南》进一步补充道，公正性不仅限于算法和数据，还涉及技术的广泛社会责任，确保技术在促进社会进步的同时，不加剧现有的不公正现象。公正性的重要性在于，它帮助确保AI系统能够为所有用户提供公平的服务，而不因性别、种族、宗教或其他身份特征产生歧视。通过实现公正性，AI技术可以减少无意识偏见的影响，并提升其社会认可度与用户信任度。公正性要求在算法设计中引入偏见检测和多样性审查机制，确保数据和决策的公正性。例如，谷歌的面部识别软件在识别肤色较深的个体时出现偏差，这一问题反映出数据多样性不足和偏见检测机制缺失的风险。通过增加数据集的多样性和透明的审查过程，类似的偏差问题可以被有效减少。另一个典型案例是美国司法系统中使用的犯罪风险评估工具COMPAS，该系统因对黑人群体存在较高的再犯风险预测偏差而备受争议。缺乏公正性的算法不仅会对个人的生活产生深远影响，还可能导致系统性的不公平被放大。因此，公正性原则在AI系统设计和应用中的重要性不容忽视。通过严格遵循这一原则，开发者可以确保AI技术的公平性和可靠性，防止技术在无意中加剧社会不平等。公正性原则为AI伦理设定了明确的标准，使AI不仅能够创新和高效运作，还能真正体现社会价值观。

（3）责任性。

责任性是AI伦理中至关重要的原则，确保在AI系统出现错误或负面影响时，能够迅速识别问题并明确责任归属。根据中国信息通信研究院的《人工智能伦理治理研究报告（2023年）》，责任性要求AI开发者和使用者对系统的行为和后果承担责任，特别是在发生问题时，能够迅速采取纠正措施，以避免推卸责任和不必要的争议。美国电气电子工程师学会发布的《自主和智能系统伦理指南》同样强调了设立明确的责任框架的重要性，确保在开发和部署AI技术时可以追溯错误来源，促进系统的安全性和可靠性。欧盟的《人工智能责任和问责框架》进一步指出，责任性原则旨在通过明确的法律框架来解决因AI引发的责任问题，从而提高AI系统的透明度和可信度。责任性的重要性在于，它不仅能够增强AI系统的可靠性和用户信任度，还能为社会提供一种安全保障。通过明确责任归属和问责机制，责任性促使开发者和使用者在AI设计和使用过程中更加谨慎，减少潜在的风险和不良影响。这种责任感能够促进技术的稳步发展，使其更好地服务于社会和人类的长远利益。例如，2016年微软的聊天机器人Tay因受到网络用户的恶意训练而发布种族歧视性言论，引发广泛争议。责任性原则要求微软为其AI系统的行为负责，并迅速采取行动下线Tay，同时进行深刻反思和技术改进，以防止类似事件的再次发生。另一个例子是2018年优步自动驾驶汽车的致命事故，这一事件再次凸显了责任性的重要性。责任性原则要求公司明确事故责任，并通过透明的调查和技术改进确保类似事件不再发生。因此，责任性不仅是对AI技术的要求，更是对社会和法律的承诺。通过严格遵循这一原则，AI系统的开发和应用可以更好地符合人类价值观，确保在快速发展的技术环境中建立一个更安全和可信赖的未来。

（4）隐私和数据保护。

从互联网诞生之初，隐私和数据保护就成为一个核心议题。随着AI和大数据技术的迅速发展，这一问题变得更加突出，因为用户的每一次在线互动都可能被记录和分析。在中国的《中华人民共和国网络安全法》和《中华人民共和国数据安全法》中，数据隐私被严格保护，法律要求在数据的收集、使用和存储过程中遵循合法合规的原则，确保用户对其数据拥有知情权和控制权。欧盟的《通用数据保护条例》规定，AI开发者在处理用户数据时必须遵循严格的隐私标准，确保数据使用透明并得到用户明确授权。联合国在其关于数字时代隐私权的报告中也强调，在AI和大数据日益普及的背景下，隐私权的保护变得更加重要，需要防止因缺乏适当的保障措施而导致的隐私权侵害。隐私和数据保护的意义在于，它不仅关系到用户的基本权益保护，还在很大程度上决定了用户是否信任AI技术。有效的数据保护措施能够防止数据滥用和无意间的监控，帮助建立更好的用户信任关系。例如，2018年的脸书和剑桥分析事件暴露了数据滥用的风险，数百万用户的数据在未经明确同意的情况下被用于政治广告和商业用途，这引发了全球对数据隐私的广泛关注，推动了全球范围内的数据隐私立法进程。另一个案例是亚马逊Alexa设备在用户不知情的情况下收集私人谈话数据，这一事件引发了关于隐私保护和透明度的讨论，促使企业改进其数据使用政策并增加用户控制权。随着技术的不断进步，新的挑战也不断出现，如如何有效监管跨境数据流动以及如何在保护隐私的同时推动AI技术创新。这些问题都需要国际社会的共同努力来解决。

（5）安全性和可解释性。

从早期发展阶段起，安全性和可解释性就一直是AI伦理中的重要组成部分，随着AI系统的广泛应用，这些原则的必要性愈发凸显。一个真正安全的AI系统不仅要能够防范外部攻击，还要防止内部决策的误用和失控，确保其内部决策的合理性和透明度。安全性和可解释性是AI伦理中的关键原则，尤其是在人工智能系统被广泛应用于社会关键领域时，这些原则的重要性更加显现。AI Now研究所发布的《AI Now 2018报告》指出，可解释性是确保AI系统透明度和用户信任度的关键原则。可解释性有助于在问题出现时迅速识别原因并采取有效的纠正措施，从而防止风险扩大。清华大学姚期智院士等专家在2024年世界人工智能大会暨人工智能全球治理高级别会议上讨论了AI的安全性，强调在AI开发的各个阶段需建立有效的安全监督和解释机制。专家们认为，这种机制可以确保AI系统在紧急情况下做出透明和可控的决策，这对提升公众信任度和促进技术接受度具有重要作用。另一个典型例子是中国发布的《可信AI技术和应用进展白皮书（2023）》，它由中国信息通信研究院牵头，旨在推动AI技术的安全性和可解释性认证。该白皮书提出了一系列标准，要求AI系统在开发和应用过程中必须具备透明的决策逻辑和有效的安全措施。通过这样的认证，可以帮助确保AI系统的稳健性，减少潜在的风险，防止被滥用。安全性和可解释性的意义在于，它们不仅能够防止技术滥用，还能为用户提供安全保障。各国政府和机构的努力，尤其是在政策制定、认证和技术监督方面的探索，表明AI的安全性和可解释性正成为AI治理的核心问题。未来的AI技术需要在保障创新速度的同时，确保系统的安全性和透明性，以实现更大的社会福祉。

在讨论AI伦理时，隐私和数据保护以及安全性和可解释性虽然各自关注不同的问题领域，但它们在确保AI系统的公正性、透明性和社会可接受性方面密不可分。隐私和数据保护关注的是如何在快速发展的技术环境中维护用户的基本权利和信任，而安全性和可解释性则涉及确保AI系统运行的可靠性和透明度，使其在决策过程中能够被追溯和理解。因此，AI技术的治理不仅需要在数据和算法层面采取具体的措施来保障隐私，还需要确保系统在设计和应用中能做到安全和可解释。通过这样的双重策略，可以更全面地应对人工智能在实际应用中的复杂伦理挑战。

正如我们所看到的，AI伦理的核心原则——透明性、公正性、责任性、隐私和数据保护、安全性与和可解释性——不是一些空泛的指导方针，它们为如何在技术创新的同时维护社会信任和公平性提供了实际的路径。透明性让我们看清AI系统如何做出决策，从而减少误解和恐惧；公正性使得技术的每一步都能够公平地服务于每一个人；责任性强调在面对错误和事故时，谁该为AI的行为负责。与此同时，隐私和数据保护、安全性和可解释性则确保技术不会侵犯个人权利，也不会在我们无法理解的情况下悄然运行。

然而，现实总是比原则更为复杂。在AI技术真正进入人们的日常生活时，我们发现，简单的原则并不能解决所有的问题。如何在个性化推荐和数据隐私之间找到平衡？如何避免算法带来的无意识偏见？这些问题并不只是哲学上的讨论，更是具体的伦理挑战，要求我们在每个决策和设计时刻都做出取舍。

接下来，让我们通过一些具体的案例来看看这些伦理困境是如何显现的。比如，AI招聘系统是如何在无意间重演性别偏见的？自动驾驶汽车在紧急情况下的决策权又该如何设定？通过这些案例，我们不仅能看到AI伦理的复杂性，还能了解如何在实际的人机交互设计中更好地应用这些原则。毕竟，技术的发展和人类的福祉需要走在同一条道路上。

2. 伦理困境与案例分析

随着AI技术在各个领域的深入应用，伦理困境越来越多地出现在我们的视野中。这些困境往往涉及复杂的价值判断和利益冲突，需要成熟的政策和规范来引导技术的正确发展。

（1）医疗领域的AI伦理困境。

在医疗领域，AI技术的应用带来了许多潜在的伦理问题。尽管AI能够显著提高诊断效率和精准度，但其决策过程和对数据依赖的透明度不足，可能导致严重的误诊或歧视性结果。比如，在中国一些大城市的顶尖医院，AI已经被用于癌症筛查和诊断，虽然效果显著，但由于早期训练数据的单一性和偏差问题，部分系统对某些少数群体的风险评估不够准确。这样的系统性问题并非单一案例，它揭示了数据偏差和模型不透明带来的深刻隐患。（请你用AI工具搜索"AI医疗伦理案例""AI诊断偏见""AI癌症筛查偏差"等）。

这类问题的核心在于，AI模型的训练严重依赖大量的历史数据，这些数据往往缺乏多样性和代表性，导致算法在应用中表现出偏见。AI系统作为"黑箱"工具，缺乏对其决策逻辑的清晰解释，医生和患者难以理解其依据的标准。过去的改进策略包括引入更多元的数据集、在模型开发阶段增加偏见检测以及提高算法的可解释性。然而，这些改进在提升AI系统公平性和准确性的同时，也暴露出算法更新和数据隐私保护之间的矛盾。未来，这一领域需要持续探索如何平衡数据多样性和隐私保护，如何在复杂的AI模型中实现更高水平的透明度，帮助医生和患者更好地理解和信任AI的诊断。

AI伦理调研关键词：AI医疗伦理、数据偏见、透明性、隐私保护、算法可解释性。

（2）交通与自动驾驶的伦理挑战。

自动驾驶技术的发展展现出了改变交通模式的巨大潜力，但与此同时也出现了棘手的伦理难题。尤其是在无法避免的交通事故中，AI系统需要在极端条件下快速做出决策，例如选择在不同的伤害之间进行取舍。（请你用AI工具搜索"自动驾驶伦理案例""电车难题自动驾驶""自动驾驶责任归属"等）。

这种场景引发了关于如何编程自动驾驶车辆决策逻辑的广泛伦理讨论，类似于经典的"电车难题"。在中国，北京、上海等地的自动驾驶测试项目表明，虽然技术在快速进步，但在复杂路况下的应对决策依然存在问题。几起涉及自动驾驶车辆的事故暴露了AI系统在面对复杂现实情况时的不足。事故发生后，责任如何划分的问题更加复杂，自动驾驶系统的伦理决策机制因此备受关注。已有开发者和政策制定者尝试通过模拟各种紧急情况和引入多样化的伦理框架来优化自动驾驶的决策算法，但效果尚不理想。如何在技术设计和伦理考量之间取得平衡，仍然是一个需要各方不断探索的领域。未来，需要引入更为复杂的伦理模型和政策框架，确保自动驾驶技术在实际应用中符合社会的伦理期望。

AI伦理调研关键词：自动驾驶伦理、电车难题、责任归属、复杂决策模型、政策框架。

（3）公共安全与监控的道德争议。

面部识别技术的应用在公共安全领域带来了显著的安全性提升，但其大规模应用也引发了关于隐私保护和公正性的伦理争议。在中国，类似"天网"工程的智能监控系统被广泛用于公共场所，这有助于打击犯罪，但也因其广泛的监控和数据收集功能引起了公众对隐私的担忧。（请你用AI工具搜索"面部识别伦理争议""天网工程隐私问题""面部识别公共安全公正性"）。

面部识别技术的问题在于，数据收集往往没有充分的透明度和公众知情权保障，可能导致过度监控和偏见。例如，一些案例显示，面部识别算法在处理不同人群时表现出明显的偏差，可能导致不公平的执法或公共管理结果。为应对这些问题，政府和企业已开始采取措施，例如限制技术的使用场景、引入更严格的审查机制和透明度要求。然而，这些措施在实施效果上各有优劣。未来，如何在提升公共安全的同时保护个人隐私，如何通过技术和法规的结合确保面部识别的公平使用，将是这一领域持续关注的重点。

AI伦理调研关键词：面部识别伦理、隐私保护、智能监控、公正性、数据透明度。

（4）招聘中的AI伦理困境。

在招聘和人力资源管理中，AI技术被广泛应用于简历筛选和候选人评估。然而，历史数据中的性别、种族和地域偏见可能在AI系统中被放大，造成歧视性的招聘结果。这样的偏见不仅影响求职者的平等机会，还可能无意中加剧社会不公。（请你用AI工具搜索"AI招聘歧视案例""AI偏见数据多样性""AI简历筛选伦理问题"等）。

一些公司在发现问题后开始采取措施，比如优化数据集、建立多样性标准和偏见检测机制，以减少AI招聘中的不公平现象。这些措施成功与否取决于对偏见的早期检测和持续改进，同时还需要政策制定者和企业共同努力，建立透明、公正和负责任的AI招聘流程。未来，这一领域需要继续探索如何在算法开发过程中引入更严格的公正性审查，如何在保护个人隐私的同时建立更公平的招聘流程。

AI伦理调研关键词：AI招聘伦理、数据偏见、公正性、透明度、责任性。

（5）金融领域的信任与安全性问题。

AI在金融领域的应用，例如信用评分和贷款审批，可以提高效率和准确性，但也会因数据偏差或系统透明度不足而引发信任问题。在一些金融科技案例中，低收入群体和偏远地区居民因数据缺失或偏差，可能面临不公平的信贷决策。（请你用AI工具搜索"AI信用评分歧视案例""金融AI伦理问题""AI贷款审批透明度"等）。

已有的改进措施包括开发更具透明性的AI系统、引入更严格的算法偏见检测机制以及提升用户的知情权和选择权。尽管如此，如何在确保决策的公平性、可靠性与保持系统效率之间取得平衡，仍然是金融AI技术需要解决的核心问题。随着对金融数据隐私和安全性要求的不断提高，未来AI在金融领域的应用需要更强的透明性、可解释性和责任归属性。

AI伦理调研关键词：AI金融伦理、信用评分、公正性、系统透明度、数据安全。

以上案例分析揭示了AI技术在医疗、交通、公共安全、招聘、金融等领域中面临的复杂伦理困境。每一个场景都体现了技术应用中的潜在风险和道德挑战，特别是在透明性、公正性、隐私和数据保护、责任性方面。这些挑战不仅限于我们讨论的领域，AI技术在教育、司法、社交媒体等其他领域同样面临伦理困境。例如，教育领域的AI技术在学生成绩预测和个性化学习推荐中可能存在数据偏见和算法歧视的问题；而在司法系统中，AI用于罪犯风险评估和判刑建议时，如果算法缺乏透明性和公正性，可能会加剧现有的不公正现象。

随着AI技术在更多领域中的广泛应用，建立一套完整且具有约束力的伦理规范和标准变得至关重要。这些规范不仅应涵盖透明性、公正性、隐私和数据保护、安全性和可解释性等伦理原则，还需适应不同文化、行业和社会背景的差异。在接下来的部分中，我们将一起调研现有的AI伦理规范和标准，以及这些规范如何在技术开发和应用中起到指导和约束作用，帮助确保AI技术的发展方向符合人类的核心价值观和社会整体利益。

3. 伦理规范与标准

随着AI技术在全球范围内的快速发展，国际社会开始关注AI应用中的伦理和法律挑战，并制定一系列规范和标准以指导其发展。制定国际伦理规范与标准旨在确保AI技术的开发和应用符合全球范围内的道德标准和社会期望。这些规范和标准不仅帮助各国政府、企业和开发者在AI技术使用中遵循伦理原则，还促进了跨国合作与一致行动，以解决全球性的问题和挑战。

近年来，中国在AI伦理规范和标准制定方面取得了显著进展。《新一代人工智能治理原则——发展负责任的人工智能》由国家新一代人工智能治理专业委员会于2019年发布，涵盖15项核心伦理原则，包括可控性、可追溯性、透明性、隐私保护、公正性等。该文件不仅指导了政府部门的AI政策制定，还为企业和科研机构提供了明确的伦理方向。《人工智能安全与可控白皮书（2021年）》由中国工程院发布，讨论了AI技术在数据安全、隐私保护、算法偏见等方面的挑战，并提出了应对策略。白皮书强调"安全可控"是AI技术发展的前提，呼吁在技术设计和应用中优先考虑伦理问题。《信息技术人工智能治理要求（2022年）》这一国家标准草案由中国国家标准化管理委员会提出，目标是规范AI技术的开发和应用过程，确保系统的安全性、可靠性和伦理合规性。标准草案强调在AI开发的各个阶段，包括数据处理、算法设计和系统部署，均需嵌入伦理审查机制。2023年，国家网信办联合多部门发布的《生成式人工智能服务管理暂行办法》，是全球首部生成式人工智能法律。2024年1月，广州互联网法院生效了一起生成式AI服务侵犯他人著作权的判决，这是全球范围内首例生成式AI服务侵犯他人著作权的生效判决。《北京市AI治理框架和实施指南》是北京市于2024年发布的AI治理地方性法规，重点在于AI伦理的本地化实践，如在医疗、教育、公共服务等领域建立具体的伦理审查制度和合规措施。《中华人民共和国学位法》于2025年1月1日起施行，其中第三十七条规定学位论文或者实践成果严禁代写、剽窃、伪造。多地高校相继出台政策，严禁用AI代写论文。

国际社会在AI伦理规范方面也采取了多项举措。联合国教科文组织在2021年发布了《人工智能伦理问题建议书》，这是全球首个围绕AI伦理问题的全面性指导文件。该文件强调了AI技术在全球发展中的伦理、社会和环境责任，提出了尊重人权、促进可持续发展、公平等核心原则。联合国教科文组织的指导框架为各国政府和组织提供了参考，帮助他们在制定AI政策和策略时将伦理问题纳入考量。欧盟在AI伦理领域一直处于全球领先地位，其制定的《人工智能法案》构建了一个全面的监管框架。该法案旨在确保AI系统在欧洲的开发和应用符合伦理和法律标准，特别是在高风险领域。该法案不仅涵盖了透明性和问责制等重要原则，还对高风险AI应用提出了严格的合规要求，例如在医疗、交通、公共安全等领域要求对AI系统进行严格评估和认证。通过这些措施，欧盟力求确保AI技术在保障公众安全和基本权利的同时，推动创新和经济增长。美国电气电子工程师学会发布了一系列AI伦理设计标准，倡导"伦理内嵌"的方法。这些标准旨在为开发者提供技术指南，以确保AI系统的公正性、透明性和责任性。其标准特别强调在AI系统的设计过程中嵌入伦理原则，以便在开发早期就能够识别和应对潜在的伦理问题。这种标准化的方法不仅帮助开发者在技术实现中遵循伦理原则，也为AI系统的用户提供了更高的信任感和安全感。全球人工智能伦理联盟是由多个国家和地区的代表组成的国际合作组织，旨在通过协作促进AI伦理标准的制定和实施。该联盟的工作包括建立共同的伦理框架、分享最佳实践和推动全球范围内的政策协调。通过全球性的合作，联盟成员希望在AI技术的伦理挑战方面达成共识，并制定有效的应对策略。

尽管国际组织和各国政府已经在AI伦理规范与标准方面取得了显著进展，但在不同文化、社会和经济背景下，如何实现这些规范的一致性和适用性仍然是一个挑战。各国在AI伦理问题上的立场和优先级可能有所不同，这需要通过持续的国际对话和合作来解决。未来，随着AI技术的不断进步和应用范围的扩大，国际伦理规范与标准将继续演变，以应对新兴的伦理挑战和技术趋势。在全球范围内推动AI伦理规范的实施，不仅需要法律和政策的支持，还需要学术界、工业界和公众的广泛参与。通过多方协作，AI技术有望在全球范围内实现负责任和可持续的发展，确保其在促进经济和社会进步的同时，维护人类的基本价值观和权利。这一过程将考验国际社会在面对复杂技术问题时的合作能力和创新精神，并为未来的技术治理提供宝贵的经验。

需要特别注意的是，随着AI技术的不断发展，新的问题和挑战不断涌现，推动着伦理规范和标准的持续更新。AI的应用场景越多，潜在的伦理风险也越多。伦理规范的制定不仅需要快速响应技术的变化，还需要提前预见可能出现的问题和趋势。因此，学生需要认识到，AI伦理规范和标准并不是固定不变的，而是一个动态发展的过程，必须保持对新法规、新指南的持续关注和学习。尤其是在全球各地新法规频繁出台的背景下，跟踪最新的规范变化显得尤为重要。

4.如何思考和调研新的AI伦理规范？

表12-1列出了过去几年的重要AI伦理规范和标准关键词，学生可以以此为起点进行深入研究。以下7种思维方式可以帮助学生有效调研和跟踪最新的AI伦理规范。

（1）跨学科的视角：AI伦理问题不仅仅是技术问题，还涉及法律、社会学、哲学等多个学科。学生们可以从多学科的交叉点来研究新规范，思考技术的社会影响、法律约束和哲学基础如何共同塑造AI伦理。

（2）案例分析的视角：通过研究过去几年引发广泛讨论的AI伦理案例（如亚马逊AI招聘系统中的性别歧视问题），探讨这些案例是如何推动新的伦理规范制定的，并预测未来规范可能出现的趋势。

（3）国际与本地的对比分析：比较不同国家和地区的AI伦理规范，分析不同文化、政治和经济背景下的政策差异。这样可以发现国家间的共性和个性，并预测在全球化背景下的未来合作方向。

（4）技术发展与伦理规范的互动视角：关注新兴AI技术（如生成式AI、边缘计算和量子计算）的发展，探讨这些技术如何挑战现有的伦理框架，可能促使哪些新规范出台。

（5）关注多方利益相关者的视角：AI伦理规范的制定和实施不仅涉及政府和国际组织，还涉及企业、学术界和公众。调研时应关注这些不同利益相关者的立场和行动，预测可能的博弈和合作。

（6）长期演变的视角：研究过去的AI伦理规范和标准的演变过程，识别哪些问题逐步得到了更严格的规范，哪些问题仍然没有得到充分解决，从而预测未来的规范更新方向。

（7）技术落地与实际效果评估的视角：研究已实施的AI伦理规范和标准的效果，通过分析它们在实际应用中的成效和不足，提出可能的改进方向和新规范建议。

表12-1　AI调研关键词索引表

时间/时间段	AI调研	
	中国AI伦理框架与标准关键词	国际AI伦理框架与标准关键词
2017年	《新一代人工智能发展规划》	美国电气电子工程师学会《自主和智能系统伦理指南》
2019年	《新一代人工智能治理原则——发展负责任的人工智能》	经济合作与发展组织《人工智能原则》
2021年	《中华人民共和国网络安全法》《中华人民共和国数据安全法》《人工智能安全与可控白皮书》	联合国教科文组织《人工智能伦理问题建议书》
2022年	《信息技术人工智能治理要求》	欧盟《人工智能法案》
2023年	《人工智能伦理治理标准化指南》	《全球AI伦理联盟合作框架》
2024年	《北京市AI治理框架和实施指南》	《全球AI治理原则》

12.1.3 案例讨论与扩展——伦理与技术进步的平衡

在前面我们探讨了人机交互技术的演变及其所带来的伦理挑战，特别是关于透明性、公正性、隐私性、安全性等核心伦理原则在设计中的应用。我们详细讨论了如何在AI驱动的交互系统中平衡这些原则，以避免潜在的偏见和不公正。在本部分中，我们将回到具体案例进一步探讨这些问题的复杂性和现实影响。在多个领域的AI应用中，性别偏见常常由于数据和算法设计不当而潜移默化地渗透。很多招聘系统在实施时被发现对女性求职者存在系统性偏见——它倾向于优先考虑男性候选人，这是因为其基于过往数据中的性别偏见。技术进步与伦理平衡之间所揭示的深刻问题是什么？在科技快速发展的过程中，如何确保算法和数据的公平性、透明性以及对隐私的尊重？企业和开发者又该如何承担相应的伦理责任？这些问题将在案例的进一步分析中得到展开。通过这样的方式，我们希望能为AI伦理与技术发展之间的平衡找到更具建设性的路径。学生可以利用附录替换本案例重新思考伦理与技术发展的平衡，以实现学习迁移。

1.案例分析：亚马逊AI招聘系统中的人机交互问题

亚马逊的AI招聘系统案例清楚地展示了现代人机交互技术在实践中的伦理挑战。尽管AI招聘系统旨在通过自动化提高招聘效率，但由于其依赖的历史数据本身存在性别偏见，该系统最终会无意中学习并放大了这种偏见。以下是该案例中涉及的人机交互相关问题。

●透明性和解释性缺乏：用户（如招聘经理）在与系统交互时，只能看到最终推荐的候选人，而无法了解AI是如何做出这些决策的。这种"黑箱"性质既降低了用户对系统的信任，也掩盖了用户对系统潜在的偏见。

●用户反馈机制的缺失：该系统没有设计任何反馈机制以允许用户（如招聘经理）报告或调整偏见性结果。缺乏这样的互动途径使得偏见难以及时被识别和纠正。

2.问题解决方法：伦理原则和在人机交互设计中的应用

在亚马逊的AI招聘系统案例中，系统性别偏见的暴露清楚地显示了现代人机交互技术的伦理挑战。为了应对这一问题，亚马逊果断采取了行动，首先，立即停用有偏见的AI招聘系统。公司认识到，基于男性主导的历史数据进行训练的模型无法在性别问题上保持公平。其次，亚马逊决定加强招聘过程中的人类监督与决策，不再完全依赖自动化的AI系统，而是转向人机协作的招聘方式，以减少AI系统对招聘结果的单方面影响。最终的招聘决策仍由人类招聘人员做出，这一举措有效降低了潜在偏见的风险。最后，亚马逊重组了其技术团队，重新优化了AI项目的应用方向，将重点放在内部流程优化和员工绩效管理等不涉及敏感偏见问题的领域。同时，公司在模型训练中避免涉及性别、种族等敏感特征，旨在从根本上减少数据偏见的积累。这一系列措施表明了亚马逊在应对AI系统偏见时的灵活应变能力和对公平性问题的高度重视。总结其方法，亚马逊停用了有偏见的AI系统，转向人机协作的招聘方式。这一转变包括以下策略：

●改进人机界面设计：为用户提供更清晰的决策流程信息，阐明AI算法的决策依据和选择逻辑，使用户能更好地理解和信任AI系统。

●引入多层次反馈回路：设计新的用户反馈系统，允许用户在发现AI决策问题时及时报告和纠正，确保系统在长期运行中不断自我优化和改进。

●伦理审查与多样性培训：在系统设计和数据收集阶段引入伦理审查委员会，确保模型不会因数据偏见而导致不公平结果；同时，为AI设计人员提供关于多样性和公平性的培训，使其更好地理解和设计公平的AI系统。

3.案例启示与扩展：伦理框架多学科实践应用指导

亚马逊AI招聘系统因性别偏见引发的问题，揭示了一个更深层的伦理危机：当我们把决策权交给那些看似客观的算法时，如何确保它们的每一步都符合公正的标准？这个系统原本是为了简化招聘流程、提升效率，但在无意中，它依赖了历史数据中的偏见，将性别歧视固化为一种新的决策逻辑。这不只是一个技术故障，更是一个道德警示。一个无法透明展示其决策过程的系统，就像是一片被迷雾笼罩的森林，人们无法预见潜在的陷阱和障碍。这样的案例让我们意识到，只有当AI系统的决策机制被完全打开时，偏见和不公平才能被迅速识别和纠正。想象一个招聘经理能够看到AI推荐每位候选人的具体理由，当对一个决策产生疑问时，他可以立即质询。这种透明度不仅可以消除误解，还能够重新构建信任。在这样的系统中，每一个用户的声音都能被及时听到。反馈机制成为一种实时的警报器，提醒我们在何处偏离了公正的轨道。一个独立的伦理审查团队，则会定期审视算法的工作方式，确保它们能够持续适应变化的社会环境，避免将偏见一再放大。

这并不是招聘领域的专有问题。试想，一个信用评分系统如果缺乏这种透明性和反馈机制，许多借贷申请可能会因为种族或性别的历史数据偏见而被无端拒绝。而在医疗系统中，一个未经审查的AI可能忽略某些种族特定的病症特征，导致延误诊断。透明化反馈通道的建立以及独立的审查对招聘系统至关重要，这些机制更应该成为AI在金融、医疗等关键领域的基础架构。只有这样，AI才能真正帮助我们在技术进步与社会责任之间找到合理的平衡。这种平衡的建立，离不开多学科的智慧碰撞。法律学者为这些系统的公正性编织出一张保护网，制定明确的法规，确保数据使用合法与合规。伦理学家则深入探讨算法偏见的本质，为设计者提供深刻的道德指导，避免无意识的偏见渗透系统。社会学者更是站在多样性与包容性的前沿，通过研究不同群体对AI的需求和反应，帮助开发者设计出更具代表性的系统。可以想象，当这些学科的研究成果汇聚到一起，一个更加负责任、更有同理心的AI设计框架将逐渐浮现。

也许未来的某一天，我们将生活在一个AI技术不再只是冷冰冰的计算工具，而是一个真正体现人类价值观的合作伙伴的世界中。那时的AI，不仅能洞察我们的需求，更能理解我们的社会原则和伦理底线。这样的未来，值得我们去追求与守护。

思考与练习

想象一个世界，AI系统无处不在，悄无声息地影响着我们的每一次选择和决定。本节带领我们进入了这个世界，揭示了人机交互（HCI）领域中围绕AI技术展开的核心伦理问题。随着AI技术的迅猛发展，它不仅改变了我们的工作方式，还挑战了我们关于隐私、数据安全和公正性的认知。当一套算法能决定谁可以得到工作，谁可以获得贷款时，这些看似技术性的选择，背后其实隐藏着深刻的伦理困境。开篇从AI在人机交互中的演变开始。你会看到，随着技术的进步，AI的决策系统变得越来越复杂，它们在为用户提供便利的同时，也带来了隐私泄露、数据滥用、算法偏见等伦理挑战。如何让一个AI系统不仅能做出高效的决策，还能保证这些决策的公平？本节的讨论把目光投向了那些被视为构建公正AI系统的基石：透明性、公正性、责任性、隐私和数据保护、安全性和可解释性。在一个理想的世界里，AI应该如同一块透明的玻璃，允许每一个用户看到它的决策依据。

而现实却并非如此简单。接下来的部分深入探讨了这些核心原则如何在人机交互设计中得以应用。想象一个招聘经理面对AI推荐的候选人列表时，屏幕上清晰显示出每一个推荐的理由，这种设计能否让他更有信心地做出决策？如果系统还具备一个开放的反馈机制，让他能够在发现不公正时立即做出调整，这是否会让整个过程更具人性化？你会发现，这种设计理念不仅是在解决一个技术问题，更是在建立一种新型的信任关系。但是，当AI的力量不受控制地扩展时，会发生什么？亚马逊的AI招聘系统案例给了我们一个深刻的教训。它展示了缺乏透明性的系统如何放大历史偏见，如何让一个本应公正的工具成为歧视的温床。读到这里，你不禁会思考：如果我们在数据收集和算法设计的每一步都加入独立的伦理审查，这样的偏见是否可以被消除？这是本节希望引发的思考。如果你已经开始思考，那么请你继续深入。按照下边的步骤，结合AI工具，以思维起点问题或者思维燃料例子为提示，进行智能对话。最后以有声思考为方式，以输出为结果导向开展输入增加练习。

第一步 思维起点

人机交互的发展不仅涉及技术的进步，还关乎用户体验的优化和人与技术的深度融合。思考以下问题，开启你的关于人机交互的思维探索。

（1）人机交互的发展历程如何反映技术进步与用户需求的变化？

（2）现代人机交互技术如何通过多模态交互提升用户体验？

（3）虚拟现实（VR）和增强现实（AR）在人机交互中的应用有何创新？

（4）AI 技术如何推动人机交互的个性化体验？

（5）隐形计算（ambient computing）对未来的人机交互意味着什么？

（6）语音识别技术如何改变人机交互的模式？

（7）在人机交互中，如何解决便捷性与隐私保护之间的冲突？

（8）脑机接口（BCI）作为未来人机交互技术的潜力如何？

（9）沉浸式技术在教育和医疗领域的应用将如何改变现有模式？

（10）现代人机交互技术如何影响社会伦理和用户隐私？

当我们开始思考 AI 伦理问题时，例如，讨论自动驾驶汽车如何在不可避免的事故中做出决策时，我们会思考：AI 系统如何在安全性和伦理性之间取得平衡？同样，面部识别技术在便利服务的同时，也可能引发与隐私保护之间的冲突，也成为思考 AI 伦理的起点。这样的观察和质疑不仅引发思考，还为我们深入探讨 AI 伦理的原则和实践提供了方向。现在请你结合本节内容找到你自己思考的起点，以下是一些有关 AI 伦理的问题，你可以挑选一个开启思考：

（1）为什么透明性在 AI 伦理中如此重要？

（2）如何在 AI 系统中确保公正性而不影响效率？

（3）责任性原则应如何在 AI 开发与应用中体现？

（4）隐私和数据保护如何在 AI 技术的应用中得到保障？

（5）面对 AI 技术的不透明性，如何建立用户信任？

（6）什么样的措施可以防止 AI 在数据处理中的偏见？

（7）如何在 AI 系统中融入隐私保护机制？

（8）真实案例中 AI 伦理冲突的具体表现是什么？

（9）AI 伦理原则如何指导 AI 在医疗、交通等关键领域的发展？

（10）AI 生成内容的真实性与版权问题如何应对？

第二步 思维燃料

输出的前提是有足够的输入。当下知识爆炸，获取陌生领域的知识不再是我们的首要任务，获取哪些知识、如何获取、如何甄别、最后选择哪些知识放入我们的长时记忆，这些正是当下学习的新方式。在深入思考前，书籍、论文、影视剧、网络等都是信息获取的通道。如马克·考科尔伯格（Mark Coeckelbergh）的《人工智能伦理学》（*AI Ethics*）深入探讨了 AI 技术的道德挑战，包括透明性、公正性和责任性等关键原则。这本书通过理论分析和实际案例，为我们提供了在复杂道德困境中如何做出平衡决策的思路，帮助我们理解如何在

AI开发中融入伦理思考。又如2014年的电影《机械姬》通过描绘一个AI机器人与人类之间的互动,探讨了透明性和可解释性在AI中的重要性。这部影片激发了人们对AI自主性与人类控制之间伦理关系的深刻反思。同样,电视剧《西部世界》展现了AI系统在复杂道德情境中的角色,这为思考AI技术的伦理规范提供了直观的参考。学术研究则为AI伦理提供了理论支持和实证分析。通过这些渠道,你可以获得更深入的理论知识,理解AI伦理在实际应用中的具体挑战和解决方案。

第三步 有声思考

有声思考(think aloud)是一种口头表达思维过程的方法,旨在鼓励小组成员在思考复杂问题时,将自己的想法和推理过程实时说出来。AI伦理是关于如何在设计、开发和应用AI技术时确保这些系统符合人类道德价值观和社会责任的一个重要领域。随着AI技术在各个行业中的广泛应用,其对社会、经济和个人生活的影响日益加深,因此,制定和遵循AI伦理原则显得尤为重要。这些原则不仅为AI技术的发展提供了方向,还帮助确保技术进步与人类利益一致。AI伦理的基本原则包括透明性、公正性、责任性、隐私和数据保护、安全性和可解释性。透明性要求AI系统的操作过程和决策逻辑对用户和监管机构开放,这种透明性有助于建立用户信任。公正性则要求AI系统避免偏见,确保其决策对所有用户都是公平的。责任性强调明确责任划分,特别是在系统出错或产生负面结果时。隐私和数据保护则关注用户数据的安全使用,确保个人隐私不受侵犯。安全性和可解释性同样重要,它们确保AI系统不对用户和社会构成威胁,并且用户能够理解系统的决策过程。AI技术的发展带来了许多伦理困境,如自动驾驶汽车面临的"电车难题"、面部识别技术的隐私侵犯与偏见问题、医疗AI系统中的数据偏差,以及AI生成内容的真实性和版权问题。理解这些伦理困境,有助于更好地落实AI伦理原则,并制定相应的政策和规范,确保技术在促进创新的同时,维护人类的基本价值观和权利。结合学习科学的理论,下面给出的活动案例旨在帮助团队成员通过互动和反馈来深化对AI伦理问题的理解。

活动一:交互技术评估与应用设计。小组成员选择一种现代人机交互技术(如语音识别、触控技术或虚拟现实),分析其在特定领域的应用现状,并设计一个创新的应用场景。成员需考虑技术的优势、挑战和用户体验,最终展示他们的设计并讨论其可行性和潜在影响。

活动二:伦理讨论与案例分析。小组成员分组讨论人机交互中的伦理问题,例如隐私保护、数据使用和AI的自主性。通过分析现实世界中的案例(如语音助手的隐私问题或VR中的沉浸式体验),探讨人机交互的伦理挑战,并提出应对策略。小组分享讨论结果，并提出对未来人机交互发展的建议。

活动三：多模态交互的未来探索。通过角色扮演和情景模拟，小组成员探索未来多模态交互的可能性。他们将设想一个未来的生活或工作场景，整合语音、手势、触控等多种交互方式，设计出一个全新的用户体验系统。各小组展示他们的场景设计，并评估这些设计在实际操作中的可行性和用户接受度。

活动四：轮流分享与反馈。每位小组成员选择一个 AI 伦理原则（如透明性、公正性、责任性等），进行 1 分钟的有声思维输出，阐述其在 AI 技术中的重要性和应用挑战。其他成员在每次分享后，立即反馈或提出问题。通过这种方式，每个人的思考都能被检验和扩展，最终达成更深刻的集体理解。

活动五：角色扮演与讨论。小组成员扮演不同角色，如 AI 开发者、用户、监管者等。每个角色根据自己的立场，解释如何在 AI 技术中落实某一伦理原则，并阐述在实际操作中可能遇到的困难。角色扮演结束后，所有成员围绕这些不同的立场展开讨论，探讨在多方利益冲突下如何找到平衡点。此活动旨在增强成员对 AI 伦理原则的实践应用和复杂性的理解。

活动六：集体头脑风暴与总结。小组成员共同讨论并列出 AI 伦理在未来可能面临的新挑战，以及如何通过现有或创新的原则来应对这些挑战。在头脑风暴之后，小组提出一组改进建议或新原则，作为 AI 伦理领域的进一步发展方向。这个活动不仅能强化团队合作，还能促使成员在思考过程中提出切实可行的解决方案，推动思考的进一步深化。

这些有声思考和小组活动的设计，是为了引导参与者深入探讨 AI 伦理中的复杂问题，打破传统的单向学习方式，让伦理问题的讨论变得更加互动化和实践化。你会发现，通过小组成员在活动中扮演不同角色、模拟现实场景，每一次讨论和反馈都像是一面镜子，映照出 AI 伦理中的"灰色地带"。通过选择人机交互技术进行评估与应用设计，团队得以用全新的视角思考：这些技术如何在现实世界中影响用户体验？又如何在不同领域带来伦理挑战？角色扮演和多模态交互的未来探索，则通过创新的场景和角色冲突，让参与者真正体会到如何在技术设计中平衡透明性、公正性、责任性等。

这些活动不仅仅是为了输出理论答案，更重要的是通过持续的互动与反思，帮助团队成员在真实的情境下发现 AI 系统潜在的伦理困境，并探索如何在复杂的技术和社会环境中找到平衡点。比如，当一位团队成员在有声思考环节分享关于数据隐私的重要性时，其他成员的即时反馈和质疑，能够迅速指出实践中的盲点和挑战。通过这种"思想的碰撞"，集体智慧不断累积，小组成员能深入理解 AI 伦理的原则及其实际应用。

回顾第一节的讨论，你会发现，它从人机交互的技术框架起步，逐渐延展到对 AI 伦理的深入探讨。这种演进强调了人机交互与伦理的内在联系：每一个技术选择背后都隐藏着伦理决策。透明的设计、开放的反馈机制、明确的责任划分，这些不仅是技术原则，更是伦理准则。而 AI 伦理的动态性也在于此：它并不是一个固定的框架，而是一个随技术进步而不断调整和演化的过程。理解这一点，对我们面对未来不可预见的挑战至关重要。你会意识到，AI 伦理不是终点，而是一个始终需要被重新定义和理解的领域。这也正是这一节的意义所在：它提醒我们，技术的每一步进展，都应该有对伦理的思考相伴左右。

12.2　AI治理策略与技术

12.2.1　AI治理策略

1. AI治理的概念

AI 治理是指制定和实施一套框架和措施，以确保 AI 技术的开发、部署和使用符合社会道德标准、法律规范和公共利益。随着 AI 技术在各行各业的应用愈发广泛，如何有效地管理和监督 AI 系统的行为，以确保其安全性、透明性和公正性，成为各国政府、企业和国际组织面临的重要任务。AI 治理涉及多个层面的协调与合作，包括政策法规的制定、治理框架的实施以及技术伦理的考虑。AI 治理的核心目标是确保 AI 技术能够为社会创造价值，而不是成为潜在风险的源头。为此，AI 治理需要在技术创新和社会责任之间找到平衡点，既要推动 AI 技术的发展，也要防止其带来的负面影响。有效的 AI 治理体系不仅需要全面的法律法规和政策支持，还需具备强有力的执行机制，以确保相关规则能够得到切实遵循。AI 的兴起带来了巨大的机遇，但也伴随着新的伦理和法律挑战。如何确保 AI 技术在快速发展的同时，仍能符合社会的道德标准和法律规范？这就是 AI 治理的核心议题所在。AI 治理不仅仅是抽象的政策和框架，还涉及一系列具体的措施和策略，目的是让 AI 系统在日益复杂的社会和技术环境中始终保持透明、公正和负责任。

想象一下，一个智能决策系统在为人们提供信贷、医疗和教育机会时，它的每一次选择都可能改变一个人的生活轨迹。这样的 AI 系统如果缺乏透明性，就像是一台装在黑箱里的机器，用户看不到，也无法理解它的操作和决策依据。因此，透明性成为 AI 治理的基石之一。各国政府和国际组织的相关规定，如欧盟的《通用数据保护条例》和《人工智能法案》，都要求在设计 AI 系统时必须保证其决策过程的可解释性，确保用户和监管者能够理解它的操作逻辑。企业在实施这一原则时，需定期提供关于 AI 系统决策的透明报告和信息，以增强公众的信任。同样重要的还有公正性。想象一个招聘 AI 系统，如果它的训练数据中潜藏着历史的性别偏见，那么它的推荐结果也可能进一步放大这种偏见，影响到成千上万人的职业发展。这正是AI治理中需要解决的问题。全球许多法规，如美国的《AI治理框架》，都在强调公正性和重要性，要求数据具有多样性和代表性，以消除无意识偏见，维护社会的公平和正义。治理框架的具体实施中，开发者需要运用去偏算法、数据审查等技术手段，从源头上杜绝算法歧视。当问题发生时，谁来承担责任？这是问责性的范畴。在自动驾驶汽车发生事故时，明确的责任划分变得至关重要：是制造商的责任，开发者的疏忽，还是操作员的误用？政策法规通常会明确这些问题，通过建立清晰的责任链条，保证在AI系统出现问题时能够快速厘清责任，进行修正和问责。这样，不仅提升了AI系统的安全性，也为其广泛应用打下了基础。

AI治理的有效实施，需要将这些原则通过策略和技术手段具体化为可操作的政策法规和治理框架。这既是一种规范，也是一种保障。它为未来的AI技术发展指明了方向，确保其在创新的路上不偏离社会价值观和公众利益的轨道。面对技术进步带来的新挑战，AI治理仍需不断进化，以应对各种潜在的风险和不确定性。

2.政策法规的制定

在AI治理中，政策法规的制定是确保AI技术合规、安全和符合伦理的关键环节。随着AI在全球范围内的广泛应用，制定适当的政策和法律法规已成为各国政府的重要任务。这些政策法规旨在为AI技术的发展设定框架，平衡创新驱动与公共安全、隐私保护、道德考量之间的关系。

第一，政策法规的制定需要考虑AI技术的复杂性和多样性。AI技术的应用范围非常广泛，从自动驾驶、医疗诊断到金融服务、智能家居，每个领域都面临独特的挑战和机遇。因此，制定政策法规时需要细分领域和具体场景，确保法规能够有效应对各自领域中的特定问题。政府和立法机构需要与行业专家、技术开发者、社会利益相关者进行广泛的对话和协商，以确保法规的全面性和实用性。

第二，隐私保护是AI政策法规制定中的一个核心议题。AI技术通常依赖大量数据进行训练和操作，这对用户隐私构成了潜在威胁。因此，许多国家在制定AI政策时，特别关注数据保护和隐私权问题。例如，欧盟的《通用数据保护条例》为数据隐私设定了严格的标准，要求AI系统在数据收集、处理和存储时遵循透明性和公正性原则。这类法规的制定有助于防止数据滥用和侵犯隐私，为用户提供更多的控制权和安全感。

第三，确保AI系统的透明性和可解释性也是一个关键。政策法规可以规定AI系统在其决策过程中必须提供清晰的解释，尤其是在涉及人类生活和社会公正的领域，如司法系统和招聘工具。这种透明性有助于增强用户信任，并确保当AI系统做出错误决定时，可以进行适当的纠正和问责。制定这类法规还需要解决技术实现上的挑战，如如何在不影响系统性能的情况下实现充分的透明性和可解释性。

第四，在风险管理方面，政策法规的制定应优先考虑高风险AI应用的安全性和合规性。立法者需要识别和划分不同的AI应用，特别注意那些可能对社会安全和人类健康产生重大影响的技术。对于这些高风险应用，法规要求进行严格的测试、认证和持续监控，以防止潜在的危害。例如，自动驾驶汽车在被允许上路之前，通常需要通过一系列严格的安全测试和监管审核。

第五，政策法规的制定还应关注AI系统的责任划分问题。当AI技术产生错误或损害时，明确责任主体是至关重要的。法规可以规定在不同情况下的责任归属，如规定制造商、开发者、运营者和用户各自的责任。这不仅有助于在发生事故时迅速厘清责任，也能促进技术的负责任使用。

第六，国际合作是AI政策法规制定中的另一个重要方面。由于AI技术的全球化特性，各国需要协调政策，确保AI技术的跨国使用符合国际标准和伦理要求。国际组织和跨国合作机构可以发挥关键作用，通过推动国际对话和标准化努力，促进全球范围内的一致性和协调性。

第七，在不断变化的技术环境中，政策法规的制定需要具备灵活性和前瞻性。立法者应保持警惕，及时更新法规以适应新兴的技术趋势和社会需求。这种动态调整有助于在不妨碍创新的情况下，保护公共利益和社会安全。通过制定全面且适应性强的政策法规，各国可以在推动AI技术发展的同时，确保其应用符合社会的伦理标准和法律要求。

3.治理框架的实施

在AI治理中，治理框架的实施是将政策法规转化为实际操作的关键步骤。有效的治理框架能确保AI技术在开发和应用中遵循既定的法律标准和伦理原则，从而实现透明性、公正性和问责性。实施治理框架需要多方合作，包括政府、企业、技术开发者和社会各界，以保证AI系统的安全性和合规性。治理框架的实施需要建立强有力的监管机构和机制。这些机构负责监督AI系统的开发和使用，确保其符合政策法规和道德标准。

监管机构需要具备专业知识和技术能力，能够对AI系统进行深入分析和评估。通过定期审核和合规检查，监管机构可以发现并纠正潜在的问题，从而降低AI技术应用中的风险。

企业在治理框架的实施中扮演着重要角色。企业需要在AI系统的开发过程中建立内部审查机制，确保其产品和服务符合法律和伦理标准，包括进行风险评估、设定合规流程和定期进行道德评审。企业还应提供充分的员工培训，使技术开发者了解AI治理的基本原则和要求，以便在设计和运用AI系统时能够主动遵循这些标准。

技术开发者和工程师在治理框架的实施中承担着直接责任。他们需要在系统设计的早期阶段将伦理考量和法律要求纳入其中，这可以通过"伦理内嵌"的方法来实现。这种方法要求开发者在设计阶段考虑到可能出现的伦理问题，并在系统结构中预设解决方案。此外，开发者应确保 AI 系统具备透明性和可解释性，以便用户能够理解和信任其操作。

在治理框架的实施中，用户的参与同样不可或缺。用户可以通过反馈机制对 AI 系统的性能和行为提供意见，这些反馈是持续改进 AI 系统的宝贵资源。治理框架应确保用户能够方便地提出建议和投诉，并能获得及时的回应。这种用户参与不仅可以提高系统的可用性，还能增强用户的信任感，提高用户的满意度。

国际合作在治理框架的实施中也具有重要意义。由于 AI 技术具有跨国界的特性，各国需要在治理框架的实施上进行协调，以确保一致性和有效性。国际组织可以帮助建立跨国界的监管标准和合作机制，促进全球范围内的 AI 治理。通过分享最佳实践和共同应对技术挑战，国际合作能够提高治理框架的执行效率和适应性。

在实施治理框架时，还应考虑技术创新和社会需求的不断变化。治理框架需要保持灵活性，以适应新兴技术和社会变化带来的新挑战。这种灵活性可以通过定期评估和调整治理措施来实现，以确保其持续有效。与此同时，治理框架还应促进技术创新，鼓励企业和开发者在符合法律和伦理标准的前提下，积极探索 AI 技术的新应用和新领域。治理框架的有效实施不仅有助于确保 AI 技术的安全和合规，也为其广泛应用提供了良好的基础。在全球化和数字化的背景下，治理框架的实施将成为 AI 技术发展的重要保障。通过多方合作和不断优化，治理框架可以在促进创新和保护社会利益之间找到最佳平衡点，从而实现 AI 技术的可持续发展。未来，如何在治理框架的实施过程中协调各方利益，并确保其适应快速变化的技术环境，将是 AI 治理领域面临的持续挑战。

12.2.2　AI 治理技术

在 AI 治理的框架中，策略和技术这两个维度相辅相成，共同确保 AI 系统的安全性、透明性、公正性和合规性。AI 治理策略更多地侧重于通过制定法律法规、政策指南和伦理标准等非技术手段，来引导和约束 AI 的开发和应用。它旨在从宏观层面确立 AI 的使用规范、责任划分和风险管理。相对而言，AI 治理技术则专注于具体的技术解决方案和算法方法，直接从技术层面应对和解决 AI 系统可能存在的偏见问题、安全风险问题、透明性问题等。尽管二者的目标都是确保 AI 技术能够安全、有效地使用，但策略主要通过监管和规范来实现，而技术则通过直接改进和优化 AI 模型、算法来达成。本部分我们深入探讨 AI 治理技术的现状与发展脉络，解析它们如何通过具体方法来弥补 AI 治理策略在实际应用中的缺陷。

1. AI 治理技术概述

在技术层面，AI 治理依赖于一系列精细的技术方法和工具，以确保 AI 系统在实际应用中的安全性、可靠性和伦理性。AI 治理技术不仅仅是对策略的补充，更是通过对 AI 模型和算法的直接干预与优化，解决具体的技术难题和伦理挑战。当前的AI治理技术主要分为AI对齐技术（AI alignment techniques）、风险预测与监控技术（risk prediction and monitoring techniques）、安全性监控与控制技术（safety monitoring and control techniques）、可解释性与透明化技术（explainability and transparency techniques）、公平性与去偏差技术（fairness and debiasing techniques）等，如表12-2所示。下面我们选取其中几项进行阐述。

表12-2 AI治理技术及其关键方法

技术类别	描述	关键方法
AI对齐技术（AI alignment techniques）	确保AI系统的行为和决策符合人类的价值观和伦理标准，避免不可预期的危险行为	强化学习（reinforcement learning）、价值学习（value learning）、反事实推理（counterfactual reasoning）、逆向强化学习（inverse reinforcement learning）、效用对齐（utility alignment）等
风险预测与监控技术（risk prediction and monitoring techniques）	利用机器学习技术识别和预测AI系统在实际应用中的潜在风险，帮助开发者实时调整和优化系统	风险预测模型（risk prediction models）、实时监控工具（real-time monitoring tools）、异常检测（anomaly detection）、行为漂移监控（behavioral drift monitoring）、AI故障预测（AI failure prediction）、强化学习型风险管理（reinforcement learning for risk management）等
安全性监控与控制技术（safety monitoring and control techniques）	确保AI系统在开发和运行过程中不对用户或社会造成伤害，监控其运行状态并及时做出调整	运行时监控（runtime monitoring）、安全性控制策略（safety control strategies）、自适应安全性框架（adaptive safety frameworks）、事故前评估（pre-accident assessment）、AI应急响应系统（AI incident response systems）、场景模拟与应对（scenario simulation and response）等
可解释性与透明化技术（explainability and transparency techniques）	提升AI系统的可解释性和透明性，让用户和开发者能够理解AI模型的内部决策逻辑	局部可解释模型无关解释（local interpretable model-agnostic explanations，LIME）、沙普利可加解释（shapley additive explanations，SHAP）、对比性解释（contrastive explanation method，CEM）、深度特征可视化（deep feature visualization）、神经网络注意力机制（neural attention mechanisms）、模型蒸馏（model distillation）等
公平性与去偏差技术（fairness and debiasing techniques）	通过算法调整和优化来减少模型中的偏见，确保AI系统在不同群体间的公正性和公平性	对抗性去偏差（adversarial debiasing）、公平表示学习（fair representation learning）、差异化公平度量（differential fairness metrics）、公平性约束优化（fairness-constrained optimization）、伦理偏差测试（ethical bias testing）、公平性调控（fairness regularization）等

续表

技术类别	描述	关键方法
动态模型校正技术（dynamic model calibration techniques）	实时调整 AI 模型参数以适应不断变化的环境和条件，提高 AI 模型的鲁棒性和可靠性	实时数据反馈机制（real-time feedback mechanisms）、环境自适应校正算法（environment adaptive calibration algorithms）等
模型验证与安全性技术（model verification and safety techniques）	验证 AI 模型的行为在各种条件下是否符合安全标准，防止模型输出意外和有害结果	形式验证（formal verification）、对抗性训练（adversarial training）、模型检查（model checking）、鲁棒性优化（robustness optimization）、分布偏移检测（distributional shift detection）、自动化红队测试（automated red teaming）等
隐私增强技术（privacy-enhancing technologies）	提供数据保护和隐私保护的技术手段，确保 AI 系统在处理敏感数据时不会侵犯用户隐私	差分隐私（differential privacy）、联邦学习（federated learning）、多方安全计算（secure multi-party computation）、同态加密（homomorphic encryption）、隐私保护模型验证（privacy-preserving model verification）等

（1）AI 对齐技术：AI 对齐技术的核心目标是确保 AI 系统的行为和决策与人类的价值观和伦理标准相一致。这类技术通过各种算法方法，如强化学习、价值学习、反事实推理、逆向强化学习、效用对齐等，调整和优化 AI 系统的行为，确保它们在高风险环境中的决策是安全、可靠且符合伦理的。这些方法广泛应用于自动驾驶、医疗决策系统等需要高可靠性的领域，帮助减少算法偏差和错误决策带来的风险。

（2）风险预测与监控技术：风险预测与监控技术侧重于识别和预测 AI 系统在实际应用中的潜在风险，帮助实时调整和优化系统。如通过风险预测模型和实时监控工具，这些技术能够动态地评估 AI 系统的行为变化，从而在问题发生前采取预防措施。它们常用于金融、保险、网络安全等领域，以确保 AI 决策的稳定性和安全性。

（3）安全性监控与控制技术：确保 AI 系统的安全性是治理技术的重要组成部分，尤其是在涉及生命安全的应用场景中，如自动驾驶、工业机器人、医疗设备等。这些技术包括运行时监控、安全性控制策略、自适应安全性框架等，旨在通过实时监控和自动化调整，确保 AI 系统在运行过程中不对用户或社会造成伤害。AI 应急响应系统也是这一类技术的重要工具，能够在异常情况出现时快速响应和调整系统行为。

（4）可解释性与透明化技术：随着 AI 在社会各领域的广泛应用，提升 AI 系统的可解释性和透明度已经成为治理技术的核心任务之一。技术手段如局部可解释模型无关解释（LIME）、沙普利可加解释（SHAP）、对比性解释（CEM）等，能够帮助开发者和用户理解AI模型的决策逻辑。尤其是在医疗、司法、招聘等领域，这些技术有助于提高用户的信任度，减少因"黑箱"效应带来的风险和疑虑。

（5）公平性与去偏差技术：AI系统的偏见问题可能会影响社会公平，因此公平性与去偏差技术成为AI治理的关键一环。这些技术方法包括对抗性去偏差、公平表示学习、差异化公平度量等，旨在通过算法调整和数据优化来减少模型的偏差，确保AI系统对不同群体和背景的用户提供公平的服务。这些技术被广泛应用于招聘系统、信用评分、人脸识别等敏感领域，帮助消除潜在的算法歧视和社会不公。

这些技术方法为AI治理提供了一个多层次、多角度的解决方案框架，每一类技术都在应对AI治理的不同挑战，弥补政策法规在具体实施过程中的不足。未来的AI治理技术需要在这几个方面持续创新，不断提高AI系统的安全性、透明性和公平性。通过结合不同的治理策略与技术方法，我们可以构建一个更加包容和负责任的AI技术生态系统。接下来，我们以最新的AI对齐技术为例详细探讨这些技术的一些关键方法以及在实践中的应用和效果。

2. AI对齐技术

某大学开发了一种智能写作助手AI，在学生写作过程中提供实时的语法和风格建议，大大提高了学生的写作质量和效率。某社交媒体平台使用AI推荐系统，但推荐算法存在偏差，导致用户接收到大量低质量和误导性的信息，产生了负面情绪和不良社会影响。为什么智能写作助手AI能够帮助学生提高写作质量和效率？这种AI系统如何体现AI对齐的概念？社交媒体平台的推荐系统在AI对齐上出了什么问题？这对用户和社会产生了哪些负面影响？AI对齐失败可能带来哪些后果？如何预防类似的失败？

在当今迅速演变的科技时代，AI对齐已成为确保AI系统安全、可靠运行的核心要素。该概念的根本在于使得AI系统的目标与行为与人类的期望和价值观紧密相连。通过深入探讨"谁、何时、何地、为何、做何、如何"，我们能够更加深刻地理解AI对齐的重要性及其广泛应用。

首先，AI对齐关乎谁？此议题不仅限于技术开发者和研究人员，还涉及所有使用和受其影响的个体与群体。无论是在温馨的家庭环境中，还是在繁荣发展的企业中，或是在整个进步的社会中，AI对齐都潜移默化地塑造着我们的日常生活。例如，家庭中的智能助手不仅要被动接受指令，更要如同家庭成员般理解并回应每位成员的独特需求与期望。以教育领域为例，AI对齐的影响尤为显著。在课堂上，AI系统可以通过分析学生的学习行为，为每位学生量身定制个性化的学习计划。当然，这些系统必须与教育者的价值观和目标保持一致，以确保推荐的学习资源和方法符合教育的伦理标准，并尊重学生的多样性和隐私权。若AI在教育领域未能实现对齐，则可能会导致偏见和不公，从而影响学生的学习体验与成长。

其次，AI对齐在何时何地被应用？在AI系统部署的每一个时刻，无论是在智能家居营造的温暖氛围中、医疗诊断的关键时刻，还是金融交易、自动驾驶的风险控制过程中，AI对齐均扮演着不可或缺的角色。在高峰期，自动驾驶汽车必须在熙熙攘攘的城市街道上进行符合交通法规的安全决策，以保护乘客与行人的生命安全。在文化创意产业中，AI对齐同样具有重要意义。AI技术被用于生成美术作品、音乐作品、文学作品等，要确保这些内容符合文化和社会价值观已成为一项挑战。例如，AI生成的电影剧本或音乐作品需尊重文化多样性与历史背景，避免传播负面刻板印象或文化偏见。这便要求开发者在设计AI系统时，将社会和文化价值观视为重要参考，以确保所生成的内容在文化敏感性与伦理合规性方面的严谨性。

再次，AI对齐为何如此重要？其根本在于确保我们在科技进步中不偏离道德航道。AI对齐旨在减少误操作与不道德行为，确保在实践中创造积极的社会影响。例如，在医疗领域，AI对齐意味着减少错误诊断，进而保护患者的健康与隐私。在金融领域，它能够有效避免市场波动导致的交易失误，从而维护金融系统的稳定。在新闻行业，AI对齐亦有切实的应用案例。新闻AI算法被用于筛选、推荐和撰写新闻报道。为了确保新闻的公正性与准确性，AI系统必须与新闻行业的伦理标准保持一致，避免信息偏见与虚假新闻的传播。比如，AI应基于多元的信息来源生成报道，确保学生所接收到的新闻内容全面且平衡。此类对齐不仅提升了新闻报道的可信度，亦增强了公众对媒体的信任。

最后，AI对齐旨在实现什么样的目标？其目标在于确保AI技术的责任感与可持续发展，使其成为推动社会福祉的助力，而非加剧不平等或引发安全隐患的源头。通过AI对齐，我们得以在教育、医疗、环境保护等多个领域激发创新，共同应对全球面临的挑战，以坚定的姿态迎接未来。在公共政策的制定中，AI对齐同样具有重要的意义。政府和政策制定者正在运用AI技术进行数据分析与政策模拟，以制定更有效的公共政策。AI系统必须与政策制定者的价值观和社会目标相一致，确保政策建议符合公众利益与社会公正。例如，在资源分配政策中，AI需考虑社会公平，确保政策的实施不会对弱势群体造成不利影响。AI对齐不仅是科技发展的必然要求，更是社会进步的坚实基石。在这个过程中，科技界、政策制定者与公众需要同舟共济，共同努力，确保AI技术不仅服务于当下，更能够在未来催生更多积极的变化和贡献，让科技的光辉照耀每一个角落，赋能每一个生命。通过在实际应用中的努力，我们可以看到，AI对齐为各行各业带来了无穷的可能和创新机遇，同时确保了社会的公平与正义。

AI对齐是确保AI系统的目标、行为与人类期望、价值观保持一致的核心概念。随着AI技术的快速进步，其应用领域日益扩大，因而从伦理和社会视角探讨AI对齐的重要性显得尤为突出。在伦理维度，AI对齐关注如何使AI的决策过程符合人类的道德规范，以防止算法中的偏见与歧视。社会维度则强调AI技术应在应用中促进社会的整体福祉，而非加剧社会不平等或引发新的社会问题。在多种应用领域，AI对齐的意义尤为重要。例如，在教育领域，AI被用于个性化学习与智能辅导系统，旨在提升学生的学习效果。确保这些系统与教育工作者的价值观和教育目标对齐，将有助于消除算法偏见，并维护教育的公平性。在社交媒体领域，AI对齐是确保内容推荐算法不助长极端主义或传播虚假信息的关键。通过对齐，社交平台能够营造积极健康的在线互动环境，同时保护用户的隐私与信息安全。当前关于AI对齐的研究热点主要集中在增强AI系统的可解释性、透明度和责任性上。最新的研究论文和技术报告探讨了如何在AI系统中融入伦理标准和价值观，例如一种通过价值学习与人类反馈机制实现AI对齐的方法。这类研究强调在AI系统的开发与部署过程中，持续地对伦理和社会价值进行调整与校准。全球领先的研究机构与企业在AI对齐领域进行的前沿探索也取得了显著进展。例如，OpenAI通过研究安全性和对齐技术，致力于确保AI系统以符合社会利益的方式发展。他们的工作包括研究AI系统在不同情境下的表现，并通过用户反馈不断完善系统目标。DeepMind则专注于理解复杂环境中的AI对齐挑战，尤其是在强化学习与自主决策系统的情境中。学术界如麻省理工学院与牛津大学通过跨学科的合作也在研究AI对齐的伦理标准与技术实现。AI对齐在确保AI系统忠于人类价值观方面发挥着关键作用。随着AI应用的日益扩展，对齐技术的创新与优化将持续成为推动社会进步和确保技术负责任使用的重要驱动力。未来的研究将集中在更加精细化与个性化的对齐方案，以应对不同领域和文化背景下的挑战，为全球提供更智能与公正的解决方案。

某大学开发的智能写作助手AI能够帮助学生提高写作质量和效率，这得益于其强大的实时语法和风格建议功能。在写作过程中，学生常常面临语法错误、词汇选择不当、句子结构不清晰等问题，而这些问题不仅影响了文本的可读性，也影响了写作者的自信心。智能写作助手AI通过提供即时反馈，帮助学生识别并纠正这些错误，从而提高写作质量。它通过自然语言处理技术，分析学生的文本并给出改进建议，使学生能够在写作过程中不断学习和改进自己的写作技巧。此外，AI系统能够提供个性化的建议，适应不同学生的写作风格和能力水平，帮助他们在短时间内显著提升写作能力和效率。这种智能写作助手AI体现了AI对齐的概念，因为其目标和功能与人类的教育价值观和学生的需求相一致。AI对齐的核心是确保AI系统的目标与人类的期望和价值观相符，这个系统通过关注学生的学习效果和成长需求，设计出能够真正辅助学生进步的功能。它的建议不仅基于语言规则，也充分考虑了教育的伦理和公平性，确保每个学生都能从中受益。AI系统的透明性和可解释性也为学生提供了信任的基础，学生能够理解系统为何提出某些建议，这样的设计使AI成为学生学习的可靠伙伴，而不是一个冷冰冰的工具。

相比之下，某社交媒体平台的AI推荐系统在AI对齐方面出现了问题。由于推荐算法的偏差，用户接收到大量低质量和误导性的信息。推荐算法通常根据用户的历史行为进行内容推荐，如果训练数据中存在偏见或代表性不足，系统可能会过度偏向某些类型的内容，而忽略多样化和高质量的内容。这种偏差导致用户逐渐陷入信息茧房，只接收到与自己已有观念相符的信息，而无法接触到多元的观点和新知识。这不仅限制了用户的认知发展，还可能加剧偏见和极端主义的传播。这种 AI 对齐上的问题对用户和社会产生了多重负面影响。首先，用户可能对社交媒体平台失去信任，因为他们感到推荐内容不能真实反映他们的兴趣和需求，甚至可能误导他们的判断和决策。其次，大量的低质量和误导性信息传播可能对社会舆论造成扭曲，影响公共讨论的质量和方向，甚至可能引发社会分裂和对立。长此以往，用户的心理健康也可能受到影响，因为负面信息的过度曝光会导致焦虑、抑郁情绪的增加。AI 对齐的失败可能带来严重的后果，包括用户信任的丧失、社会问题的加剧，以及潜在的法律和伦理争议。为了避免类似的失败，平台和开发者需要采取一系列措施。首先，确保训练数据的多样性和公平性是关键，以减少算法偏差的产生。其次，加强算法的透明性和可解释性，使用户能够理解推荐机制的运作原理。此外，引入人类监督和用户反馈机制可以帮助系统及时调整和优化推荐结果，确保其更符合用户、社会的价值观和期望。总之，AI 对齐是确保 AI 系统在实践中产生积极影响的关键。通过认真分析和解决 AI 对齐的问题，我们可以更好地挖掘 AI 技术的潜力，使其服务于人类社会的整体利益。

（1）AI 对齐的技术方法。

AI 对齐技术是指通过各种方法和措施，使 AI 系统的行为、目标和输出与人类的意图和价值观保持一致。这一领域涉及广泛的研究和技术手段，旨在确保 AI 在执行任务时符合人类的期望和规范。AI 对齐可分解为前向对齐和后向对齐两个部分，并将目标纳入反馈学习、分布偏移学习、保证和治理等四个领域。

前向对齐主要通过训练得到具备一定对齐性的 AI 系统，包括从反馈中学习和在分布偏移下学习。而后向对齐则涉及对 AI 系统的对齐性评估和管理，包括全生命周期的对齐保证和 AI 治理。基于人类反馈的强化学习（reinforcemeint learning from human feedback，RLHF）是一种突破性的技术，通过评估模型输出内容的适当性并收集人类反馈来构建奖励信号，从而实现对齐。这种方法已被用于训练 GPT-4、Claude、Gemini 等强大模型。可扩展监督关注如何提供高质量反馈以应对超过人类能力的 AI 系统和复杂情况，这需要开发新的算法和技术以确保反馈的有效性和可靠性。一些研究探索了将要对齐的价值观保存为外部模块以及在模型发布前进行对抗攻击的方法，这些措施有助于提高模型的安全性和可靠性。确保 AI 系统保持对齐不仅需要相应的技术手段，还需要相应的治理方法，有效的 AI 治理需要讨论 AI 治理的角色、利益相关者的职能和关系以及面临的开放性挑战。尽管对齐技术取得了显著进展，但仍然面临许多挑战。例如，如何处理 AI 系统可能利用系统漏洞或规则漏洞来实现其目标的问题。此外，如何确保 AI 系统的长期安全性和稳定性也是研究的重点。AI对齐技术是一个多学科交叉的前沿领域，涵盖了从技术实现到治理策略的广泛内容。通过不断的研究和创新，我们有望逐步解决AI对齐中的各种问题，使AI更好地服务于人类社会。

AI对齐技术的最新研究主要集中在以下几个方面：①小模型监督大模型：OpenAI的Ilya超级对齐团队在2023年12月发表了一篇论文，探讨了如何让小模型监督比自己更聪明的AI系统。这项研究提出了一个核心挑战——人类需要监督比自己更聪明的AI系统，通过类比小模型监督大模型的方式进行探索。②对齐框架和方法：北京大学管理学院在其2023年度报告中详细介绍了对齐的动机、风险和原因，并提出了对齐的框架，包括对齐目标（RICE）、向前对齐（对齐训练）和向后对齐（对齐精炼）。此外，还讨论了从反馈中学习的方法，如从x反馈中的强化学习（reinforcement learning from x feedback，RLxF）、迭代蒸馏与放大（iterated distillation and amplification，IDA）、奖励模型与重新训练（reward model Re-traing，RRM）等，以及在分布式转移下的学习问题。③价值基准统一：尽管在技术上取得了一定效果，但目前人们对AI价值问题依然没有形成共识，如何确立一套统一的人类价值基准仍是一个挑战。④政策相关性和社会复杂性：未来的AI对齐研究需要结合前瞻性和面向当下的视角，持续更新以反映机器学习的最新发展，并强调政策相关性和社会复杂性在AI对齐中的重要程度。⑤人类偏好微调：大语言模型人类偏好对齐技术的研究也在不断深入，结合当前的工作经验和思考沉淀，对大语言模型人类偏好微调进行了深入调研。⑥安全与对齐策略：在应对AI失控与滥用的技术路线方面，研究者们致力于突破AI模型自身的局限性和固有行为，如奖励破解、目标错误泛化、寻求权力等，并尝试通过不同的监督策略和运行机制来确保AI与人类价值观的一致性。

如何评估和管理AI系统的后向对齐性？评估和管理AI系统的后向对齐性是一个复杂且多维度的过程，需要从多个方面进行综合考虑。以下是详细的步骤和方法：明确对齐的目标是关键。这些目标通常包括鲁棒性、可解释性、可控性和道德性（RICE）。这些目标确保了AI系统在面对各种情况时都能保持与人类意图和价值观一致。对齐循环包括前向对齐和后向对齐两个阶段。前向对齐通过对齐训练使AI系统初步对齐，而后向对齐则是在系统训练完成后获取其对齐的证据，并对其进行验证和管理。这个循环不断迭代，以确保AI系统始终符合人类的期望。在后向对齐过程中，必须进行安全评估和可解释性验证。这包括检查AI系统在不同环境下的表现是否稳定可靠，以及其决策过程是否可以被人类理解。这些评估有助于发现潜在的问题并及时修正。确保AI系统的行为符合人类的价值观是后向对齐的重要内容。这可以通过模拟不同的场景和情境来测试AI系统的反应，看其是否能够做出符合人类伦理和道德的选择。后向对齐不仅依赖于技术手段，还需要通过AI治理来确保系统的长期对齐性。这包括制定和执行严格的政策和规范，以防止AI系统在实际应用中出现偏差。在整个对齐过程中，持续的反馈机制是不可或缺的。通过对 AI 系统输出的监控和分析，可以不断调整和优化其行为，使其更好地符合人类的需求和期望。AI 对齐是一个跨学科领域，涉及计算机科学、哲学、心理学等多个学科，因此需要多学科专家合作，共同研究和解决 AI 对齐中的问题。

　　强化学习（RLHF）在 AI 对齐中的应用案例有哪些？基于人类反馈的强化学习在 AI 对齐中的应用案例主要体现在通过收集和利用人类反馈数据来训练和微调大语言模型（LLM），以确保其行为符合人类期望。以下是几个具体的应用案例：① InstructGPT：这是 OpenAI 开发的一个基于强化学习的对齐技术，它通过收集人类反馈数据对模型进行微调，使模型能够更好地遵循指令并提供有用、诚实且无害的回答。②ChatGPT：在对齐过程中，ChatGPT 尝试各种行为，并由人类评估其表现，给予正面或负面反馈。这些反馈用于调整模型，使其能够更好地应用基本指令和帮助性技能，并添加安全约束，例如拒绝提供生物武器说明等。③辅助模型训练：为了加速对齐研究，OpenAI 还开发了辅助模型，这些模型可以帮助人类评估复杂任务，并进一步优化强化学习过程。④奖励模型训练：强化学习首先需要收集人类对于不同模型输出的偏好，然后使用这些数据训练奖励模型，再基于奖励模型使用强化学习算法（如近端策略优化算法，proximal policy optimization）对模型进行微调。这些案例展示了强化学习在确保 AI 系统对齐人类价值观和期望方面的有效性，特别是在处理复杂任务和确保安全性方面。

　　可扩展监督算法是如何确保高质量反馈的有效性和可靠性的？可扩展监督算法通过多种方式确保高质量反馈的有效性和可靠性，主要包括以下几个方面：①自我监督与人类协同：可扩展监督的核心思想是让 AI 系统自我监督或协助人类进行监督，以提供高质量的反馈。这种机制不仅能够引导 AI 系统的行为使其符合人类价值观，还能在数据量和复杂性不断增加的情况下保持系统的性能。②强化学习的应用：强化学习在可扩展监督中扮演了重要角色。通过使用强化学习算法，可以有效地利用以前收集的数据集，并结合离线强化学习方法来提高自监督强化学习方法的适用性。这种方法不仅提高了关系抽取的准确性，还降低了噪声数据的影响。③过程导向学习：强调过程导向学习的重要性，即专注于训练过程而不是结果。这种方法有助于解决高级 AI 系统可能遇到的问题，如创造力、自我保护、欺骗等复杂行为背后的机制。④自动化红审：Anthropic 公司的 Constitutional AI 项目通过自动化红审来增强 AI 系统的鲁棒性和安全性。这种机制可以确保 AI 系统在面对极端情况时仍能做出合理反应，从而提升其整体可靠性。⑤人类反馈强化学习：OpenAI 对齐团队致力于设计高性能、可扩展、通用的机器学习模型，这些模型符合人类意图并依赖人类反馈强化学习。通过这种方式，可以确保 AI 系统在极其困难的任务中也能获得可靠的监督信号。

（2）AI对齐的伦理和法律考虑。

在AI对齐技术的伦理和法律考量中，偏见和歧视问题是首要关注的领域。AI系统常常会无意中继承或放大训练数据中的偏见，这可能导致决策不公，进而影响个体和社会的公平性。因此，开发者在设计和训练AI模型时，必须采用严格的偏见检测和消除机制，确保系统在各类决策中展现多样性和包容性。例如，招聘软件和司法判决辅助工具需要特别注意避免受种族、性别或其他社会偏见的影响，通过多种测试和调试来确保算法的公平性。责任划分也是AI对齐的重要法律问题。随着AI自主系统的广泛应用，特别是在自动驾驶汽车等领域，当事故或错误发生时，责任的法律划分变得更加复杂。明确的法律框架有助于界定制造商、开发者和用户之间的责任，从而保障所有相关方的权益。在此背景下，法律必须不断演变，以适应技术的发展，提供清晰的责任指导。

在隐私和数据保护方面，AI系统必须遵循《通用数据保护条例》等国际法律框架，以确保用户隐私得到充分保护。开发者需要在数据收集和处理过程中保持高度透明，以增强用户信任。这要求设计和实施严格的数据保护措施，使AI系统不仅能够高效运作，还能在隐私保护方面符合最高标准。可解释性和透明性是另一个关键的伦理和法律考虑。AI系统的决策过程需要具备可解释性，以便用户理解和信任这些决策。开发者应该使用可解释的模型，并提供工具和资源，帮助用户理解AI系统的行为和判断。这对于提升AI的合法性和用户的接受度至关重要。全球范围内的法律合规性要求AI技术在其使用中符合现有法律法规，并及时更新以应对法律变化。国家间的法律协调和标准化措施正在推进中，以确保AI技术在全球范围内的安全和合规应用。动态调整法律框架对于支持AI技术的发展和实施至关重要，因为它们可以帮助国家之间达成一致标准，促进国际合作。在军事应用中，AI对齐涉及复杂的伦理界限。例如，AI自主武器系统的使用引发了关于道德和人类安全的重大讨论。国际法律框架需要对这些应用进行严格限制，以避免滥用和产生潜在的危害，并保护全球安全和稳定。国际社会的合作对此类问题显得尤为重要，可确保AI技术始终用于正当的、符合人类价值观的目的。AI对齐的伦理和法律考虑是一个持续演变的过程，需要开发者、法律专家和政策制定者的密切合作。只有结合伦理和法律框架，AI技术才能在推动创新的同时，真正服务于人类福祉和社会的可持续发展。

（3）未来AI对齐的趋势与发展。

未来，AI对齐的发展将受到技术进步、社会需求和法律框架变化的共同推动。在这个过程中，AI系统在社会生活中的重要性日益增加，用户对系统的信任将主要依赖于其决策过程的可解释性和透明性。为此，未来的AI系统需要提供更直观的解释和更透明的操作机制，以帮助用户理解AI的行为。开发者将致力于创建更加透明的算法，并使用视觉化工具展示AI的决策逻辑，从而提高用户的信任度和接受度。与此趋势相适应，跨学科合作将成为开发AI对齐技术的重要方法，需伦理学、法律学、社会学、计算机科学等领域的专家共同参与。在这一背景下，AI对齐技术的开发将结合多领域的知识和视角，以确保AI系统在不同应用场景中的可靠性和伦理性。随着AI技术的扩展，国际社会将进一步强化对AI系统的道德规范和法律约束。这一过程可能包括制定更明确的法规来规范AI系统的使用，特别是在涉及人类生命和社会稳定的领域，如自动驾驶、医疗诊断、军事应用等。未来的法律框架将可能包括全球性标准，确保各国在AI技术的使用和监管方面保持一致，从而避免潜在的国家间法律冲突。与此同时，未来的AI系统将更加注重智能数据管理，以确保数据来源的多样性和代表性，减少偏见和歧视的可能性。开发者需要开发更加智能的数据处理方法，以自动检测和消除数据中的偏见，同时强调新的AI模型的公平性和包容性，以应对复杂社会背景下的多样化需求。此外，AI对齐将更加注重人机协同，通过建立有效的反馈机制，使人类能够持续监督和调整AI系统的行为。这样的协同关系将有助于确保AI系统在不断变化的环境中保持与人类价值观的对齐，同时提高系统的灵活性和适应性。AI技术的普及将推动AI伦理教育成为社会发展的重要组成部分，各类教育机构将加强对AI伦理和社会影响的教育，培养新一代能够在技术开发中考虑伦理问题的专业人才。普及AI伦理教育不仅能帮助社会更好地理解和应对AI带来的挑战和机遇，还能促使开发者在设计AI系统时更多地考虑伦理和社会责任。此外，AI对齐的未来发展将依赖国际上的合作与标准化。随着AI技术在全球范围内的应用，各国需要共同制定和遵守国际标准，以确保AI技术的安全性、伦理性和一致性。这种国际合作包括分享最佳实践、技术创新、政策制定经验等，以推动全球AI技术的发展。展望未来，AI对齐的发展将朝着更加透明、道德、可持续的方向前进。通过结合技术创新、法律规范和伦理考量，AI对齐有望为人类社会提供安全、可靠和符合价值观的智能解决方案。这不仅反映了技术的进步，也体现了社会对责任、信任和公正的持续追求。当然，随着AI技术的快速发展，我们如何确保在推动创新的同时，真正服务于人类福祉，并避免潜在的风险和不确定性，这个问题仍然需要我们持续探索和思考。

3. AI对齐技术练习

为了更好地展示不同的AI对齐方法（如强化学习、价值学习、反事实推理、逆向强化学习、效用对齐等）的效果，我们可以设计一个实验，通过多种方法的比较来探索如何在减少性别偏见的情况下建立更公平的招聘系统。由于本书面向的是无代码基础的学生，因此接下来请学生重点关注设计过程。以代码块为线索，辅助理解AI技术，对于过程中出现的陌生概念，请将其作为关键词用大语言模型辅助理解。

（1）性别歧视案例中的AI对齐技术应用过程。

【目标】通过编写简单的Python代码，模拟一个招聘系统，在未应用和应用对齐技术的情况下，对比招聘结果中的性别比例，以直观理解 AI 对齐技术的作用。有代码基础的读者请参考附录 B 步骤。

【步骤】

第一步，生成虚拟人才表格。先使用 Python 生成一个虚拟候选人数据集，包含姓名、性别、学历、经验等信息。这个数据集可以模拟实际招聘中常见的候选人简历信息。用随机数据来创建性别偏差的候选人数据集。输出性别比例。

第二步，模拟招聘系统（未对齐）。编写一个简单的招聘系统函数，通过对候选人打分来决定招聘结果。这里使用一个简单的评分机制，仅基于经验和学历来打分，忽略性别公平性，模拟未对齐的招聘算法。

第三步，增加对齐。针对这一步细化不同的对齐方法。

第四步，结果可视化：对比对齐影响。可以看到未对齐系统的招聘结果中，男性被选中的比例更高；而使用对齐后的系统，性别比例更加平衡。

以上是为突出对齐设计的实验思路，而面对复杂事实，对齐的具体方法有很多，应根据不同的实际情况选择不同的方法。为了更好地展示不同的 AI 对齐方法（如强化学习、价值学习、反事实推理、逆向强化学习、效用对齐）的效果，可以设计一个实验，即通过多种方法的比较来探索如何在减少性别偏见的情况下建立更公平的招聘系统。

（2）强化学习（reinforcement learning）。

使用强化学习方法来训练一个代理，该代理通过与环境交互来最大化招聘系统的长期公平性和准确性。

方法实现：设计状态空间（如当前候选人的性别和得分）、行动空间（如选择或不选择候选人）以及奖励函数（如选中候选人的多样性和技能匹配）。例如使用 Q-Learning 算法来实现。

（3）价值学习（value learning）。

价值学习旨在直接学习人类决策的价值观并用它来指导 AI 的行为。对于招聘系统，这可以转化为一个多目标优化问题，目标是在不牺牲候选人质量的情况下使公平性得到最大化体现。

方法实现：使用一个神经网络来预测每个候选人的"价值"，然后根据这些价值来决定是否录取。例如使用简单线性回归模型。

（4）反事实推理（counterfactual reasoning）。

反事实推理涉及推测在不同条件下 AI 会做出什么样的决策。可以将此方法用于评估某个候选人在不同性别条件下是否会被选中。

方法实现：对于每个候选人，生成反事实版本（如将男性改为女性，保持其他条件不变），并观察代理的决策差异。如候选人性别转换后是否会被选中？

（5）逆向强化学习（inverse reinforcement learning，IRL）。

逆向强化学习从人类决策数据中学习到隐含的奖励函数，以便模拟人类决策行为。应用于招聘系统时，我们可以使用人类专家对候选人的评估数据来训练 AI 系统。如一定量的人工评估数据使用 IRL 算法反推出奖励函数，然后用此函数指导招聘决策。

（6）效用对齐（utility alignment）

效用对齐技术关注如何在特定的决策条件下最大化决策的整体效用。在招聘系统中，这可以理解为不仅关注性别平衡，还要在候选人的经验和学历之间找到最优组合。如定义一个效用函数，综合考虑性别平衡、技能匹配、经验等多种因素，并通过优化算法（如遗传算法或多目标优化）来求最优解。

为了比较这些方法的效果，在结果对比分析中可以使用以下指标：

● 性别平衡度：招聘结果中不同性别的比例。

● 候选人质量：被选中候选人的学历和经验平均值。

● 偏见减少率：应用对齐方法后，相较于初始未对齐模型，性别偏见的减少程度。

● 公平性指标：使用公平性度量标准（如差异影响指数、均衡机会等）来评估每种方法的表现。

12.2.3　案例讨论与扩展

1. 案例分析：医疗 AI 中的诊断偏见与责任归属

医疗 AI 近年来在疾病诊断、个性化治疗等方面取得了显著进展，但其应用也伴随着一系列伦理和社会问题。某知名医院引入了一款基于深度学习的 AI 辅助诊断系统，旨在提高乳腺癌的早期诊断率。然而，该系统在实际应用中被发现对特定种族或肤色患者的诊断准确性较低，存在诊断偏见。这一发现引发了广泛争议，患者、医生、医院及 AI 开发者均面临不同程度的责任归属问题。以下是该案例中涉及的 AI 治理相关问题：

● 透明度与可解释性不足：AI 系统的决策过程缺乏透明度，医生和患者难以理解 AI 为何做出特定诊断，从而难以评估其准确性和公正性。

● 数据偏见与公平性：AI 系统的训练数据存在偏见，导致系统对特定群体的诊断准确性下降，加剧了医疗不平等。

● 责任归属模糊：当 AI 系统做出错误诊断时，责任应由谁承担？是 AI 开发者、医院、医生还是患者？

问题解决方法——AI 治理策略与技术应用。

针对医疗 AI 中的诊断偏见与责任归属问题，该医院和 AI 开发者采取了以下策略：

● 增强透明度与可解释性：开发新的算法解释工具，使医生和患者能够了解 AI

系统做出诊断的具体依据和逻辑，从而提高系统的可信度和接受度。

●优化数据质量与多样性：加强对训练数据的清洗和预处理，确保数据的代表性和多样性，减少数据偏见对AI系统的影响。

●建立责任归属机制：明确AI开发者、医院和医生在AI辅助诊断过程中的责任和义务，建立相应的法律框架和监管机制，确保在错误诊断发生时能够迅速纠正和谴责。

2. 案例启示与扩展：全球合作与多元文化视角下的AI治理

医疗AI中的诊断偏见与责任归属问题，不仅揭示了AI技术在医疗领域的伦理挑战，而且凸显了全球合作与多元文化视角下AI治理的重要性。这一案例在以下几方面启示我们：

●全球合作与标准制定：AI技术的快速发展和广泛应用需要全球范围内的合作与协调。各国政府、国际组织、学术界和产业界应共同制定AI治理的国际标准和规范，确保AI技术的应用公正、透明和负责任。

●多元文化的包容性：在AI系统的设计和应用中，应充分考虑不同文化、种族、性别等多元因素，确保系统的公平性和代表性。通过跨文化交流和合作，推动AI技术的全球普及和均衡发展。

●伦理审查与公众参与：建立独立的伦理审查机构，对AI系统的设计和应用进行严格的伦理审查。同时，加强公众参与和反馈机制，确保AI技术的发展符合社会需求和伦理标准。

在全球合作与多元文化的视角下，AI治理不仅是一个技术问题，更是一个涉及伦理、法律、社会、文化等多方面的复杂问题。通过加强国际合作、推动多元文化包容性、建立伦理审查机制和公众参与机制等措施，我们可以共同构建一个更加公正、透明和负责任的AI治理框架，为AI技术的可持续发展和促进社会福祉提供有力保障。

思考与练习

随着AI技术在各行各业的广泛应用，如何有效地管理和监督AI系统的行为，确保其符合社会道德标准、法律规范和公共利益，已成为全球关注的焦点。AI治理不仅需要制定全面的政策法规，还必须在实际操作中有效实施这些治理框架，以保障AI技术的安全性、透明性和公正性。

第一步 思维起点

AI治理的目标是确保技术进步与社会责任的平衡。思考以下问题，开启你的思维探索：

● 在全球范围内，AI 治理如何确保技术发展与社会道德标准一致？

● 透明性在 AI 治理中的作用是什么？如何有效实现？

● 在 AI 系统出现失误时，如何明确责任归属？

● 如何在不同领域（如医疗、交通、司法等）设计特定的 AI 治理策略？

● 国际合作在 AI 治理中为何如此重要？如何推动全球一致的治理标准？

● AI 治理如何平衡隐私保护与数据使用之间的冲突？

● 如何确保 AI 治理框架能够灵活适应技术的快速变化？

● 在企业内部，如何实施 AI 治理框架并保证合规性？

● 在 AI 治理中如何防范算法偏见和歧视？

● 公众在 AI 治理中的参与度有多重要？如何确保公众对 AI 治理的信任？

　　这些问题将引导你思考 AI 治理的核心挑战，特别是在实际应用中如何有效地管理和监督 AI 技术。

　　在当今的科技世界中，AI 的应用越来越广泛，这也带来了一个关键问题：AI 是否真的在为人类服务？这就是“AI 对齐”要解决的核心问题——确保 AI 的目标和行为与人类的价值观和利益相一致。想象一个场景：一边是智能写作助手，它能帮助学生提升写作技能，让学习更高效；另一边是社交媒体的推荐算法，却因偏差不断推送低质量内容，导致用户沉迷于误导性信息。这两者的区别就在于 AI 对齐是否成功。AI 对齐失败可能引发严重的社会问题，如信息茧房、极端主义的扩散，甚至损害用户的心理健康。因此，思考 AI 对齐的意义，就是思考如何让 AI 真正为人类社会的进步服务，而不是成为新的问题制造者。这是我们面对科技迅猛发展时必须认真对待的一个问题。

　　当我们开始思考复杂问题时，“思维起点”是引发思考的初始触发点，它像一根导火索，点燃了我们对某个主题的兴趣，推动我们深入探索。一个有效的思维起点通常来源于对现实世界中具体问题的观察或对某一现象的质疑。例如，当我们看到智能写作助手帮助学生提高写作质量时，就产生了一个思维起点，促使我们思考：为什么这个 AI 系统如此有效？它是否在体现 AI 对齐的概念？又如，社交媒体推荐算法因偏差而导致用户陷入信息茧房，进一步激发我们思考 AI 对齐失败的后果以及如何避免类似的情况发生。思维起点的形成往往伴随着我们对问题的敏感性和好奇心，它可能是对某个现象的直觉反应，也可能源于对一段经验的反思。无论是电影中虚构的未来场景，还是现实生活中的技术应用，每一个新的思维起点都为我们打开了一扇探索未知的门，引导我们进入更复杂的思维领域。这些起点不仅带动我们开始思考，还为后续的深入分析提供了方向，促使我们不断追问、验证和反思，最终达到更全面的理解。

　　这样的观察和质疑不仅引发了我们的思考，也为我们深入探讨技术伦理提供了切入点。现在请你结合本节内容找到自己思考的起点，以下是一些有关AI对齐相关的问题，你可以挑选一个开启思考：

- 为什么AI可能与人类目标不一致？
- AI如何进行学习和自我优化？
- AI与人类目标不一致的具体案例有哪些？
- AI逻辑与人类情感之间的差距是什么？
- 不同利益相关者对AI目标的影响如何？
- 可能的AI目标与人类目标冲突的原因是什么？
- AI对齐的现有理论研究有哪些？
- 建立对齐机制的挑战与困难有哪些？
- 真实案例中的AI对齐失败原因有哪些？
- AI对齐的最新发展与趋势有哪些？

第二步 思维燃料

为了深入探讨AI治理问题，需要"思维燃料"来丰富和支撑你的思考。以下资源将提供重要的背景知识和多角度的分析。书籍是思维燃料的重要来源，它们为我们提供深入的理论背景和现实案例。例如，尼克·博斯特的《超级智能：路径、危险与策略》探讨了AI的未来发展路径，尤其是超智能的出现可能带来的风险和伦理挑战。这本书是理解AI对齐问题的核心读物，为读者深入理解AI对齐及其长期风险提供了学术和哲学背景。另外，凯西·奥尼尔的《算法的偏见》揭示了在金融、教育、刑事司法等领域使用的大数据算法如何加剧社会不平等。通过真实的案例分析，这本书帮助我们理解AI对齐失败可能带来的社会后果，尤其是在算法偏见导致的不公平现象中。

电影和电视剧也能提供丰富的思维燃料，特别是那些探讨科技与伦理的作品。斯皮尔伯格的《人工智能》讲述了一个拥有感情的机器人小孩在未来世界中的冒险，影片深入探讨了机器人与人类情感的复杂关系，引发对AI对齐中情感与伦理问题的思考。这种思考在机器人具有人类情感的情况下，尤其具有挑战性和现实意义。类似地，电视剧《黑镜》通过一个个独立的故事，聚焦现代社会中技术进步带来的潜在阴暗面。每一集都提供了大量关于AI和科技伦理的深刻反思，为AI对齐的讨论提供了丰富的文化背景和多元的思考维度。

学术文章与论文则为我们提供了更加细致和专业的分析。布伦戴奇等人的文章"The Malicious Use of Artificial Intelligence: Forecasting, Prevention, and Mitigation"探讨了AI技术可能被滥用的各种方式，并提出了预防和缓解这些风险的策略。这类文章为我们理解AI对齐失败可能带来的全球风险提供了分析框架，并帮助我们思考应对这些风险的预防措施。与此同时，梅兰妮·米切尔

的书 *Artificial Intelligence: A Guide for Thinking Humans* 以易于理解的方式介绍了 AI 的基本概念、历史以及未来挑战，包括 AI 对齐问题。这本书为读者提供了对 AI 领域的全面概述，帮助他们理解 AI 对齐的背景和复杂性，从而更好地应对这一挑战。

图书：

⬤《AI 超级大国：AI 如何塑造我们的未来》（*AI Superpowers: China, Silicon Valley, and the New World Order*）李开复（by Kai-Fu Lee）：深入探讨了中美两国在 AI 技术发展和治理方面的策略差异。

⬤《人类兼容：AI 与控制问题》（*Human Compatible: Artificial Intelligence and the Problem of Control*）by 斯图尔特·曼素（Stuart Russell）：提供了关于 AI 治理核心挑战的详细分析，尤其在透明性和责任性方面的平衡。

⬤《未来的架构》（*Architects of Intelligence*）by 马丁·福特（Martin Ford）：汇集了 50 位 AI 专家对 AI 治理、伦理和未来的看法，提供了丰富的视角。

⬤《超越科技》（*Tools and Weapons*）by 布拉德·史密斯和卡罗尔·安·布朗（Brad Smith and Carol Ann Browne）：讲述了微软总裁对 AI 治理的思考，特别是 AI 治理在全球政策制定中的作用。

电影和电视剧：

⬤《机械姬》（Ex Machina）：探讨了 AI 治理的缺失和伦理困境。

⬤《西部世界》（Westworld）：展示了 AI 治理失败可能导致的社会问题和伦理挑战。

⬤《少数派报告》（Minority Report）：思考预判性 AI 技术的治理问题和人权挑战。

⬤《黑镜》（Black Mirror）：其中多集探讨了科技治理和伦理困境，提供了多个角度的反思。

⬤《爱，死亡和机器人》（Love, Death & Robots）：其中多个故事涉及 AI 的自主性和治理问题，带来对 AI 未来的多种设想。

其他：

⬤《AI 法案》（Artificial Intelligence Act）草案：欧盟的 AI 治理框架，详细阐述了高风险 AI 应用中的法规制定与执行。

⬤《全球 AI 伦理治理》（Global Governance of AI Ethics）by 弗洛里迪（Floridi）等人：分析了如何在全球范围内实现 AI 治理的伦理统一和标准化。

⬤《AI 治理的国际挑战》（International Challenges of AI Governance）by 惠特尔斯通等人：探讨了国际 AI 治理中存在的主要问题和合作机制。

⬤《AI 治理中的透明性与责任性》（Transparency and Accountability in AI

Governance）by 安纳尼和克劳福德（Ananny and Crawford）：详细分析了如何在 AI 治理中确保透明性和责任性。

第三步 有声思考

为了更好地理解和应用 AI 治理的概念，以下小组合作活动将帮助你通过实践深化对该主题的认识。

活动一：治理框架设计。小组成员基于不同国家或组织的实际情况，设计一个 AI 治理框架。每个小组选择一个具体领域（如自动驾驶、医疗 AI 等），从透明性、公正性和责任性三个方面制定详细的治理策略。小组展示各自的框架设计，并讨论其优缺点和实际应用中的可行性。

活动二：模拟法规审议。组织一个模拟的政策审议会，成员分别扮演立法者、技术专家、企业代表和公众代表，针对一项拟议的 AI 治理法案进行辩论。讨论的焦点是如何在政策中平衡创新驱动与社会责任，最终形成一个集体的审议结果。该活动有助于理解多方利益如何影响 AI 治理的制定和实施。

活动三：国际合作与标准化讨论。分组讨论如何推动 AI 治理的国际合作，成员需制定一套可行的国际 AI 治理标准，并探讨如何在不同文化和法律体系中推广这一标准。讨论结束后，各组汇报成果并评估这些标准的全球适用性及其在不同国家实施的难度。

活动四：任务练习案例 1——鱼缸（Fishbowl）讨论。鱼缸讨论是一种互动式讨论形式，通常由一小部分成员在内圈进行讨论，外圈的其他成员倾听并随后参与讨论。通过轮换内外圈的方式，所有参与者都有机会分享和聆听。测量标准可以是内圈成员的讨论深度、外圈成员的反馈质量，以及整个讨论过程是否成功促进了问题的澄清和新的观点产生。

活动五：任务练习案例 2——画廊漫步（Gallery Walk）

Gallery Walk 翻译为"画廊漫步"，是一种让小组成员展示各自成果并通过走动观看他人作品的活动形式。小组成员可以将思维输出的内容（如图示、方案、关键论点等）展示在墙上，其他成员通过"漫步"来浏览、评论和提出问题。衡量标准可以是每个作品引发的评论和讨论次数，以及是否通过这些互动促成了思维的进一步拓展或共识的达成。

如果你希望继续深入，请参考下面的提示，并利用你的 AI 助教选择一项技术进行详尽的调查研究。可以将此设定为一个小型研究项目，从以下"线索"开始进行系统化的探究。进行深入调研。可以作为一个小项目玩起，从下边这些线头慢慢扯起。

AI 对齐技术

什么是 AI 对齐技术？

AI对齐技术的发展历史

典型案例分析

AI对齐技术的未来方向

风险预测与监控技术

什么是风险预测与监控技术？

风险预测与监控技术的发展历史

典型案例分析

风险预测与监控技术的未来方向

安全性监控与控制技术

什么是安全性监控与控制技术？

安全性监控与控制技术的发展历史

典型案例分析

安全性监控与控制技术的未来方向

动态模型校正技术

什么是动态模型校正技术？

动态模型校正技术的发展历史

典型案例分析

动态模型校正技术的未来方向

可解释性与透明化技术

什么是可解释性与透明化技术？

可解释性与透明化技术的发展历史

典型案例分析

可解释性与透明化技术的未来方向

公平性与去偏差技术

什么是公平性与去偏差技术？

公平性与去偏差技术的发展历史

典型案例分析

公平性与去偏差技术的未来方向

模型验证与安全性技术

什么是模型验证与安全性技术？

模型验证与安全性技术的发展历史

典型案例分析

模型验证与安全性技术的未来方向

> **隐私增强技术**
> 什么是隐私增强技术?
> 隐私增强技术的发展历史
> 典型案例分析
> 隐私增强技术的未来方向

12.3 可信赖AI系统的设计与评估

12.3.1 构建可信赖AI系统的原则与策略

可信赖性评估在AI和人机交互系统中扮演着至关重要的角色。随着AI技术在各个领域的应用日益广泛,如何确保这些系统的安全性、可靠性和公正性成了一个重要的研究课题。可信赖性评估旨在通过一系列方法和技术手段,确保AI系统在其整个生命周期中保持一致性和稳定性,从而赢得用户的信任。

1.可信赖性的定义与重要性

可信赖性在AI和人机交互领域中指的是系统在执行任务时能够可靠地实现预期结果,并在各种条件下表现出稳定性和安全性。随着AI技术在各个领域的应用日益广泛,可信赖性已经成为用户接受和信赖AI系统的基础。

可信赖性的定义涵盖了多个方面,包括功能正确性、可靠性、安全性、透明性和公正性。功能正确性是指AI系统能够按照设计要求准确执行任务,提供准确的输出和决策。对于用户来说,功能正确性是评估AI系统性能的基本标准。如果系统在某一方面表现不佳,可能会影响其可信赖性。例如,在医疗诊断系统中,功能正确性直接影响到诊断结果的准确性和患者的治疗效果。可靠性是AI系统在长时间运行和不同环境下维持稳定性能的能力。可靠性要求系统能够处理异常情况并从错误中恢复,以确保持续的服务。对于金融交易系统、自动驾驶汽车等高风险应用领域,可靠性显得尤为重要,因为这些系统的故障可能会导致严重的经济损失或人身安全问题。安全性指的是AI系统防止未经授权访问、数据泄露和恶意攻击的能力。在当今信息安全威胁日益增加的背景下,确保AI系统的安全性对于保护用户数据和隐私至关重要。开发者需要实施强有力的安全措施,包括加密技术、访问控制、安全监测等,以防止潜在的安全漏洞。透明性涉及AI系统的决策过程和操作机制对用户和开发者的可理解性。透明性帮助用户理解系统的行为和决策依据,从而增强信任。通过提供可解释的模型和清晰的操作信息,开发者可以确保用户对系统有足够的了解,特别是在出现错误或意外情况时。公正性确保AI系统在决策过程中不引入偏见和歧视。这需要开发者在数据收集和算法设计时避免不平等和不公正的结果。公正性特别重要，因为AI系统的偏见可能会放大社会不平等，并对某些群体造成不利影响。通过采用多样性数据集和公平性算法，开发者可以提高系统的公正性。

可信赖性的重要性体现在多个方面。首先，可信赖性是AI技术成功应用的前提条件。在关键领域，如医疗、交通、金融等，系统的可靠性和安全性直接影响到用户的安全和福祉。AI系统的任何错误或故障都可能会带来重大后果，因此确保其可信赖性是至关重要的。其次，可信赖性是赢得用户信任和推动AI技术普及的基础。用户只有在确信系统可靠和安全的情况下，才会愿意在日常生活和工作中采用AI技术。缺乏可信赖性可能导致用户不信任，阻碍技术的广泛应用和发展。通过提升系统的可信赖性，企业和开发者可以增强用户对AI技术的信心，从而促进其应用和创新。最后，可信赖性在确保合规性和满足法律法规要求方面也起着重要作用。许多国家和地区已经出台了与AI技术相关的法律法规，要求系统在开发和应用中遵循一定的标准和规范。通过确保系统的可信赖性，企业可以更好地遵循这些法律要求，减少法律风险。可信赖性在AI技术的发展和应用中扮演着不可或缺的角色。通过关注功能正确性、可靠性、安全性、透明性和公正性，开发者和企业可以提高系统的可信赖性，为用户提供更安全和可靠的服务。在快速变化的技术环境中，如何持续提升AI系统的可信赖性，将是未来技术创新和应用的重要方向。

2. 可信赖性策略

在构建可信赖的AI系统时，实施一系列有效的策略至关重要。这些策略旨在确保AI系统在其整个生命周期中能够满足功能的正确性、可靠性、安全性、透明性和公正性要求。以下是对可信赖性策略的详细补充介绍。

（1）功能正确性策略。

●严格测试与验证：在AI系统开发过程中，进行严格的测试与验证是确保功能正确性的关键。通过单元测试、集成测试和系统测试，可以全面检查系统的功能是否按预期工作。

●持续监控与反馈：在实际应用中，持续监控AI系统的性能，收集用户反馈，及时发现并修复问题。这有助于确保系统在面对不同场景和条件时都能保持正确的功能。

（2）可靠性策略。

●冗余设计：通过冗余设计，如使用多个独立的计算单元或备份系统，来提高AI系统的可靠性。当某个部分出现故障时，其他部分可以接管任务，确保系统的连续运行。

●异常处理与恢复：设计较强的异常处理机制，以便在系统遇到问题时能够自动检测、报告并尝试恢复。这有助于减少系统停机时间，提高整体可靠性。

（3）安全性策略。

●数据加密与保护：对敏感数据进行加密存储和传输，防止未经授权的访问和数据泄露。同时，实施访问控制策略，确保只有授权用户才能访问特定数据。

●安全审计与监控：定期进行安全审计，检查系统是否存在潜在的安全漏洞。同时，实时监控系统的安全状态，及时发现并应对安全威胁。

（4）透明性策略。

●可解释性模型：开发可解释的AI模型，使用户能够理解系统的决策过程和依据。这有助于增强用户对系统的信任感，特别是在出现错误或意外情况时。

●清晰的操作信息：提供清晰的操作指南和说明，使用户能够轻松理解和使用AI系统。同时，在系统中嵌入帮助和支持功能，以便用户在遇到问题时能够迅速获得帮助。

（5）公正性策略。

●多样性数据集：在训练AI系统时，使用包含多种背景和特征的数据集，以减少系统对特定群体的偏见。这有助于确保系统在决策过程中更加公正和公平。

●公平性算法：开发和应用公平性算法，以确保AI系统在决策过程中不引入歧视和偏见。这可以通过优化算法设计、调整权重或引入额外的公平性约束来实现。

（6）综合策略。

除了上述针对特定方面的策略外，还需要综合考虑多个方面的协同作用。例如，在安全性方面，可能需要结合数据加密、访问控制、安全监测等多种技术手段来确保系统的整体安全性。同样地，在提升系统的透明性和公正性方面，也需要综合运用多种策略和方法。

综上所述，构建可信赖的AI系统需要实施一系列有效的策略，这些策略涵盖了功能正确性、可靠性、安全性、透明性、公正性等多个方面。通过综合运用这些策略，可以显著提高AI系统的可信赖性，从而赢得用户的信任和推动AI技术的广泛应用和发展。

3.建立AI信任的策略与评估方法

评估AI系统的可信赖性是确保其能够在各种环境中安全、可靠地运行的关键过程。随着AI技术在各个领域的广泛应用，评估方法和技术也在不断发展，以满足不同应用场景的需求。评估过程涉及多个层面，包括功能测试、安全审计、透明性分析、用户反馈等。这些方法和技术共同构成了一个全面的评估框架，确保AI系统在其整个生命周期中保持一致性和稳定性。

功能测试是评估AI系统可信赖性的基础。功能测试旨在验证系统是否能够按照设计要求准确执行预期任务，通常涉及单元测试、集成测试、系统测试等步骤。单元测试用于验证系统中最小可测试单元的功能，集成测试检查不同模块之间的交互是否正确，而系统测试则是对整个系统进行全面的功能验证以确保其在各种环境和条件下都能正常运行。在 AI 系统中，功能测试需要特别关注算法的准确性和数据处理能力，以确保系统能够提供可靠的输出。

模拟和仿真技术是另一种评估系统可信赖性的重要手段。通过创建虚拟环境，开发者可以在其中模拟真实世界的场景和条件，以测试系统在极端情况下的表现。这种方法特别适用于自动驾驶、无人机控制、智能制造等领域，因为在实际环境中进行这类测试可能过于昂贵或危险。模拟和仿真不仅可以帮助识别潜在的问题，还可以用于训练 AI 系统，提高其适应性和鲁棒性。

安全评估技术专注于识别和防止系统受到恶意攻击或数据泄露。常用的安全评估方法包括渗透测试、漏洞扫描、安全审计等。渗透测试通过模拟攻击者的行为，测试系统的安全防御能力。漏洞扫描则自动检测系统中的安全漏洞，帮助开发者及时修复和加固。安全审计是对系统安全策略和措施的全面评估，确保其符合相关安全标准和法规。此外，隐私保护技术，如差分隐私和数据加密，能够在保障数据安全的同时保护用户隐私。这些技术手段共同构成了系统安全性评估的完整框架。

透明性评估方法侧重于确保系统的决策过程对于用户和开发者来说是可理解的。这包括使用可解释的 AI 模型，以及为复杂模型提供决策依据的可视化工具。可解释性是 AI 系统的重要特性，它能够帮助用户理解系统的行为和决策依据，从而提高信任水平。开发者可以通过创建透明的算法结构和提供详细的操作日志来实现透明性评估，确保用户在使用系统时能够获得足够的信息和支持。

用户反馈和社会评估方法提供了从用户和公众角度评估系统可信赖性的途径。通过用户体验研究、满意度调查和公众咨询，开发者可以收集对系统可靠性和安全性的实际反馈。这种反馈是持续改进系统设计和优化用户界面的宝贵资源。用户反馈不仅可以揭示系统在实际应用中的不足，还可以为未来的改进和创新提供方向。通过建立有效的反馈机制，开发者可以更好地理解用户需求，确保技术能够满足用户期望和社会标准。

在这些评估方法和技术的基础上，开发者和企业还需要不断更新和完善其评估策略以适应快速变化的技术环境和社会需求，包括引入新的评估技术和工具以提高评估的效率和准确性。例如，随着 AI 和机器学习技术的进步，自动化评估工具和机器学习模型可以用于实时监测和分析系统的表现，帮助开发者及时识别和解决潜在问题。

评估 AI 系统的可信赖性是一个复杂而动态的过程，需要结合多种方法和技术，全面考虑系统的功能、安全性、透明性和用户体验。通过实施有效的评估策略，开发者和企业可以提高系统的可信赖性，增强用户信任，推动 AI 技术的广泛应用和发展。在未来，随着 AI 技术的不断进步，如何进一步优化评估方法和技术，将成为确保 AI 系统可靠和安全的重要课题。

12.3.2 责任与问责机制的设计与实施

在构建可信赖的 AI 系统时，除了上述评估方法和技术外，责任与问责机制的设计与实施同样至关重要。这一机制旨在确保 AI 系统在出现问题时，能够迅速确定责任主体，采取有效的补救措施，并防止类似问题产生。以下是对"可信赖性策略"中责任与问责机制设计与实施的介绍。

1. 明确责任主体

●界定职责范围：在 AI 系统的开发和部署过程中，应明确各个参与者的职责范围，包括开发者、运营者、维护者等。通过明确的职责分工，可以确保每个环节都有专人负责，避免责任不清导致推诿现象。

●建立责任追究制度：对于因 AI 系统问题导致的损失或不良影响，应建立责任追究制度，明确责任主体应承担的法律责任和赔偿责任。这有助于增强参与者的责任感和使命感，确保 AI 系统安全、可靠地运行。

2. 强化透明性与可追溯性

●记录操作日志：AI 系统应记录详细的操作日志，包括系统运行状态、数据处理流程、决策依据等。这些日志不仅有助于系统维护者进行故障排查和性能优化，还可以在出现问题时提供追溯依据。

●提供决策解释：对于 AI 系统做出的重要决策，应提供清晰、可理解的解释。这有助于用户理解系统的决策依据，增强系统的透明性，并在必要时为决策提供法律或道德上的辩护。

3. 建立监管与审计机制

●设立监管机构：政府或行业协会应设立专门的监管机构，对 AI 系统的开发、部署和运行进行监管。这些机构可以制定相关法规和标准，对 AI 系统的安全性和可靠性进行评估和审核。

●实施定期审计：对 AI 系统进行定期审计，检查其是否符合相关法规和标准的要求。审计结果应公开透明，以便公众了解 AI 系统的安全性和可靠性状况。

4. 加强沟通与协作

●建立沟通渠道：开发者、运营者、用户以及监管机构之间应建立有效的沟通渠道，及时分享信息、交流意见、解决问题。这有助于增强各方的信任感，促进 AI 系统的持续改进和优化。

●促进跨领域合作：AI 系统的开发和应用涉及多个领域和学科，包括计算机科学、法律、伦理等。因此，应加强跨领域的合作与交流，共同推动 AI 技术的健康发展。

5. 实施补救与改进措施

●制定应急预案：针对可能出现的风险和故障，应制定详细的应急预案。这些预案应包括故障排查流程、数据恢复措施、用户安抚方案等，以确保在出现问题时能够迅速响应并减少损失。

●持续优化系统：根据用户反馈、审计结果以及技术发展趋势，持续优化 AI 系统的设计和功能。通过不断进行技术创新和改进，提高系统的安全性和可靠性水平。

综上所述，责任与问责机制的设计与实施是构建可信赖 AI 系统不可或缺的一部分。通过明确责任主体、强化透明性与可追溯性、建立监管与审计机制、加强沟通与协作以及实施补救与改进措施等措施的落实，可以确保 AI 系统在各种环境中都能安全、可靠地运行，并赢得用户的信任和社会的认可。

12.3.3　案例讨论与扩展——面向未来的伦理设计创新与建议

1.案例分析：金融 AI 中的问责机制与风险评估

随着 AI 技术在金融领域的广泛应用，如信用评分、欺诈检测、投资建议等，其问责机制与风险评估变得尤为重要。某大型金融机构引入了一款基于 AI 的信用评分系统，旨在提高贷款审批的效率和准确性。然而，该系统在实际运行中出现了一系列错误评分，导致部分客户被拒贷或获得不公正的信用评级。这一事件引发了客户、监管机构及公众的广泛关注，暴露了 AI 系统在问责机制与风险评估方面的不足。以下是该案例中涉及的可信赖 AI 系统的设计问题。

●问责机制缺失：当 AI 系统做出错误决策时，难以确定责任归属：是数据问题、算法问题还是系统操作问题？缺乏明确的问责机制导致问题难以迅速解决。

●风险评估不足：AI 系统的风险评估模型未能充分考虑所有相关因素，导致模型在实际应用中表现不佳。此外，模型的更新和迭代速度也未能跟上市场变化，加剧了风险。

●透明度与可解释性不足：AI 系统的决策过程缺乏透明度和可解释性，使得客户和监管机构难以理解和评估系统的决策依据。

问题解决方法：可信赖 AI 系统设计与评估。

针对金融 AI 中的问责机制与风险评估问题，该金融机构采取了以下策略。

●建立问责机制：明确 AI 系统各环节的责任归属，包括数据收集、算法设计、系统操作等。建立专门的问责团队，负责监督 AI 系统的运行，并在出现问题时迅速定位和解决。

●完善风险评估模型：加强对风险评估模型的监控和评估，确保模型能够充分考虑所有相关因素，并随着市场变化及时更新和迭代。同时，引入第三方机构对模型进行独立验证和评估，提高模型的准确性和可信度。

●增强透明度与可解释性：开发新的算法解释工具，使客户和监管机构能够了解 AI 系统做出决策的具体依据和逻辑。同时，加强与客户和监管机构的沟通，提高系统的透明度和可解释性。

思考与练习

随着AI技术的广泛应用，如何确保这些系统在各种环境下的安全性、可靠性和公正性，成为一个至关重要的研究课题。可信赖性评估旨在通过一系列方法和技术手段，确保AI系统在其整个生命周期中保持一致性和稳定性，从而赢得用户的信任。

第一步 思维起点

可信赖性评估不仅是技术保障的重要环节，也是赢得用户信任的基础。思考以下问题，开始你的探索：

（1）如何定义AI系统的可信赖性？它包括哪些关键维度？

（2）为什么功能正确性在AI系统的可信赖性中如此重要？

（3）在高风险领域（如医疗、自动驾驶）中，可靠性和安全性如何影响用户信任？

（4）AI系统的透明性如何帮助用户理解和信任其决策过程？

（5）如何在AI系统设计中避免偏见，确保公正性？

（6）如何通过持续评估和更新，保持AI系统的长期可信赖性？

（7）安全性评估如何防范AI系统受到恶意攻击或数据泄露？

（8）用户反馈在提升AI系统可信赖性中的作用是什么？

（9）透明性和可解释性之间的关系如何影响AI系统的可信赖性？

（10）如何在AI技术的快速发展中持续改进可信赖性评估方法？

这些问题将引导你深入思考AI系统的可信赖性评估，从多个角度探讨其核心挑战和解决方案。

第二步 思维燃料

为深入理解可信赖性评估，你需要多维度的"思维燃料"。以下资源将为你的探索提供重要的背景知识和案例分析素材。

图书：

● 《AI的安全与道德》（*AI Safety and Ethics*）by 温德尔·瓦拉赫（Wendell Wallach）：探讨了AI系统的可信赖性，尤其在安全性和道德方面的挑战。

● 《可信赖AI：从设计到应用》（*Trustworthy AI: From Design to Implementation*）by 维吉尼来·迪格纳姆（Virginia Dignum）：分析了如何在设计阶段融入可信赖性评估，确保AI系统的长期稳定性。

● 《透明与可解释AI》（*Transparent and Explainable AI*）by 戴维·冈宁（David Gunning）：深入探讨了AI系统的透明性和可解释性如何影响其可信赖性。

● 《AI伦理与法律》（*AI Ethics and Law*）by Ryan Calo：提供了关于AI系

统公正性和安全性评估的法律和伦理视角。

电影和电视剧：

⊙《机械公敌》（I, Robot）：展示了 AI 系统中的功能正确性和安全性如何影响人类信任。

⊙《少数派报告》（Minority Report）：探讨了预判性 AI 技术的透明性和公正性问题。

⊙《黑镜》（Black Mirror）：特别是 "Hated in the Nation" 和 "Nosedive" 两集，揭示了 AI 系统在社会中的可信赖性挑战。

⊙《人工智能》（Artificial Intelligence）：深刻探讨了 AI 系统在人类社会中的接受度和信任问题。

其他：

⊙《AI 可信赖性评估：理论与实践》（AI Trustworthiness Assessment: Theory and Practice）by 突斯（Binns）等人：提供了全面的可信赖性评估框架，并讨论了其在不同领域的应用。

⊙《透明性和安全性在 AI 中的作用》（The Role of Transparency and Security in AI）by 安纳尼和克劳福德（Ananny and Crawford）：探讨了透明性和安全性如何在 AI 系统中协同作用，确保可信赖性。

⊙《AI 系统的公正性评估》（Fairness Assessment in AI Systems）by 巴罗卡斯（Barocas）等人：分析了如何在 AI 系统设计中避免偏见，确保公正性。

第三步 有声思考

为了全面理解和应用可信赖性评估的概念，以下小组合作活动将帮助你通过互动和实践深化对这一主题的认识。

活动一：功能测试与模拟分析。小组成员选择一个 AI 系统（如医疗诊断系统或自动驾驶技术），设计一系列功能测试和模拟分析，以评估其在不同场景下的可信赖性。成员需考虑功能正确性、可靠性、安全性等关键维度，展示他们的测试结果并讨论系统的改进空间。

活动二：安全性与公正性讨论。小组成员分成两组，分别探讨 AI 系统中的安全性和公正性挑战。通过分析具体案例（如语音识别中的数据泄露或自动驾驶中的决策偏见），探讨如何通过安全评估和公正性分析提升系统的可信赖性。小组将总结讨论结果，提出改进建议。

活动三：透明性与用户反馈机制设计。小组成员合作设计一个 AI 系统的透明性和用户反馈机制。设想一个用户场景，确保系统的决策过程清晰可见，并设计一个有效的反馈收集和应用机制。各小组展示设计方案，并评估其在实际应用中的可行性和用户接受度。

参考文献

［1］Dastin J. Amazon scraps secret AI recruiting tool that showed bias against women. Reuters.［2024-12-06］. https://www. reuters. com / article / amazon-com-jobs-automation-idUSKCN1MK08G.

［2］新一代人工智能治理原则——发展负责任的人工智能.［2024-12-06］. https://baike.baidu.com/item/新一代人工智能治理原则——发展负责任的人工智能/23576627.

［3］OECD. OECD principles on artificial intelligence.［2024-12-06］. https://www.oecd.org/en/topics/policy-issues/artificial-intelligence.html.

［4］UNESCO. Artificial intelligence: report.［2024-12-06］. https://unesdoc.unesco.org/ark:/48223/pf0000380455_chi.

［5］中国信通院. 人工智能伦理治理研究报告（2023 年）.（2024-01-25）［2024-12-06］. from http://lib.ia.ac.cn/news/newsdetail/68735.

［6］IEEE. Ethically aligned design.［2024-12-06］. https://standards.ieee.org/industry-connections/ec/ead/.

［7］European Commission. Ethics guidelines for trustworthy AI.［2024-12-06］. https://digital-strategy.ec.europa.eu/en/library/ethics-guidelines-trustworthy-ai.

［8］The New York Times. How A.I. is creating building blocks to reshape music and art.（2017-08-14）［2024-12-06］. https://www.nytimes.com/2017/08/14/arts/design/google-how-ai-creates-new-music-and-new-artists-project-magenta.html.

［9］ProPublica. Machine bias: there's software used across the country to predict future criminals. And it's biased against blacks.［2024-12-06］. https://www.pro-publica.org/article/machine-bias-risk-assessments-in-criminal-sentencing.

［10］European Commission. Artificial intelligence liability directive.［2024-12-06］. https://commission.europa.eu/business-economy-euro/doing-business-eu/contract-rules/digital-contracts/liability-rules-artificial-intelligence_en.

［11］The Guardian. Uber's self-driving car saw the pedestrian but didn't swerve-report.［2024-12-06］. https://www.theguardian.com/technology/2018/may/08/

ubers-self-driving-car-saw-the-pedestrian-but-didnt-swerve-report.

［12］ European Union. General data protection regulation （GDPR）. ［2024-12-06］. https://gdpr.eu/what-is-gdpr/.

［13］ OHCHR. The right to privacy in the digital age: report. ［2024-12-06］. https://www.ohchr.org/en/documents/thematic-reports/ahrc5117-right-privacy-digital-age.

［14］ The Guardian. The cambridge analytica files. ［2024-12-06］. https://www.theguardian.com/news/series/cambridge-analytica-files.

［15］ CNN. Amazon workers are listening to what you tell alexa. （2019-04-11）［2024-12-06］. https://www.cnn.com/2019/04/11/tech/amazon-alexa-listening/index.html.

［16］ AI Now Institute. AI Now 2018 Report. ［2024-12-06］. https://ainowinstitute.org/publication/ai-now-2018-report-2.

［17］ Carnegie Endowment for international peace. China's views on AI safety are changing—quickly. ［2024-12-06］. https://carnegieendowment. org / research / 2024/08/china-artificial-intelligence-ai-safety-regulation?lang=en.

［18］ 清华大学，中国信通院，蚂蚁集团. 可信 AI 技术和应用进展白皮书（2023）.（2023-08-13）［2024-12-06］.https://mp.weixin.qq.com/s?__biz=MzAxNjMyMDUzMQ==&mid=2247556093&idx=3&sn=7265458b0398b839f87b3810937cdd70 & chksm=9bf4ca81ac8343979724fdad936c1a4c5a04c05d62d58da13e19100b34a40d7eb7b0f28cf9d7&scene=126&sessionid=0.

［19］ 吉姆·格雷.科学研究的四类范式.速优物联,2007-1-1, www.perfcloud.cn/blog/post/81. Accessed 27 Jan. 2025.

［20］ Devlin J，Chang M W et al.. ChatGPT，科研第五范式即将来临.中国仿真学会公众号，2023-4-4,cloud.kepuchina.cn/newSearch/imgText?from=1&id=70432287988819725312&is_self=2. Accessed 27 Jan. 2025.

［21］ 吴飞.人工智能导论：模型与算法.北京：高等教育出版社，2020

［22］ 吴飞，潘云鹤.人工智能引论.北京：高等教育出版社，2024

［23］ 吴飞.人工智能初步.杭州：浙江教育出版社，2019

附录 A

数据准备

```python
Python
import os
from skimage import io, transform
import numpy as np

def load_data(data_dir, img_size=(64, 64)):
    data = []
    labels = []
    for category in ['Cat', 'Dog']:
        path = os.path.join(data_dir, category)
        label = 0 if category == 'Cat' else 1
    for img_name in os.listdir(path):
        img_path = os.path.join(path, img_name)
    try:
        img = io.imread(img_path, as_gray=True) # 读取图片并转换为灰
                                                 度图
        img = transform.resize(img, img_size) # 调整图片大小
        data.append(img.flatten()) # 将图片展平为一维数组
        labels.append(label)
    except Exception as e:
        print(f"Error reading image {img_path}: {e}")
return np.array(data), np.array(labels)

data, labels = load_data('./your_path')
```

模型选择

```Python
from sklearn.model_selection import train_test_split
from sklearn.neighbors import KNeighborsClassifier
```

模型训练

```Python
X_train, X_test, y_train, y_test = train_test_split(data, labels, test_size=0.2, random_state=42)


model = KNeighborsClassifier(n_neighbors=5)
model.fit(X_train, y_train)
```

模型使用

```Python
def predict_image(image_path, model=model):
    img = io.imread(image_path, as_gray=True)
    img = transform.resize(img, (64, 64))
    img = img.flatten().reshape(1, -1)
    prediction = model.predict(img)
    return "Cat" if prediction == 0 else "Dog"

# 测试新图片
new_image_path = 'path/to/new/image.jpg'
print(predict_image(new_image_path))
```

附录 B

【目标】通过编写简单的 Python 代码，模拟一个招聘系统，分别在未应用和应用对齐技术的情况下，对比招聘结果中的性别比例，以直观理解 AI 对齐技术的作用。

【步骤】

第一步，生成虚拟人才表格。先使用 Python 生成一个虚拟候选人数据集，包含姓名、性别、学历、经验等信息。这个数据集可以模拟实际招聘中常见的候选人简历信息。用随机数据来创建性别偏差的候选人数据集。输出性别比例。

```python
import pandas as pd
import random

# 设置随机种子确保结果可重复
random.seed(42)

# 生成候选人数据集
num_candidates = 100
data = {
    'Name': [f'Candidate {i+1}' for i in range(num_candidates)],
    'Gender': [random.choice(['Male', 'Female']) for _ in range(num_candidates)],
    'Education': [random. choice(['Bachelor', 'Master', 'PhD']) for _ in range
(num_candidates)],
    'Experience': [random.randint(1, 10) for _ in range(num_candidates)]
}

candidates_df = pd.DataFrame(data)
print("Initial Candidates Data:")
print(candidates_df.head())
```

```
# 查看性别比例
print("\nGender Distribution in Generated Data:")
print(candidates_df['Gender'].value_counts())

# 导出为CSV文件
candidates_df.to_csv('candidates_data.csv', index=False)
print("虚拟人才数据已生成并保存为 'candidates_data.csv'")
```

第二步，模拟招聘系统（未对齐）。编写一个简单的招聘系统函数，通过对候选人打分来决定招聘结果。这里使用一个简单的评分机制，仅基于经验和学历来打分，忽略性别公平性，模拟未对齐的招聘算法。

```
import pandas as pd

# 加载数据集
candidates_df = pd.read_csv('candidates_data.csv')

def simple_recruitment_system(df):
    # 定义简化的评分规则（仅基于学历和经验）
    def score_candidate(row):
        score = 0
        if row['Education'] == 'PhD':
            score += 3
        elif row['Education'] == 'Master':
            score += 2
        else:
            score += 1
        score += row['Experience'] * 0.5  # 每年经验加0.5分
        return score

    # 根据评分排序并选取前50%的候选人作为招聘结果
    df['Score'] = df.apply(score_candidate, axis=1)
    selected_candidates = df.sort_values(by='Score', ascending=False).head(len(df)
```

```
// 2)

    return selected_candidates

# 使用未对齐的招聘系统
selected_candidates = simple_recruitment_system(candidates_df)
print("\n 未对齐的招聘结果：")
print(selected_candidates[['Name', 'Gender', 'Score']])

# 查看性别比例
print("\n 未对齐的招聘后性别比例：")
print(selected_candidates['Gender'].value_counts())
```

第三步，增加对齐。针对这一步细化不同的对齐方法。

```
def aligned_recruitment_system(df):
    # 定义评分规则，保持与未对齐版本相同
    def score_candidate(row):
        score = 0
        if row['Education'] == 'PhD':
            score += 3
        elif row['Education'] == 'Master':
            score += 2
        else:
        score += 1
        score += row['Experience'] * 0.5
        return score

    # 根据评分排序
    df['Score'] = df.apply(score_candidate, axis=1)
    sorted_df = df.sort_values(by='Score', ascending=False)

    # 分别挑选一定比例的男性和女性候选人
    males = sorted_df[sorted_df['Gender'] == 'Male'].head(len(df) // 4)
```

```
    females = sorted_df[sorted_df['Gender'] == 'Female'].head(len(df) // 4)
    balanced_candidates = pd.concat([males, females])


    return balanced_candidates


# 使用对齐后的招聘系统
aligned_candidates = aligned_recruitment_system(candidates_df)
print("\n已对齐的招聘结果：")
print(aligned_candidates[['Name', 'Gender', 'Score']])


# 查看性别比例
print("\n已对齐的招聘后性别比例：")
print(aligned_candidates['Gender'].value_counts())
```

第四步，结果可视化：对比对齐影响。可以看到未对齐系统的招聘结果中，男性被选中的比例更高；而使用对齐系统后，性别比例更加平衡。

```
import matplotlib.pyplot as plt
# 计算未对齐和已对齐的性别比例
gender_counts_unaligned = selected_candidates['Gender'].value_counts()
gender_counts_aligned = aligned_candidates['Gender'].value_counts()


# 创建性别比例对比图
fig, ax = plt.subplots(1, 2, figsize=(12, 5))


ax[0].bar(gender_counts_unaligned.index, gender_counts_unaligned.values, color=
['blue', 'pink'])
    ax[0].set_title('未对齐的招聘结果')
    ax[0].set_ylabel('数量')
    ax[0].set_xlabel('性别')


    ax[1]. bar(gender_counts_aligned. index, gender_counts_aligned. values, color=
['blue', 'pink'])
    ax[1].set_title('已对齐的招聘结果')
```

```
ax[1].set_ylabel('数量')
ax[1].set_xlabel('性别')

plt.tight_layout()
plt.show()
```

以上是为突出对齐设计的实验思路，而面对复杂事实，对齐的具体方法有很多，应根据不同的实际情况选择不同的方法。为了更好地展示不同的AI对齐方法（如强化学习、价值学习、反事实推理、逆向强化学习、效用对齐）的效果，可以设计一个实验，即通过多种方法的比较来探索如何在减少性别偏见的情况下建立更公平的招聘系统。

强化学习（Reinforcement Learning）

使用强化学习方法来训练一个代理，该代理通过与环境交互来最大化招聘系统的长期公平性和准确性。

方法实现：设计状态空间（如当前候选人的性别和得分）、行动空间（如选择或不选择候选人）以及奖励函数（如选中候选人的多样性和技能匹配）。例如使用Q-Learning算法来实现。

```
import numpy as np
import random

# 初始化Q表格，假设每个候选人的状态（性别、经验、学历）可以编码为一个状态
state_space_size = len(candidates_df)
action_space_size = 2  # 选择或不选择候选人

# 初始化Q表格
Q_table = np.zeros((state_space_size, action_space_size))

# 定义强化学习参数
alpha = 0.1  # 学习率
gamma = 0.9  # 折扣因子
epsilon = 0.1  # 探索概率
# 定义奖励函数（简单的示例，鼓励性别平衡和高学历）
```

```python
def reward_function(candidate, selected_candidates):
    reward = 0
    if candidate['Gender'] == 'Female':
        reward += 1  # 鼓励选择女性
    if candidate['Education'] == 'PhD':
        reward += 2  # 鼓励选择高学历
    if len(selected_candidates) > 0:
        gender_balance = selected_candidates['Gender']. value_counts(normalize=
True)
        if 'Female' in gender_balance and 'Male' in gender_balance:
            reward += (1 - abs(gender_balance['Female'] - gender_balance['Male']))
# 性别平衡奖励
    return reward


# Q-Learning算法
def q_learning(candidates_df, episodes=100):
    for episode in range(episodes):
        selected_candidates = pd.DataFrame(columns=candidates_df.columns)
        for i in range(len(candidates_df)):
            state = i
            if random.uniform(0, 1) < epsilon:
                action = random.choice([0, 1])  # 随机选择
            else:
                action = np.argmax(Q_table[state])  # 选择最优行为

            # 执行行为并计算奖励
            if action == 1:
                selected_candidates = selected_candidates. append(candidates_df.iloc
[i])

                reward = reward_function(candidates_df.iloc[i], selected_candidates)
            else:
                reward = 0

            # 更新Q表格
```

```
                next_state = (i + 1) % state_space_size
                Q_table[state, action] = Q_table[state, action] + alpha * (reward + gam-
ma * np.max(Q_table[next_state]) - Q_table[state, action])


    # 返回训练后的候选人
    return selected_candidates

selected_candidates_rl = q_learning(candidates_df)
print("\nReinforcement Learning Selected Candidates:")
print(selected_candidates_rl[['Name', 'Gender', 'Education', 'Experience']])

# 查看性别比例
print("\nGender Distribution After Reinforcement Learning:")
print(selected_candidates_rl['Gender'].value_counts())
```

价值学习（value learning）

价值学习旨在直接学习人类决策的价值观并用它来指导 AI 的行为。对于招聘系统，这可以转化为一个多目标优化问题，目标是在不牺牲候选人质量的情况下使公平性得到最大化体现。

方法实现：使用一个神经网络来预测每个候选人的"价值"，然后根据这些价值来决定是否录取。例如使用简单线性回归模型。

```
from sklearn.linear_model import LinearRegression

# 使用线性回归模型学习价值
def value_learning(df):
    # 将学历和经验数值化
    df['Education'] = df['Education'].map({'Bachelor': 1, 'Master': 2, 'PhD': 3})

    # 用学历和经验预测候选人被选中的概率
    X = df[['Education', 'Experience']]
    y = np.random.choice([0, 1], size=len(df))  # 用随机数据模拟价值（实际情
况需要有标签数据）
    model = LinearRegression().fit(X, y)
```

```
    # 根据学习的价值排序候选人并选择前50%
    df['Value'] = model.predict(X)
    selected_candidates = df.sort_values(by='Value', ascending=False).head(len(df)
// 2)

    return selected_candidates

selected_candidates_vl = value_learning(candidates_df)
print("\nValue Learning Selected Candidates:")
print(selected_candidates_vl[['Name', 'Gender', 'Education', 'Experience', 'Value']])

# 查看性别比例
print("\nGender Distribution After Value Learning:")
print(selected_candidates_vl['Gender'].value_counts())
```

反事实推理（counterfactual reasoning）

反事实推理涉及推测在不同条件下AI会做出什么样的决策。可以将此方法用于评估某个候选人在不同性别条件下是否会被选中。

方法实现：对于每个候选人，生成反事实版本（如将男性改为女性，保持其他条件不变），并观察代理的决策差异。如候选人性别转换后是否会被选中？

```
def counterfactual_reasoning(df, selected_candidates):
    counterfactual_changes = []
    for index, candidate in df.iterrows():
        original_gender = candidate['Gender']
        counterfactual_gender = 'Female' if original_gender == 'Male' else 'Male'
        candidate['Gender'] = counterfactual_gender

        # 再次计算其被选择的可能性
        if candidate in selected_candidates.values:
            counterfactual_changes. append((candidate['Name'], original_gender,
counterfactual_gender, 'Selected'))
        else:
```

```
            counterfactual_changes. append((candidate['Name'], original_gender,
counterfactual_gender, 'Not Selected'))

    return pd.DataFrame(counterfactual_changes, columns=['Name', 'Original
        Gender', 'Counterfactual Gender', 'Result'])

counterfactual_results = counterfactual_reasoning(candidates_df, selected_candi-
dates_vl)
print("\nCounterfactual Reasoning Results:")
print(counterfactual_results)
```